I0001772

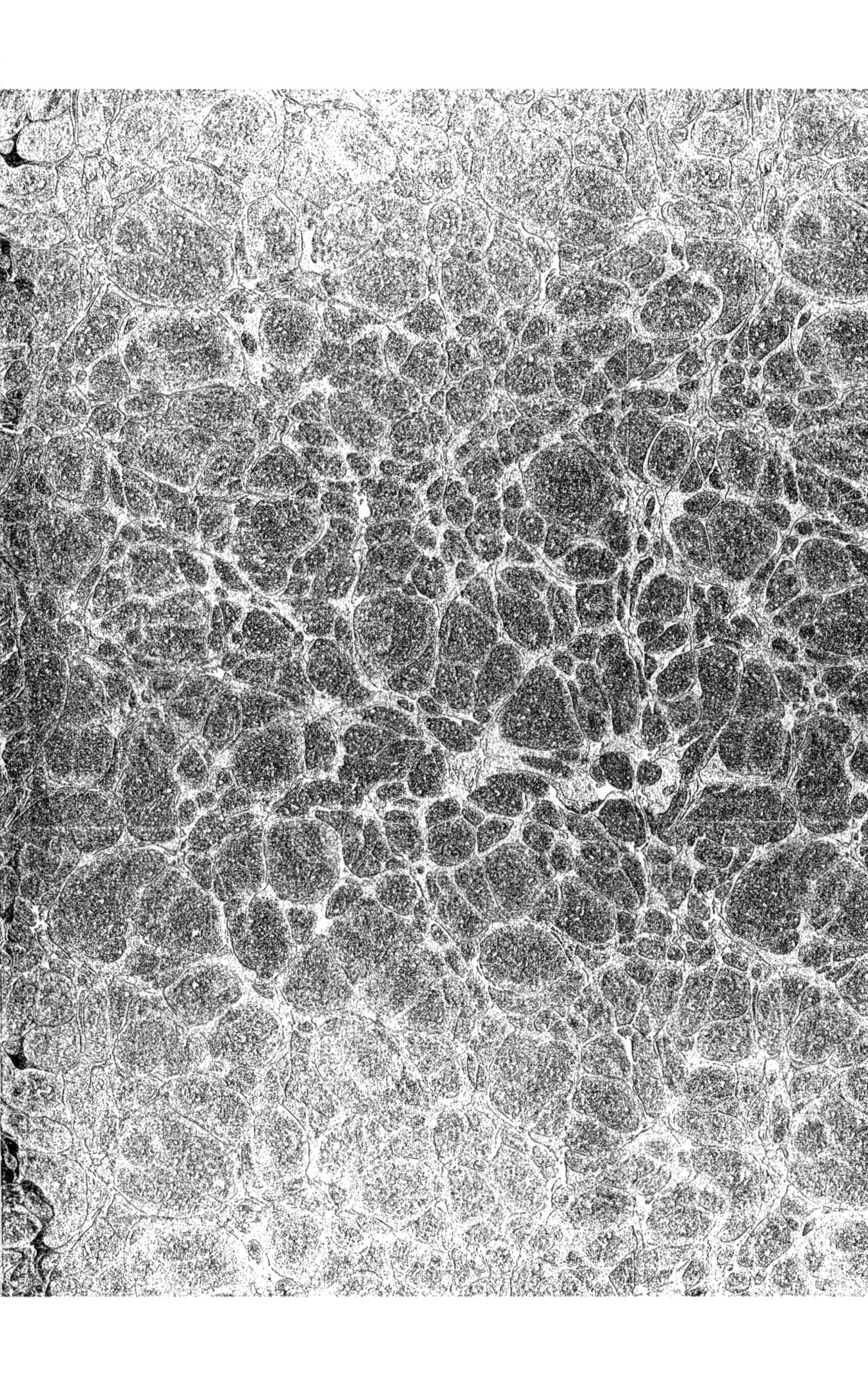

LA MÉNAGERIE

DU MUSÉUM NATIONAL

D'HISTOIRE NATURELLE,

OU

LES ANIMAUX VIVANTS,

PEINTS d'après nature, sur vélin, par le citoyen MARÉCHAL, peintre du Muséum,

ET gravés au Jardin des plantes, avec l'agrément de l'administration, par le citoyen MIGER, graveur, membre de la ci-devant Académie royale de peinture,

AVEC une note descriptive et historique pour chaque animal, par les citoyens LACÉPÈDE et CUVIER, Membres de l'Institut.

PARIS,

CHEZ
- MIGER, quai des Miramiones, maison du receveur des impositions.
- PATRIS, Imprimeur, GILBERT, Libraire, quai Malaquais, n° 2, près la rue de Seine.
- GRANDCHER, au petit Dunkerque, rue de la Loi, au coin de celle Menars.
- DENTU, Libraire, palais du Tribunat, galeries de bois.

AN X. — 1801.

INTRODUCTION,

PAR LACÉPÈDE.

L'HISTOIRE ne nous montre aucun peuple parvenu au-delà des premiers degrés de la civilisation, que nous ne voyions parmi les établissements qu'il se plaît à créer, des ménageries élevées autour des demeures des hommes puissants qui le dirigent. Le besoin les a formées. L'orgueil les a étendues.

Lorsqu'une nation entourée d'ennemis dangereux, contrainte de partager son territoire avec des bêtes féroces, ne labourant que peu de champs, et ne rassemblant que peu de troupeaux, a vu des guerres cruelles et des chasses périlleuses se succéder mutuellement et sans intervalle, les chefs ont dû employer la supériorité de l'intelligence humaine, à trouver des auxiliaires utiles parmi les animaux qu'ils avaient domptés. Indépendamment du chien et du cheval, les compagnons courageux et fidèles de l'homme, ils ont, suivant les contrées qu'ils habitaient, dressé pour la chasse ou exercé pour la guerre, le Cormoran, le Faucon, l'Aigle, l'Isatis, l'Once, l'Éléphant; ils les ont retenus, nourris, soignés dans de vastes enceintes: et voilà les premières ménageries, l'ouvrage du besoin.

Bientôt les chefs des peuples ont voulu réunir à la réalité du pouvoir, tous les signes de la prééminence, de la force. Pendant qu'ils élevaient des trophées, qu'ils entassaient les dépouilles des vaincus, qu'ils se couronnaient des palmes du guerrier, ils ont desiré de laisser des souvenirs durables des exploits du chasseur. Dans cette enfance des sociétés, où les destructeurs des monstres recevaient les honneurs du triomphe, comme les vainqueurs des hordes ennemies, ces mêmes chefs conservant les produits de leur chasse, avec autant de soin que les fruits de leurs conquêtes, et aussi glorieux de l'esclavage imposé aux animaux les plus terribles, que des fers donnés aux ennemis les plus redoutables, ont construit à côté des monuments qui rappelaient leurs victoires, de ame, les conseils prévoyants d'une illustre Académie, et la déférence de Louis pour ceux qui disposaient de la renommée, firent établir, à Versailles, une ménagerie de la troisième sorte; l'ouvrage de Perrault dut le jour à cette institution; elle dura sous le règne de Louis XV; et ce dernier règne fut l'époque où parut l'Histoire naturelle écrite par Buffon.

Les Buffon, les Linné, les Daubenton, donnèrent aux esprits une impulsion nouvelle vers l'étude de la nature, vers l'application de cette étude à l'utilité publique; l'Europe vit élever par plusieurs nations, des établissements que l'on pouvait regarder comme des éléments, des portions ou des modèles de ces ménageries de la quatrième sorte, qui n'appartiènent qu'à une civilisation très-avancée.

A une époque très-récente, les oracles des anciens sages, recueillis par une érudition civique, et proclamés par le génie; les maximes des amis de l'humanité, parées de tous les charmes d'une sensibilité profonde, et revêtues de la puissance irrésistible de l'éloquence, réveillèrent dans des cœurs généreux, le sentiment des droits les plus précieux; et bientôt un concours de circonstances politiques très-extraordinaires, d'ambitions audacieuses, d'intrigues méprisables, de mesures mal concertées, et de grands projets renversés, faisant successivement disparaître les voiles derrière lesquels se cachaient d'antiques institutions, les phantômes qui en défendaient l'inviolabilité, les illusions qui en consacraient l'existence, la force qui en protégeait la durée, l'intérêt privé qui en soutenait la base, un noble enthousiasme s'empara, avec la rapidité de l'éclair, d'une nation vive, aimante, idolâtre de la gloire; un mot magique retentit depuis l'Escaut jusques aux Pyrénées; et sous le nom de régénération, commença une révolution que les vertus affranchies voulaient diriger vers le bonheur du monde, mais qui, livrée par l'inexpérience du peuple, au délire des passions déchaînées, n'offrit pendant quelque temps, que le tableau d'un bouleversement horrible.

Cette tourmente s'est lentement dissipée. Mais si l'esprit de vertige qui précède la chûte des empires, ne doit pas étendre de nouveaux orages sur l'Europe; si la destinée de la France permet que la justice, la prudence et le génie, conservent, sous l'égide de la victoire, de la paix et de la concorde, le dépôt sacré des idées libérales, l'humanité satisfaite recueillera, du sein des agitations révolutionnaires qui viènent de finir, de grands résultats bien propres à multiplier les progrès de la civilisation.

Lorsque la tempête commença de s'appaiser, tous ceux qui, dans le silence de la retraite, s'efforçaient d'entretenir le flambeau de la science, avertis par une espérance consolatrice, et entrevoyant le calme dont ils jouissent aujourd'hui, redoublèrent leurs efforts pour appliquer au bonheur public, les connaissances humaines délivrées de toute entrave. Ceux qui cultivent l'histoire naturelle, embrassèrent avec ardeur ce généreux dessein; et ils placèrent au rang de leurs entreprises les plus chéries, le perfectionnement des ménageries considérées dans leurs rapports avec l'intérêt public.

Animé par leur exemple, je proposai quelques idées sur ce sujet, bien plus important qu'on ne l'avait cru pendant un grand nombre de siècles (1).

Les illustres collègues dont j'avais le bonheur de partager la sollicitude pour l'accroissement de la splendeur du Muséum d'Histoire Naturelle, voulurent bien adopter ces idées. Ils les perfectionnèrent, en les appliquant à l'établissement confié à leur administration. Elles les conduisirent à un plan de ménagerie digne d'un grand peuple, par laquelle ils projetèrent de remplacer celle qu'ils avaient été forcés de faire construire à la hâte, pour y donner asyle aux animaux de l'ancienne ménagerie de Versailles, qu'on avait amenés dans le Muséum, à ceux qu'on avait réunis avec ces derniers, et à ceux que l'on se proposait d'y réunir encore. Ils résolurent de ne plus laisser subsister ces enceintes étroites dans lesquelles les animaux ont été condamnés pendant si long-temps à toutes les souffrances de la captivité; d'élever, pour ainsi dire, sur les ruines de ces prisons, un monument dont les proportions, la beauté et les convenances annonçassent la

(1) Ces idées ont paru dans la Décade Philosophique, au commencement de l'an 4 de l'ère française.

grandeur de la nation, la dignité de l'histoire de la nature, l'importance des résultats desirés; qui, loin de blesser les yeux du citoyen, du naturaliste et de l'homme sensible, pût être avoué par le patriotisme, la science et la philosophie; et qui, en faisant disparaître tous les restes des ménageries de la première et de la seconde sorte, ainsi qu'en ajoutant à tous les avantages des ménageries de la troisième et de la quatrième, montrât aulieu des arsenaux de la force, ou des inventions de l'orgueil, le produit des lumières et l'ouvrage d'une politique humaine, portés au plus haut degré de perfection que l'état actuel de la civilisation puisse faire naître.

Ce projet vaste et cependant facile, a déjà été réalisé en partie. Chaque jour voit paraître au milieu des jardins du Muséum, sous les auspices d'un gouvernement avide de favoriser tout ce qui est grand et utile, et par les soins de mes célèbres collègues, une nouvelle portion de ce bel établissement pour lequel on n'aura pas eu de modèle, et que les amis de la science souhaiteront de voir imité (1).

On pourra comparer cette immense ménagerie à une campagne variée et riante, où les différentes espèces d'animaux jouiront de toute la liberté qu'il sera possible de leur laisser sans danger pour des spectateurs nombreux et quelquefois imprudents; où elles trouveront le toît, l'exposition et les soins les plus convenables à leur organisation; et où, vivant au milieu des plantes et des arbres de leur pays, à l'ombre du moins des végétaux les plus analogues à ceux de leur patrie, se livrant comme sur leur terre natale, à leurs jeux et à leurs mouvements chéris, ne sentant ni leur exil, ni la perte de leur indépendance, elles présenteront à l'œil de l'observateur le tableau fidèle des productions de la nature vivante dans les contrées les plus remarquables du globe.

Trois objets sont le but principal de cet établissement.

Le premier est de faire servir la curiosité publique à répandre une instruction durable et facile, sous l'apparence d'une satisfaction

(1) Le citoyen Molinos est l'architecte qui, d'après les idées des professeurs du muséum, a donné tous les plans et dirige l'exécution de cette ménagerie.

passagère et légère; de mettre en action les tableaux des habitudes des animaux, et les portraits des espèces, que les Pline, les Linné et les Buffon nous ont transmis; de substituer aux attitudes de la contrainte, les mouvements d'une sorte d'indépendance, aux privations de la réclusion, quelques jouissances de la liberté, aux poids douloureux des fers, l'heureuse absence de toute entrave; et par ce grand changement, de cesser d'altérer la morale de la multitude, en l'appelant tous les jours vers des images multipliées de gêne, d'ennui, d'inquiétude, de liens et de tourments qu'aucune utilité ne peut justifier.

Le second de ces trois objets est de donner aux naturalistes les vrais moyens de perfectionner la zoologie, par les ménageries; et le troisième, de servir la société plus directement encore, en acclimatant les animaux étrangers réclamés par l'économie publique.

Mais lorsque cette ménagerie sera terminée, tous ceux qui cultivent les connaissances humaines, ne pourront pas jouir du spectacle qu'elle présentera. Tous ceux qui se livrent à l'étude de la nature, ne pourront pas venir visiter ce monument érigé en l'honneur de cette nature admirable et féconde. Et, d'ailleurs, quel est l'ouvrage de la main de l'homme, dont la durée ne soit pas très-limitée par l'empire du temps, et par la puissance bien plus destructive encore, des opinions, des passions et des folies humaines?

Des hommes zélés pour l'instruction publique, ont conçu le projet d'étendre à tous les temps et à tous les pays, le charme et l'utilité de ce grand établissement. Ils ont imaginé de donner au public l'histoire et le portrait des animaux qui seront nourris dans cette ménagerie; de répandre ainsi et de perpétuer dans toutes les contrées, non seulement une figure très-ressemblante de ces animaux, la description de leurs formes, l'image de leurs attitudes, la peinture de leurs mouvements, le récit de leurs actions, l'exposition de leurs habitudes, mais encore les résultats de tous les essais auxquels ces mêmes animaux auront donné lieu pour les progrès de la physique, ou pour ceux de l'industrie sociale.

Ils ont su que depuis quelques années mes collègues avaient

engagé des artistes habiles (les citoyens Maréchal et Redouté), à peindre sur du vélin, et à représenter dans différentes situations, les animaux vivants que l'on amène au Muséum, et à continuer ainsi cette superbe collection de peintures, de plantes et d'autres êtres organisés, commencée par la munificence de Gaston, frère de Louis XIII, exécutée par les Robert, les Basseporte, le célèbre Van-Spaendonck, et déposée dans la bibliothèque du Muséum où ces végétaux avaient vécu.

Le citoyen Miger s'est chargé de multiplier, par la gravure, toutes celles de ces peintures sur vélin, qu'a produit le pinceau du citoyen Maréchal, et particulièrement celles qui offrent l'image de mammifères ou d'oiseaux observés dans des circonstances intéressantes.

On aura atteint, par l'exécution de ces gravures, une partie du but que nous venons d'indiquer.

Pour parvenir à l'atteindre en entier, on joindra à chaque figure un article relatif à la conformation et à l'histoire de l'animal dont les traits auront été gravés; et c'est par mon ami et confrère le citoyen Cuvier, de l'Institut National, l'un des plus grands anatomistes, des meilleurs écrivains, et des plus savants naturalistes de l'Europe, que sera écrit le texte qui accompagnera chaque planche.

Lorsque mes occupations me permettront de me charger de quelques-uns de ces articles, mon nom placé au bas de ceux que j'aurai faits, indiquera le plaisir que j'aurai eu d'associer mon travail à celui de mon ami.

Nous n'avons pas besoin de faire remarquer que l'ouvrage dont nous parlons, étant une copie fidèle de la ménagerie du Muséum, servira, comme cette ménagerie, à faire connaître avec précision les effets des divers degrés de la domesticité sur les animaux féroces, sur les animaux sauvages, sur ceux que leurs qualités paisibles rendent propres à être retenus auprès de l'homme, associés à ses labeurs, attachés à son sort, et enfin, sur ceux dont la sensibilité très-vive les lie à lui, par l'affection la plus profonde et la plus durable.

C'est, d'ailleurs, dans une ménagerie telle que celle dont on se propose de multiplier les bienfaits, par l'ouvrage à la tête duquel nous traçons quelques lignes, que l'on pourra connaître la véritable figure d'un très-grand nombre d'animaux très-dignes d'attention. C'est dans une enceinte semblable qu'on pourra tirer des conclusions justes de leur conformation, observer, par exemple, sur les Éléphants, les Rhinocéros, les Hippopotames, les Lions, les Tigres, les Ours marins, les Autruches, les Casoars, etc., les résultats de la composition, de la réunion et de la séparation des principaux organes, la sensibilité plus ou moins grande aux diverses températures, aux différents aliments, aux odeurs, aux couleurs, aux impressions sonores, le mode de l'accouplement, le temps de la portée, la durée de l'incubation, etc.

C'est avec le secours d'un monument tel que cette ménagerie, qu'on parviendra à créer la science de la physionomie des animaux, plus réelle que celle de la physionomie de l'homme, parce que leur pantomime n'exprimant pas d'idées, ne peignant que des sensations, et n'étant jamais altérée par le déguisement, est plus simple, plus forte et plus vraie.

L'ouvrage dont nous terminons l'introduction, pourra donc être considéré un jour comme le complément nécessaire de toute histoire des animaux. Peut-être sera-t-il du petit nombre de ceux qui survivront aux révolutions de la science, parce qu'indépendant de toute hypothèse et même de tout système de classification, il ne présentera que des images exactes tracées par la plume ou gravées par le burin.

Maréchal del. Miger Sc.

ELEPHANTUS INDICUS (Cuv.) L'ELEPHANT DES INDES (Diminué de la Grandeur)

Dédié au Citoyen Jussieu, Membre de l'Institut National,
Professeur de Botanique rurale au Muséum National d'Histoire Naturelle, par le Citoyen Miger.

L'ÉLÉPHANT

DES INDES.

ELEPHANTUS INDICUS.

Le genre des Eléphants est si différent de tous les autres genres de quadrupèdes, qu'il est difficile de lui assigner sa véritable place parmi eux, à moins d'en faire un ordre à part.

Cinq doigts bien complets et bien distincts dans le squelette, semblent en faire un animal digité; mais ils sont enveloppés, dans l'état de vie, par une substance épaisse et dure qui ne leur permet aucun mouvement, et qui constitue en apparence une sorte de sabot; sur les bords de ce prétendu sabot, sont implantés les ongles petits et plats, qui devaient garnir l'extrémité de chaque doigt, et qui en sont cependant tellement séparés, qu'ils ne sont pas toujours placés vis-à-vis, et qu'il en manque souvent un ou deux. Les dents molaires composées de lames verticales et placées en travers, l'absence des canines, les énormes dents implantées dans l'os incisif, et plusieurs autres détails d'ostéologie, semblent rapprocher l'Éléphant de l'ordre des rongeurs; mais il s'en éloigne en ce que ces dents, incisives par leur position, ne le sont point par leur forme ni par leur usage; vu qu'au lieu de se recourber en bas pour rencontrer des incisives inférieures, elles sont ou droites, ou recourbées en avant et terminées en pointe, en un mot de vraies défenses comparables à celles des Sangliers. Ces défenses à la mâchoire supérieure, et l'absence d'incisives et de canines à l'inférieure, rapprochent l'Éléphant du Morse; mais le reste de l'organisation de ces deux genres n'a rien de commun. Enfin ce qui distingue éminemment l'Éléphant de tous les autres quadrupèdes, c'est sa *trompe*, instrument admirable qui lui donne une adresse et une finesse de tact, supérieures à celles des Singes, et d'autant plus précieuses, que le siège en est voisin de celui de l'odorat, et que l'animal peut examiner à la fois chaque objet par ses deux sens les plus délicats, et le saisir ou le repousser après l'avoir jugé.

Comme la tête de l'Éléphant est très-pesante, et que ses longues et lourdes défenses dirigées en avant, contribuent encore à éloigner le centre de gravité du point d'appui, jamais il n'aurait pu soulever cette tête, si son cou eut été proportionné à la hauteur de ses jambes; d'un autre côté, avec un cou court et de hautes jambes, il n'aurait pu ni paître ni boire: c'est ce qui a rendu sa trompe nécessaire à son existence.

Elle est formée par un prolongement membraneux des tubes des narines, garni de muscles, et revêtu extérieurement d'une membrane tendineuse et de la peau.

Les muscles qui la meuvent sont de deux sortes; des longitudinaux, divisés en une multitude d'arcs, dont la convexité est en dehors, et dont les deux bouts adhèrent à la membrane interne; et des transversaux qui vont de la membrane interne à l'externe comme les rayons d'un cercle; ces derniers rétrécissent l'enveloppe externe, sans fermer le canal interne, avantage que des muscles circulaires n'auraient pas eu; par cette action ils allongent la trompe en forçant les muscles longitudinaux de s'étendre. Ceux-ci en se contractant raccourcissent la trompe, soit en totalité lorsque tous agissent, soit par parties, et cela d'un ou plusieurs côtés, et dans une ou plusieurs portions de sa longueur, ce qui produit toutes les courbures imaginables dans un ou plusieurs plans, et même en spirale régulière ou irrégulière; mécanisme en même temps le plus simple et le plus fécond qu'il fût possible d'imaginer. A l'extrémité de cette trompe, est un appendice en forme de doigt, que l'Éléphant n'emploie que pour saisir les plus petites choses : il peut encore en prendre de très-petites, en ployant la partie de sa trompe située au-dessus de l'extrémité, et on lui en voit souvent emporter à la fois des deux manières. Cette trompe est si robuste, qu'elle peut arracher des arbres, ébranler des bâtiments, lancer des masses considérables, et que l'Éléphant étouffe aisément un homme entre ses replis.

Outre ces caractères singuliers, tous les Éléphants ont encore entre eux un grand nombre de rapports d'organisation. Leurs jambes sont élevées et fort grosses; le pied est appuyé tout entier sur le sol, et si court à proportion, que la jambe a l'air d'être tronquée net comme une colonne; leurs oreilles sont larges et pendantes, mais autrement que dans les animaux qui les ont telles par suite de l'état de domesticité, comme les chiens : en effet, dans ceux-ci c'est la partie supérieure de la conque qui retombe et couvre même l'entrée du méat auditif; dans les Éléphants, l'oreille est élargie et pendante par la partie postérieure et inférieure.

Le crâne des Éléphants est beaucoup plus grand qu'il ne faudrait pour contenir le cerveau; tout l'intervalle de ses deux parois est occupé par une multitude de grandes cellules qui communiquent avec l'intérieur du nez, et qui servent sans doute à donner de l'étendue à l'organe de l'odorat. La trompe ne sert point par elle-même à sentir les odeurs; l'usage que l'animal en fait pour pomper les liquides, n'aurait pas permis que sa membrane interne fût assez fine pour cela; elle n'est donc que le conduit des vapeurs odorantes. Il n'y a qu'une ligne sur le milieu de l'occiput, où les deux parois du crâne soient rapprochées, et forment un enfoncement dans lequel s'attache le ligament cervical : c'est aussi là le seul endroit où le crâne soit aisé à percer, et par où on puisse tuer l'animal d'un seul coup de dard.

Les dents molaires de l'Éléphant ont une manière toute particulière de se développer. Chacune d'elles est un composé d'un certain nombre de dents partielles, placées à la file les unes des autres, très-minces d'avant en arrière, mais occupant, dans le sens transversal, toute la largeur de la dent totale. Ces dents sont toutes complètes, toutes munies de leur substance osseuse et de leur substance émailleuse, et ayant leurs racines propres, avec les ouvertures ordinaires pour les nerfs et les vaisseaux. Dans le germe elles sont séparées; mais lorsqu'elles sont prêtes à percer la gencive, elles se soudent au moyen d'un ciment particulier. Chacun de ces germes présente à son sommet une suite de pointes obtuses, séparées par des sillons : mais lorsqu'ils sont sortis, ces pointes s'émoussent par le frottement de la mastication; elles se changent d'abord en autant de cercles de matière osseuse, entourés d'émail, et en s'usant encore plus avant, ces cercles se confondent et finissent par former un ruban, osseux au milieu, émailleux à ses bords, qui n'est autre chose que la coupe transverse de la dent partielle qui s'est usée par degrés. Pendant que la dent générale diminue ainsi à sa partie supérieure, elle s'allonge par en bas, et on trouve aux vieilles dents des racines longues et distinctes, tandis que les nouvelles n'en ont pas du tout. La manière dont les dents se remplacent n'est pas moins curieuse: les premières molaires ne sont qu'au nombre de quatre, une de chaque côté dans chaque mâchoire; au bout de quelque temps il s'en développe quatre autres, non par-dessous, mais par-derrière; l'Éléphant en a alors huit en tout, mais les secondes poussent petit-à-petit les premières en avant, et finissent par les faire tomber tout-à-fait; alors il n'en a de nouveau que quatre. C'est l'instant où deux nouvelles paires commencent à pousser, qui font tomber à leur tour celles qui les ont précédées: cette succession se répète sept à huit fois pendant la vie de l'animal. Chaque dent nouvelle est plus grande que l'ancienne, se compose d'un plus grand nombre de dents partielles, et a besoin d'un temps plus long pour se développer.

Les défenses de l'Eléphant ont aussi une structure qui leur est propre. Elles sont composées de couches coniques emboîtées les unes dans les autres, et dont les plus intérieures sont les dernières produites: leur base est creusée d'une cavité conique, dont la pointe se prolonge en un canal étroit qui traverse l'axe de la défense, et qui se remplit d'une matière noirâtre. La coupe transverse de la défense présente des cercles qui sont eux-mêmes les coupes des couches qui la composent. On y voit de plus des lignes qui se rendent du centre à la circonférence, en se courbant en arcs de cercles, et en se croisant avec d'autres semblables courbées en sens contraires, et formant ainsi des losanges curvilignes disposées fort régulièrement. Ce sont ces losanges qui peuvent faire reconnaître sur-le-champ l'ivoire de l'Éléphant; on ne voit rien de semblable sur celui de l'Hippopotame, du Morse, du Sanglier, ni du Narval. La couche la plus extérieure n'a que des stries droites et dirigées vers le centre. C'est un véritable émail; mais comme il n'est guère plus dur que l'ivoire lui-même, et qu'il s'use vîte à la partie voisine de la pointe, plusieurs auteurs ont cru que les défenses de l'Éléphant étaient dépourvues de cette substance.

Les premières défenses tombent lorsqu'elles ont atteint une longueur de quelques pouces, et sont ensuite remplacées par d'autres qui deviènent ordinairement beaucoup plus longues.

La peau est rude, inégale, ridée et comme gercée dans toutes sortes de sens, et grenue comme du chagrin. On y voit très-peu de poil, les adultes n'en ont même que dans quelques parties; il y en a d'épars par-tout le corps dans les jeunes sujets. La peau est ordinairement d'un noir plus ou moins foncé lorsqu'elle est lavée, mais la poussière en cache presque toujours la vraie couleur. Les ongles sont d'un rose clair lorsqu'ils sont propres. L'épiderme ne tient à la peau que d'espace en espace. Les intestins sont d'une grosseur considérable; mais l'estomac est simple et petit: le foie n'a que deux lobes et est dépourvu de vésicule du fiel.

Ces ressemblances générales, jointes au peu de facilité qu'il y a de réunir et de comparer des Éléphants de divers climats, avaient fait méconnaître jusqu'à ces dernières années les différences de leurs espèces: on sait aujourd'hui qu'il y en a au moins deux très-distinctes; savoir : celle des côtes occidentales et méridionales de l'Afrique; et celle des Indes orientales. Non seulement leurs formes diffèrent; leur instinct même n'est pas égal; et les anciens ne l'ont pas ignoré. Apien, *de bellis syr. lib.* 1, dit que Domitius, dans un combat, plaça les Éléphants d'Afrique après tous les autres, ne croyant pas qu'ils pussent lui être utiles, attendu qu'*étant d'Afrique*, ils étaient plus petits et moins courageux. Pline affirme aussi en général, que les africains sont plus petits et qu'ils redoutent ceux des Indes. Diodore, *lib.* 2, dit la même chose des Éléphants d'Afrique, comparés à ceux que possédaient les Égyptiens, et qu'ils tiraient sans doute de l'Abyssinie et du reste de la côte orientale, où j'ai lieu de croire qu'on ne trouve que l'espèce des Indes; car Ludolphe dit expressément qu'en Abyssinie les femelles n'ont point de défenses. Quoi qu'il en soit, cette espèce des Indes a la tête longue, et le front plat ou même concave; celle d'Afrique a la tête ronde et le front convexe. Les oreilles de la première sont de grandeur médiocre; elles sont si énormes dans la seconde, qu'elles couvrent toute l'épaule; mais ce qui distingue le mieux ces deux espèces, c'est que les molaires de l'Éléphant d'Afrique ont les coupes des plaques ou dents partielles qui les composent, en forme de losanges, et que celles de l'Éléphant des Indes les ont en forme de rubans ondoyants ou festonnés. Les défenses de l'Éléphant d'Afrique croissent aussi beaucoup plus vîte, et arrivent à une grandeur bien plus considérable que celles de l'Éléphant des Indes, et sont à-peu-près égales dans les deux sexes, tandis que les femelles des Indes ne les ont jamais que de quelques pouces de longueur. L'ivoire d'Afrique est enfin plus dur et moins sujet à jaunir que celui des Indes; et presque tout celui du commerce vient du premier de ces pays. Il paraît que les Éléphants diffèrent aussi les uns des autres par le nombre des ongles; mais il n'est pas certain que cela tiène aux espèces, et que ce ne soit point une variété accidentelle.

Comme les Éléphants de la ménagerie sont de l'espèce des Indes, nous allons nous borner à recueillir les faits qui ont rapport à cette espèce.

C'est sur-tout à elle qu'on attribue cet instinct dont on a fait tant de récits exagérés, et qu'on a transformé en véritable intelligence et en sentiment moral. Cette supériorité de l'Éléphant sur les autres animaux, est en partie fondée sur des avantages réels; la perfection de son organe du toucher; la facilité qu'il lui donne de compléter les sensations de la vue; la finesse de son ouie et de son odorat; la longueur de sa vie et l'accumulation d'expériences et d'habitudes qui en résulte; enfin, sa grandeur et sa force, qui, le faisant respecter de tous les animaux, lui garantissent un repos et une aisance constante. Cependant ces organes extérieurs, si avantageusement conformés, ne sont point animés par un systême nerveux plus énergique ni plus délicat que celui des autres animaux; son cerveau est fort petit à proportion de sa masse; mais ces sinus dont nous avons parlé lui grossissent le crâne, et le font paraître presque aussi bombé que dans l'Homme : il résulte de cette conformation une physionomie grave et réfléchie, qui n'aura pas peu contribué à faire donner à l'Éléphant cette réputation de raison et de décence qui l'a rendu si célèbre.

Les Malais désignent l'Éléphant par un nom qui lui est commun avec l'Homme, et qui implique l'idée d'un être raisonnable. Les anciens ne se bornaient pas à reconnaître sa douceur, la facilité avec laquelle il s'apprivoise, son attachement pour son maître, sa reconnaissance pour les bienfaits, son ressentiment pour les injures, qualités qu'il possède en effet, mais qui lui sont communes avec le chien et avec d'autres animaux; ils allaient jusqu'à lui prêter les raisonnements les plus subtils, et même une sorte de religion, un culte et des offrandes à la lune, des prières à la terre lorsqu'il est malade, et des vertus bien rares parmi les Hommes, une fidélité conjugale inaltérable, et un refus constant de se faire le ministre de l'injustice. Les Indiens prétendent qu'ils se font entendre des Éléphants, et qu'ils les gouvernent par des passions semblables à celles qui agissent sur nous, l'amour de la parure et même celui de la simple louange. Les voyageurs, flattés d'avoir à parler d'un être aussi merveilleux, ont adopté trop facilement les récits de ces peuples grossiers, et les naturalistes se sont trop empressés de copier les voyageurs. Il est certain, du moins, que l'Éléphant observé par des hommes sages et exacts, est beaucoup déchu de la hauteur où on l'avait placé par rapport à ses facultés intellectuelles.

Cet animal, malgré la grosseur de sa masse, ne manque pas de légèreté dans ses mouvements. Il a un trot assez prompt, et atteint aisément un homme à la course; mais comme il ne peut se tourner rapidement, on lui échappe en se portant de côté; les chasseurs parviènent aussi à le tuer en l'attaquant par derrière et par les flancs. Il remue les oreilles en courant, et les emploie quelquefois pour se diriger en étendant celle du côté où il veut tourner, et présentant par-là une résistance plus grande à l'air. Il a peine à descendre les pentes trop rapides, et il est obligé de ployer alors ses pieds de derrière pour ne pas être emporté par la masse de sa tête et de ses défenses.

Les Romains ont eu des Éléphants qui dansaient et qui avaient appris à marcher rapidement parmi des hommes couchés sans en blesser aucun; ils en ont eu même qui ont dansé sur la corde, ce qui serait presque incroyable, si plusieurs auteurs dignes de foi ne s'accordaient à l'affirmer.

Le corps de cet animal étant plus léger que l'eau, il traverse très-aisément les rivières à la nage, et n'a pas besoin, comme le disent les anciens, de marcher sur leur fond en élevant sa trompe vers la surface pour respirer.

Il préfère les lieux humides et couverts, et le bord des fleuves à tout autre séjour: l'excès du chaud ne le fait pas moins souffrir que celui du froid. Il a un besoin continuel de l'humidité pour ramollir sa peau dure, ridée, et sujète à se fendre et à s'excorier; non seulement il en prend sans cesse dans sa trompe, dont il asperge son dos, son plus grand plaisir est de s'y plonger, de s'y jouer de mille manières; lorsqu'il en manque, il cherche à y suppléer en se couvrant de poussière fraîche, de brins d'herbe, de paille.

Sa nourriture ordinaire consiste en herbes, en racines, en jeunes branches; il aime par-dessus tout les fruits et les plantes sucrées, comme la canne à sucre et le maïs.

L'instinct naturel des Éléphants les porte à la société : ils se tiènent en grandes troupes dans l'intérieur des forêts, dont ils ne sortent que rarement, et lorsqu'il s'agit de dévaster quelques champs voisins de leurs lisières. Ces troupes ou hardes comprènent depuis quarante jusqu'à cent individus de tout âge et tout sexe; ils marchent sous la conduite d'une des plus grandes et des plus vieilles femelles, et d'un des plus grands mâles; lorsqu'ils sortent des bois ou qu'ils remarquent quelque apparence de dangers, ils observent un ordre de marche déterminé; les plus jeunes et les femelles sont placés au milieu; les vieux mâles forment un cercle autour; les petits viènent se mettre sous la protection des femelles qui les embrassent de leur trompe.

On voit aussi quelques Éléphants solitaires: les Indiens les nomment *Grondahs*; ce sont toujours des mâles, et on croit qu'ils ont été chassés des hardes par la jalousie des autres individus de leur sexe. Ils ont une sorte de fureur qui les rend beaucoup plus dangereux que les autres; ils sortent très-souvent des bois, attaquent les hommes sans en être provoqués, dévastent les champs, renversent les huttes des paysans, tuent le bétail; les fermiers sont obligés de faire la garde contre eux, dans des guérites qu'ils se construisent exprès en bambou, pour n'être pas eux-mêmes la proie des Tigres. Lorsqu'ils apperçoivent un de ces Éléphants, ils se donnent réciproquement l'allarme, et le repoussent à force de cris et de coups d'armes à feu. Quand ces animaux pénètrent dans les villages, ils y font des dégâts affreux; la flâme est le plus sûr moyen de les faire fuir. Les Eléphants qui vivent en troupes ne sont dangereux que quand on les irrite; et un homme peut passer auprès d'eux sans qu'ils y fassent attention.

On a été long-temps dans l'ignorance sur tout ce qui a rapport à la reproduction de cette espèce. Les Éléphants domestiques ne s'accouplent point pour l'ordinaire, et les sauvages ne s'accouplent que dans le fond des bois et hors de la vue de l'homme. On a attribué long-temps cette retenue à une pudeur virginale, ou au desir de ne point léguer leur esclavage à leur postérité, et on a suppléé d'imagination les détails dont l'observation n'avait pu instruire. De là les erreurs répandues sur la posture dans laquelle ils s'accouplent, sur la durée de leur gestation, sur la manière dont le petit tète, et autres semblables.

Un anglais, M. Corse, en donnant à des Éléphants une nourriture échauffante, et en les présentant à propos l'un à l'autre, a réussi à être plusieurs fois témoin de leurs accouplements, et il en a observé avec soin les circonstances et les suites.

Cet accouplement est entièrement semblable à celui du cheval et dure à-peu-près autant de temps. Il n'y a point de saison particulière pour l'amour; les femelles que l'on prend pleines mettent bas en toutes sortes de mois. Le principal signe de la chaleur dans la femelle, selon ce que nous avons observé sur celle de la ménagerie, est un déplacement singulier de la vulve. Dans l'état ordinaire cette partie est située plus vers le nombril, et l'urine se dirige en avant; mais dans le temps dont nous parlons elle change de position, se porte petit-à-petit en arrière et y fait jaillir l'urine. C'est ce qui explique pourquoi la femelle n'a pas besoin de se coucher sur le dos, comme on l'a cru long-temps. Les lèvres de la vulve sont aussi alors fort longues et fort ouvertes. Le mâle ne donne d'autres signes de chaleur que des érections fréquentes; sa verge s'allonge tellement qu'elle traîne presque à terre, et elle a six ou huit pouces de diamètre. Ceux qui ont prétendu qu'elle n'était point proportionnée à la grandeur de son corps, ne l'avaient sans doute jamais vue dans cet état.

On avait cru que l'écoulement d'une humeur visqueuse, qui a lieu par les trous situés derrière ses oreilles, était aussi un indice de rut: cette opinion n'a rien d'exact.

La femelle de M. Corse donna des signes de grossesse trois mois après avoir été couverte; ses mamelles s'enflèrent, et elle mit bas un jeune mâle, bien à terme, au bout de vingt mois et dix-huit jours. Ce qu'on a observé sur les femelles sauvages prises pleines, donne aussi lieu de croire que le temps de la gestation est de vingt à vingt-deux mois. Marcel Bles a donc eu tort en annonçant qu'il n'était que de neuf, et quelques anciens en ne l'étendant qu'à dix-huit. Le petit naissant a trois pieds de haut: il tète certainement avec la bouche, et non avec la trompe comme on l'a cru long-temps; il applique sa bouche au mamelon par le côté; et dans les premiers jours il aurait beaucoup de peine à y atteindre si la mère ne se baissait un peu.

Dans les hardes les petits tètent indistinctement toutes les femelles qui ont du lait; on a été témoin de ce fait lorsqu'on a pris à-la-fois des hardes entières. On a aussi remarqué que si on enlève un petit à sa mère et qu'on l'en tiène séparé pendant deux jours, elle ne le reconnaît plus, quoiqu'il la cherche et lui demande la mamelle avec des cris.

Le jeune Éléphant tète pendant deux ans, et atteint près de quatre pieds la première année; il en a quatre et demi la seconde et cinq la troisième: il continue à croître, mais de quantités moins grandes chaque année, jusqu'à vingt ou vingt-deux ans. Les Éléphants actuels des Indes sont moins grands, selon M. Corse, que ceux dont les voyageurs précédents ont parlé. Les femelles ont ordinairement de sept à huit pieds; les mâles de huit à dix. Le plus grand dont cet observateur ait entendu parler, avait douze pieds deux pouces (anglais) depuis le sommet de la tête jusqu'à terre, sa hauteur au garrot était de dix pieds cinq pouces et sa longueur de quinze pieds. Sur cent cinquante Éléphants employés dans la première guerre contre Tippoo, il n'y en avait pas un seul de dix pieds. Mais on en trouve de décrits dans les anciennes relations, qui avaient quatorze et jusqu'à seize pieds de hauteur. Le cabinet de Pétersbourg en possède un squelette de quatorze pieds. L'individu dont il provient avait été donné à Pierre-le-Grand par un roi de Perse. Le grand Turc en avait donné un au roi de Naples, vers 1745, qui avait treize pieds et demi.

La femelle est prête à recevoir le mâle dès l'âge de seize ans et peut-être plus tôt. On n'a rien d'assuré sur l'âge auquel l'Éléphant peut pousser la vie; mais on en a conservé en domesticité jusqu'à 120 ou 130 ans; et d'après la lenteur de son accroissement, il est probable qu'il peut vivre, dans l'état de sauvage, jusqu'à près de deux siècles.

Les défenses de lait tombent le douzième ou le treizième mois: celles qui leur succèdent ne tombent plus, et croissent toute la vie dans l'Éléphant des Indes; mais nous n'osons affirmer que l'opinion déjà avancée par Élien et soutenue depuis par quelques modernes, que les Éléphants en changent à diverses reprises, comme les cerfs de bois, soit fausse par rapport à l'espèce d'Afrique.

Les plus grandes défenses qu'on ait vues au Bengale, pesaient 72 livres : dans la province de Tinera elles ne vont point au-delà de 50 livres. On en montre cependant à Londres, qu'on dit venir du royaume de Pégu, et qui pèsent un quintal et demi.

Les molaires de lait paraissent huit ou dix jours après la naissance : elles ne sont bien formées qu'au bout de six semaines, et ce n'est qu'à trois mois qu'elles sont complètement sorties. Les secondes molaires sont bien sorties à deux ans; les troisièmes commencent alors à se développer. Elles font tomber les secondes à six ans, et sont à leur tour poussées par les quatrièmes qui les font tomber à neuf ans. Il y a encore d'autres successions semblables, mais on n'en connaît pas bien les époques. On croit que chaque dent a besoin d'un an de plus que la précédente pour être parfaite. Les premières sont composées de quatre lames ou dents partielles, les secondes de huit ou neuf, les troisièmes de treize ou quatorze, les quatrièmes de quinze, et ainsi de suite jusqu'à la sept ou huitième qui en a vingt-deux ou vingt-trois, ce qui est le plus grand nombre que l'on ait encore observé.

Les Éléphants des Indes présentent diverses variétés relatives à la taille, à la couleur et à la grandeur proportionnelle des défenses. Leur couleur naturelle est un brun noirâtre, qui se change d'ordinaire en gris sale, parce qu'ils sont presque toujours couverts de poussière : on en a rencontré quelquefois dans les bois qui avaient une teinte rougeâtre, due, selon un voyageur très-moderne, à une sorte de terre glaise dont ils s'enduisent. Les Éléphants blancs sont tels par une maladie semblable à celle qui produit les albinos. Ils sont singulièrement révérés par les Indiens qui croyent à la métempsycose : ces Éléphants sont animés, selon eux, par les ames de leurs anciens rois. Les rois de Siam, de Pégu et d'autres contrées de la presqu'île au-delà du Gange, plaçaient dans leurs titres celui de possesseurs de l'Éléphant blanc; ils le logeaient et le faisaient servir avec magnificence.

Nous avons déjà vu que les femelles des Indes n'ont jamais que de très-courtes défenses : il y a des mâles qui n'en ont pas de plus longues, sans qu'on en sache aucune raison. On les appèle *Mookna*. Ceux qui les ont longues se nomment *Dauntelah*, du mot *daunt* qui est le même que notre mot *dent*. Cette différence n'en apporte pas dans le prix. Lorsqu'on ne connaît pas le caractère d'un Eléphant, les Européens aiment mieux l'acheter sans grandes défenses, parce qu'il aura moins de moyens de nuire s'il se trouve méchant : mais les Indiens préfèrent assez les individus à longues défenses pour s'exposer à tous les risques. Lorsque le bon naturel de l'animal est connu, les deux nations l'aiment mieux avec de grandes défenses.

Il y a une infinité de variétés parmi les *Dauntelahs*, par rapport à la direction et à la courbure de leurs défenses. Les plus estimés sont ceux où elles approchent le plus de la direction horizontale. Les princes Indiens ont aussi un respect superstitieux pour les *Dauntelahs* qui n'ont qu'une défense, comme cela arrive quelquefois.

Une différence plus importante par rapport au prix et à l'utilité, c'est celle qu'on fait entre les *Komaréah* et les *Merghée*; les premiers sont des Éléphants à corps épais, long, à jambes courtes; ils sont plus robustes, résistent plus long-temps à la fatigue et sont bien plus estimés. Les seconds ont le corps plus haut, plus court et les jambes plus longues : il y a entre les uns et les autres plusieurs degrés intermédiaires. Toutes ces variétés se rencontrent indifféremment dans les mêmes hardes.

Les Éléphants domestiques ne produisant point jusqu'à présent, ceux qui sont dans cet état ont tous été sauvages, à moins qu'ils ne soient nés de mères prises pleines. On les prend aux Indes de deux manières, en troupes et isolés : une troupe entière se prend en l'entourant d'un grand nombre d'hommes armés, placés sur deux cercles, qui l'effrayent par le bruit des tam-tams, des armes à feu et par l'éclat de la flâme, et qui se prêtent un secours mutuel pour empêcher les Éléphants de s'échapper de tout autre côté que celui où ils veulent les conduire. On les force ainsi d'entrer dans une enceinte pratiquée à cet effet, et fermée de larges fossés et de palissades composées d'arbres plantés profondément et soutenus par des barres transverses et par des arcs-boutants; l'entrée de cette enceinte est garnie de feuillages, et ressemble autant qu'il est possible à un sentier ordinaire de forêt; cependant la conductrice de la harde hésite long-temps avant de s'y engager; une fois qu'elle y entre, tous les autres Éléphants la suivent sans difficulté. Alors la porte de l'enceinte se referme par des pieus et des feux allumés; des cris, des flambeaux, le bruit des instruments, arrêtent les Éléphants dans tous les efforts qu'ils tentent pour passer le fossé et renverser la palissade. On leur donne leur nourriture d'un échafaud placé près de l'entrée d'un long couloir, dans lequel on les attire de cette manière un à un, et qui est assez étroit pour qu'ils ne puissent s'y tourner; sitôt qu'un d'eux est entré dans ce couloir on en ferme la porte, on l'arrête devant et derrière par des barres qu'on place en travers: on prend ses pieds dans des nœuds coulants; un homme va par-derrière lui enlacer les jambes; d'autres hommes, placés sur des échafauds, lui prènent la tête et le corps dans de grosses cordes, et on donne à tenir ces cordes à des femelles apprivoisées qui ne tardent pas à se rendre maîtresses de l'Éléphant et à dompter sa fureur.

Il ne faut pas tant de préparatifs pour prendre les Éléphants isolés; comme ce sont toujours des mâles chassés de leurs hardes, on envoie immédiatement des femelles apprivoisées, dressées pour cet usage, qui les entourent en ayant l'air de paître avec eux. Des hommes passent entre les jambes de ces femelles, pour venir lier celles de l'Éléphant sauvage; s'il arrivait quelque accident, ils se hâteraient de monter sur le dos des femelles, au moyen d'échelles de cordes ménagées à cet effet, et de s'enfuir; mais ordinairement ils parviènent à lier l'Éléphant et à l'attacher à quelque gros tronc d'arbre.

De quelque manière que les Éléphants ayent été pris, leur éducation est la même. On les livre chacun à un gardien assisté de quelques valets qui les habituent à l'esclavage, par un mélange de caresses et de menaces, en les grattant avec de longs bambous, en les aspergeant d'eau pour les rafraîchir, et en leur donnant ou refusant à propos la nourriture. Quelquefois aussi ils emploient les châtiments, et les frappent avec des bâtons garnis d'une pointe de fer. Le maître s'en approche ainsi par degrés, jusqu'à ce qu'enfin l'Éléphant lui permette de monter sur son cou, d'où il parvient bientôt à diriger à son gré tous ses mouvements. Il faut environ six mois pour en venir à ce point de docilité; cependant on ne peut jamais s'y fier entièrement, et lorsqu'un Éléphant veut s'enfuir, tous les efforts de son conducteur ne peuvent l'arrêter. Les mâles, surtout ceux qui ont été pris isolément, sont toujours moins traitables et exigent plus de sévérité que les femelles.

On a dit que l'Éléphant a tant de mémoire, que lorsqu'il est échappé une fois de l'esclavage, il ne se laisse reprendre dans aucune embuche. Les auteurs les plus récents citent des exemples contraires.

Cet animal est un des plus utiles que l'homme ait domptés; sa force est prodigieuse; il porte jusqu'à deux milliers; il tire des fardeaux que six chevaux pourraient à peine ébranler; il fait, sans fatigue, quinze ou vingt lieues par jour, et lorsqu'on le presse il en fait plus de trente. Il joint à ces avantages tous ceux qui résultent de son intelligence; comme de retrouver seul son chemin, d'imaginer des ressources dans les embarras, et ceux que lui donnent son adresse et la forme heureuse de sa trompe. Tout le monde sait qu'on l'employait autrefois à la guerre, qu'on le chargeait de soldats, et qu'on lui assignait une place importante dans les batailles; mais il craint trop le feu pour qu'on puisse aujourd'hui en faire le même usage; il ne sert plus qu'au transport des vivres et de l'artillerie.

Sa consommation est proportionnée à son utilité; un Éléphant privé mange cent livres de riz par jour, à quoi il faut ajouter de l'herbe fraîche, des fruits, et même du beurre et du sucre; celui qui a vécu à la ménagerie de Versailles, à la fin du dix-septième siècle, recevait chaque jour quatre-vingts livres de pain, douze pintes de vin, deux seaux de potage, deux de riz cuit dans l'eau et une gerbe de bled. L'Éléphant aime beaucoup toutes les liqueurs spiritueuses, et c'est en lui en montrant qu'on parvient à le déterminer aux plus grands efforts.

Les deux Eléphants de la ménagerie du Muséum consomment à présent chacun cent livres de foin, dix-huit livres de pain, quelques bottes de carottes et quelques mesures de pommes de terre, sans compter ce que les curieux leur donnent sans cesse. Ils mangent toute la journée sans aucune heure marquée. En été ils boivent jusqu'à trente seaux d'eau chacun.

Ils sont en ce moment âgés de près de dix-huit ans, et ont huit pieds quatre pouces de hauteur: ils sont crus d'un pied quatre pouces depuis trois ans qu'ils sont à Paris. Lorsqu'on les amena en Europe, en 1786, ils n'avaient que deux ans et demi, et trois pieds six pouces de haut: ils ne mangeaient alors que vingt-cinq livres de foin chacun.

Ils sont nés à Ceylan, et de la plus grande race. La compagnie hollandaise des Indes en avait fait présent au Stadhouder; on les amena par eau jusqu'à Nimégue, et de là à Loo par terre et à pied. Il fut très-difficile de leur faire passer le pont d'Arnheim, tant ces animaux sont défiants; il avait fallu les faire jeûner, et on les engageait à avancer en leur offrant de loin leur nourriture; encore ne faisaient-ils aucun pas sans avoir essayé de toutes les manières la solidité de chaque planche sur laquelle ils devaient poser un de leurs pieds.

Ils furent très-doux tant qu'ils restèrent à Loo; on les laissait aller librement partout; ils montaient même dans les appartements, et venaient pendant le repas recevoir les friandises que chacun leur donnait; mais à l'époque de la conquête de la Hollande, un grand nombre de personnes étant venues les voir à toute heure, et ne les ayant pas toujours traités avec discrétion, ils ont perdu beaucoup de leur douceur. La gêne qu'ils ont éprouvée dans les énormes cages qui ont servi à les transporter à Paris, a encore altéré leur nature, et on n'ose à présent les laisser en liberté; mais on les tient dans un parc assez étendu pour qu'ils puissent y prendre les mouvements nécessaires à leur santé; ils ont un bassin pour se baigner; ils entrent et sortent librement de leur écurie; leur croissance rapide prouve qu'ils sont très-bien portants.

Ces deux individus ont l'un pour l'autre l'attachement le plus tendre; lorsque l'un des deux témoigne quelque effroi, l'autre accourt sur-le-champ à son aide; c'est surtout lorsqu'ils sont frappés par quelque objet nouveau pour eux, que leurs caresses redoublent de vivacité; alors ils courent de côté et d'autre, ils jètent des cris, ils se caressent de leur trompe; le mâle donne des signes d'une ardeur à laquelle il est ordinairement fort étranger. Jamais ces mouvements ne furent plus marqués qu'à leur arrivée à Paris, lorsqu'ils se retrouvèrent après une longue séparation : on eut même un instant l'espoir qu'ils en viendraient à une union réelle; mais cet espoir a été trompé jusqu'ici.

Ils ont éprouvé absolument les mêmes choses lorsqu'on leur donna un concert et lorsqu'on leur eut construit un bain; dans la première occasion, se joignirent aux effets ordinaires de la surprise, les impressions immédiates des instruments; celles-ci ne me parurent cependant pas plus vives que celles qu'on observe sur les chiens; elles se bornèrent à des hurlements, des cris et quelques sauts cadencés; mais leurs tentatives amoureuses furent ce jour-là très-fortes et très-répétées, quoique sans succès.

Ces animaux ont trois cris; un de la trompe, qui est plus aigu et qu'ils ne semblent faire entendre que pour jouer entre eux; un faible de la bouche, par lequel ils demandent leur nourriture ou leurs autres besoins, et un très-violent de la gorge, lorsqu'ils éprouvent quelque effroi. Ce dernier est réellement terrible.

Ils sont généralement doux, ne cherchent point à nuire, connaissent et aiment leurs gardiens; mais ils deviènent méchants lorsque les glandes qu'ils ont derrière les oreilles vièrent à couler : alors leurs gardiens en éprouvent de mauvais traitements, et ils se battent même entre eux. Il n'y a cependant que le mâle qui ait cet écoulement; il ne l'a eu qu'à quinze ans. On ne sait si la femelle doit l'avoir, quoiqu'elle ait une ouverture semblable à celle du mâle. Cet écoulement dure quarante jours, il s'arrête ensuite pendant quarante autre jours et revient. L'humeur qu'il produit est visqueuse et fétide. C'est pendant les derniers jours de l'écoulement qu'ils sont le plus méchants; ils en viènent même jusqu'à refuser le manger; mais ce refus est un signe certain que leur état va cesser.

Homère parle souvent de l'ivoire, mais il n'a point connu l'Éléphant. Hérodote a dit le premier que cette substance vient des dents de cet animal. Les premiers Grecs qui ayent vu l'Éléphant, furent Alexandre et ses Macédoniens lorsqu'ils combattirent contre Porus. Il faut qu'ils les ayent bien observés, car Aristote donne de cet animal une histoire complète, et beaucoup plus vraie dans tous ses détails que celles de nos modernes. Après la mort d'Alexandre, ce fut Antigonus qui eut le plus d'Éléphants. Pyrrhus en amena le premier en Italie, l'an de Rome 472, et comme il était débarqué à Tarente, les Romains donnèrent à ces animaux qui leur étaient inconnus, le nom de bœufs de Lucanie. Curius-Dentatus qui en avait pris quatre sur Pyrrhus, les amena à Rome pour la cérémonie de son triomphe. Ce sont les premiers qu'on y ait vus; mais ils y devinrent bientôt en quelque sorte une chose commune. Metellus ayant vaincu les Carthaginois en Sicile, l'an 502, fit conduire leurs Éléphants à Rome sur des radeaux, au nombre de 120 suivant Sénèque, et de 142 suivant Pline. Claudius-Pulcher en fit combattre dans le Cirque en 655. Lucullus, Pompée, César, Claude et Néron firent voir aussi des combats, soit d'Éléphants entre eux, soit d'Éléphants contre des Taureaux ou même contre des Hommes. Pompée en attela à son char, lors de son triomphe d'Afrique. Germanicus en montra qui dansaient grossièrement. Ce fût sous Néron qu'on en vit un danser sur la corde, monté par un Chevalier romain. On peut lire dans Ælien le détail des tours extraordinaires qu'on était parvenu à leur faire exécuter. Il est vrai qu'on les exerçait dès le premier âge; Ælien dit même expressément que c'étaient des Éléphants nés à Rome, que l'on dressait ainsi; ce qui, joint aux essais de M. Corse, doit nous faire espérer qu'il sera possible de multiplier cet utile animal en domesticité.

L'Europe moderne n'a pas vu beaucoup d'Éléphants; je ne crois pas même qu'aucun naturaliste ait eu occasion d'en comparer les deux espèces ni en vie, ni empaillées. Les auteurs qui en ont le mieux traité, après Aristote, sont Perrault et Corse: les autres naturalistes n'ont presque donné que des compilations où se sont glissées beaucoup d'erreurs.

Les figures en sont nombreuses, et il y en a dans le nombre plusieurs d'assez exactes. Telles sont celles de Jonston, de Buffon, qui représentent l'Éléphant des Indes, et celle de Perrault, la seule qui donne une idée juste de l'Éléphant d'Afrique.

La figure de Gesner, qui représente aussi cette dernière espèce, est mauvaise. Celle d'Aldrovande n'en est qu'une copie. Celle d'Édwards, plan. 221, appartient à l'Éléphant des Indes; elle est médiocre. Séba en représente fort bien le fœtus, pl. III du prem. vol.

Perrault en a donné une assez bonne anatomie; mais elle sera bien surpassée par celle du célèbre Pierre Camper, dont son fils nous fait espérer la prochaine publication.

Peint par Maréchal. Gravé par Miger

ELEPHANTUS INDICUS Fœmina. L'ÉLÉPHANT DES INDES (Femelle)

Dixième de la Grandeur

L'ÉLÉPHANT DES INDES,

FEMELLE.

ELEPHANTUS INDICUS FEMINA.

Nous avons exposé, à l'article de l'Éléphant mâle, tout ce que nous savions alors de plus important sur l'Histoire des Éléphants et sur les particularités de leur organisation ; mais les connaissances à cet égard se sont accrues par la publication que M. Camper fils a faite de l'ouvrage de son père sur l'anatomie des Éléphants, et par la dissection que nous avons faite nous-mêmes de l'un des deux individus de la Ménagerie. Cet individu était le mâle ; il mourut d'une péripneumonie, le 13 nivôse an 10. Son anatomie nous occupa, ainsi que plusieurs autres personnes, pendant près de 40 jours. Les principaux objets en furent dessinés par Maréchal, sur plus de 80 Planches qui forment le dernier ouvrage de ce célèbre Peintre, et que nous espérons bientôt faire graver. En attendant, nous allons tracer en abrégé les principales observations que cette anatomie nous a offertes, et qui présentent des faits nouveaux, ou qui confirment des faits importants observés par d'autres.

La trompe, qui devait, plus que toute autre partie, piquer la curiosité des Anatomistes, n'a été décrite que très-superficiellement par Perrault. L'Éléphant disséqué par Camper avait eu la trompe coupée, lorsqu'on le lui remit, de manière que ce grand Anatomiste ne put en examiner que la racine. *Stukeley* a donné une assez bonne figure de la coupe transversale de cet organe; mais sa description des muscles est légère et obscure. Nous nous sommes attachés à observer ces muscles avec un grand détail, et nous les avons fait représenter sur douze Planches. Nous allons extraire ce que nos observations nous ont offert de plus curieux.

On sait que le milieu de la trompe est percé de deux longs canaux qui sont les prolongations des narines. Ils ne sont séparés l'un de l'autre que par une substance graisseuse d'environ 1 centimètre d'épaisseur. Ils vont parallèlement à l'axe de la trompe, depuis le bout de cet organe jusque vis-à-vis de la partie moyenne de l'os inter-maxillaire, c'est-à-dire de celui dans lequel les défenses sont implantées. Dans toute cette longueur, ces canaux sont plus voisins de la partie antérieure de la trompe que de la postérieure, et ils conservent à-peu-près par-tout le même diamètre; mais arrivés à l'endroit que je viens de dire, ils se recourbent subitement pour se rapprocher de la surface antérieure de cet os inter-maxillaire, et décrire une courbe demi-circulaire dont la convexité est dirigée en avant; ils sont si étroits dans cet endroit, que, à moins d'une action musculaire de la part de l'animal pour les dilater, les liqueurs qu'il aspire ne montent point au-delà; il n'y a point d'autres valvules que ce rétrécissement même, et les cartilages du nez auxquels

Perrault a attribué la fonction d'arrêter l'ascension des liqueurs n'y contribuent point du tout. Au-dessus de cette courbure, le canal de chaque narine se dilate pour se rétrécir une seconde fois; cette dilatation a lieu au-devant de la partie supérieure de l'os inter-maxillaire; et le rétrécissement, à l'endroit où le canal se courbe en arrière pour déboucher vers la narine osseuse. Cette seconde courbure est protégée en avant par le cartilage du nez, qui a la forme d'un bouclier ovale, très-convexe dans le mâle que nous avons disséqué, mais beaucoup plus plat dans la femelle; différence qui était très-sensible à l'extérieur, et qui faisait distinguer nos deux Éléphants au premier coup-d'œil, mais qui ne tenant qu'à ce cartilage, ne subsiste plus dans le squelette, comme a paru le croire le cit. Faujas, qui a fait graver les têtes de ces deux Éléphants, « afin, dit-il, d'éviter une erreur dans le cas où l'on » trouverait des têtes fossiles d'Éléphants mâles et femelles, et d'empêcher alors » qu'on ne soit tenté d'en faire deux espèces différentes (1) ».

D'ailleurs il s'en faut bien que cette différence extérieure caractérise toujours le sexe des Éléphants; le mâle des Indes à longues dents, que l'on montre en ce moment au public de Paris, n'a point cette saillie de la base de la trompe.

La membrane qui revêt tout l'intérieur de ces canaux de la trompe est assez sèche, légèrement mais régulièrement sillonnée de rides fines et serrées formant des losanges; sa couleur est d'un jaune verdâtre : on y remarque quelques rameaux veineux peu serrés, et, en général, sa texture ressemble si peu à celle de la membrane pituitaire, que nous ne croyons pas du tout qu'elle soit, comme quelques Auteurs l'ont prétendu, une prolongation du siège de l'odorat. L'usage que l'animal fait de ce même canal pour pomper sa boisson, ne nous paraît pas avoir permis à cette membrane interne d'avoir le tissu délicat, nécessaire à l'exercice de ce sens, parce qu'alors elle aurait été affectée douloureusement par les liquides, comme l'est notre membrane pituitaire, lorsque notre boisson entre dans le nez. C'est une raison semblable qui fait que le sens de l'odorat n'existe point du tout dans les narines des cétacés, parce qu'elles servent de passage continuel à l'eau de la mer que ces animaux font jaillir en jet d'eau. L'odorat est donc, selon nous, restreint, dans l'Éléphant, à la partie des narines renfermée dans les os de la tête.

Les muscles de la trompe n'ont d'autre destination que de faire prendre au double canal que nous venons de décrire, toutes les inflexions que l'animal juge à propos de lui donner. Quoique ces muscles soient extraordinairement nombreux, ils peuvent cependant être réduits à deux ordres principaux; savoir : ceux qui forment le corps ou la partie intérieure de l'organe, et ceux qui l'enveloppent. Ces derniers sont tous plus ou moins longitudinaux, c'est-à-dire qu'ils partent du pourtour de la base, et se prolongent plus ou moins directement jusque vers la pointe; les autres sont tous transversaux et coupent l'axe dans diverses directions.

Les muscles longitudinaux doivent se diviser en antérieurs, en postérieurs et en latéraux; les premiers ont leur attache fixe à la face antérieure de l'os frontal,

(1) Essai de Géologie, Tome Ier., page 238.

au-dessus des cartilages et des os propres du nez, par une grande ligne demi-circulaire qui descend de chaque côté jusqu'au-devant des orbites; ils forment une multitude innombrable de faisceaux qui descendent tous parallèlement les uns aux autres, et qui se rétrécissent alternativement par des intersections tendineuses, distantes de quelques centimètres seulement. Les seconds naissent de la face postérieure et du bord inférieur des os inter-maxillaires; ils forment deux couches divisées l'une et l'autre en une multitude de petits faisceaux, dont la direction est oblique; la couche externe dirige ses faisceaux du haut en bas, et du dedans en dehors; la couche interne les dirige en sens contraire, c'est-à-dire du dehors en dedans, et les faisceaux des deux côtés forment, par leur rencontre, une ligne moyenne qui règne tout le long du milieu du dessous de la trompe. Les muscles latéraux, enfin, forment deux paires dont l'une est, en quelque sorte, une continuation de l'orbiculaire des lèvres, ou, si l'on veut, c'est l'analogue du muscle nasal de la lèvre supérieure; elle vient de la commissure des lèvres, et descend entre les muscles antérieurs et les postérieurs jusque vers le milieu de la trompe: elle se divise en beaucoup de languettes qui s'insèrent obliquement entre les faisceaux latéraux des muscles inférieurs. Le deuxième muscle latéral est l'analogue du releveur de la lèvre supérieure; il a son attache au bord antérieur de l'orbite, et va, en s'élargissant, s'épanouir sur la racine du précédent.

Blair a considéré le muscle zigomatique comme une continuation du premier de ces muscles latéraux, et comme le sterno-mastoïdien s'attache aussi à l'arcade zigomatique, faute d'apophyse mastoïde, il a pensé que ces trois muscles n'en faisaient qu'un seul, et a prétendu en conséquence que les muscles abaisseurs de la trompe viènent du sternum. Le même Auteur fait venir les releveurs, de l'occiput par-dessus le sommet du crâne, erreur plus difficile à expliquer que la première, mais non moins réelle, ainsi que l'a très-bien observé Camper.

Nous n'avons pas besoin d'expliquer longuement l'effet de ces différents muscles longitudinaux; il est clair qu'en agissant tous ensemble, ils doivent raccourcir la totalité de la trompe, et que lorsque ceux d'un côté seulement agissent, ils doivent la fléchir de ce côté-là; mais on voit encore que leur division et les intersections tendineuses des antérieurs doivent servir à raccourcir ou à fléchir, au gré de l'animal, certaines portions de la trompe seulement, tandis que les autres resteront allongées, ou bien se fléchiront même en sens contraire. Par conséquent il n'est aucune sorte de courbure que l'animal ne puisse donner à sa trompe par leur moyen.

Perrault a supposé que les muscles intérieurs ou transversaux de la trompe sont tous dirigés comme des rayons du pourtour des deux canaux perpendiculairement à l'enveloppe extérieure. Cette assertion n'est pas entièrement exacte; un coup-d'œil sur une coupe transversale de la trompe montre qu'ils ont plusieurs autres directions; ceux de la partie antérieure vont à peu près comme des rayons du centre à la circonférence; dans la région de l'axe, derrière les deux canaux, il y en a qui se portent directement de droite à gauche; ceux-ci sont entourés par d'autres qui vont plus ou moins obliquement à la circonférence. On voit facilement que les premiers et les derniers tendent bien à diminuer le diamètre de l'enveloppe extérieure, sans diminuer, pour cela, le diamètre des canaux, ainsi que Perrault l'a très-bien observé; mais on voit aussi que ceux qui occupent la région de l'axe doivent, lorsqu'ils se contractent, rétrécir à-la-fois et les canaux et l'enveloppe extérieure. Ce sont eux que Perrault ne paraît pas avoir connus. Stukeley n'en parle point non plus, quoique sa Figure les exprime assez bien: au reste leur action ne peut jamais aller jusqu'à fermer entièrement les narines.

Tous ces petits muscles qui forment le corps de la trompe, sont bien distincts les uns des autres, et se terminent tous par des tendons grêles, dont les uns traversent les couches des muscles longitudinaux pour gagner l'enveloppe extérieure, et dont les autres vont s'implanter à la membrane des canaux. Tous ces petits muscles sont comme plongés dans un tissu cellulaire, uniformément rempli d'une graisse blanche et homogène. On conçoit aisément qu'ils sont les antagonistes des muscles longitudinaux, et qu'en rétrécissant la trompe, ils la forcent de s'alonger en tout ou en partie; car leurs séparations permettent à l'animal de ne les faire agir qu'aux endroits et dans les limites qu'il veut. Il n'est pas très-difficile de compter le nombre des petits muscles qu'offre une coupe transversale de la trompe; et comme ils n'ont pas une ligne d'épaisseur, il est aisé de calculer combien il y en a dans la totalité de cet organe; si l'on veut ensuite considérer les différents faisceaux des muscles longitudinaux comme autant de muscles particuliers, car ils peuvent, en effet, aussi, agir séparément, on ne trouvera pas que le nombre total des muscles dont une trompe se compose soit bien au-dessous de 30 à 40,000; et l'on sera moins étonné de la variété admirable de mouvements et de la force prodigieuse de ce bel organe.

La manière dont l'Éléphant avale l'eau qu'il a pompée au moyen de sa trompe, n'est pas exempte de difficultés dans son explication; il est certain qu'il la fait d'abord monter dans la trompe en retirant l'air et en faisant le vuide; il recourbe ensuite cette trompe et en porte la pointe jusque dans le fond de sa bouche, où il la lance avec force. Comme les muscles transverses de la trompe n'agissent pas avec assez de violence pour en comprimer subitement et totalement les deux canaux, ce n'est que par le moyen du souffle que l'eau peut être ainsi dardée. Or comment l'animal peut-il à-la-fois faire jaillir l'air de son larynx et faire entrer l'eau dans son œsophage sans que ces deux actions se contrarient et sans courir le risque de faire pénétrer l'eau dans sa trachée-artère?

C'est dans la longueur et dans la position du voile du palais qu'il faut chercher la solution de cette difficulté. Ce voile descend plus bas que le bord supérieur de l'épiglotte, et il embrasse étroitement ce bord, de manière que l'air qui sort du larynx est porté immédiatement dans le nez et va sortir par la trompe. A la base de la langue, au-devant de la racine de l'épiglotte, se trouve un enfoncement dans lequel l'eau est reçue, et d'où elle s'écoule dans l'œsophage en passant sous le voile du palais, et des deux côtés de l'épiglotte et du larynx, sans qu'aucune goutte puisse pénétrer dans celui-ci. Il n'est pas nécessaire par conséquent de supposer avec Buffon et les Anatomistes de l'Académie, que l'Éléphant ferme son larynx en pressant l'épiglotte du bout de sa trompe; cela lui serait même impossible, car il ne lance son eau que par le moyen du souffle, et il ne pourrait souffler si son larynx était fermé.

Les Voyageurs parlent beaucoup du bon goût des pieds de l'Éléphant : cet animal a en effet sous le pied une partie remarquable; c'est un coussin assez épais d'un tissu cellulaire opaque et serré, rempli d'une graisse très-fine; le pied ne touche pas la terre, par la totalité de ses os, mais seulement par les bouts des doigts, et par un ou deux des os du carpe et du tarse; le milieu du pied est concave et élevé au-dessus du sol comme une voûte; c'est le vuide compris sous cette voûte que remplit le coussinet élastique dont nous venons de parler : son usage est d'amortir l'effet de la pression, qu'un poids aussi énorme que celui de l'Éléphant ne manquerait pas d'exercer sur les os et sur les autres parties de son pied.

Duvernoy a fait représenter la verge de l'Éléphant dans une Planche peu exacte, quoique magnifique (1). Il est possible cependant d'y prendre quelque idée du beau réseau veineux qui reçoit le sang du corps caverneux. Cet Anatomiste a cherché à expliquer le phénomène de l'érection, en supposant que les nerfs nombreux qui s'entrelacent avec ces veines et qui forment un réseau non moins compliqué que le leur, pénètrent dans la substance de leurs parois, et les contractent lorsqu'ils sont eux-mêmes excités par l'imagination. Nous avons fait beaucoup de recherches à ce sujet; nous avons heureusement développé et fait représenter l'un et l'autre réseau, et nous nous sommes assurés que les nerfs suivent ici toutes les ramifications des veines; tandis que dans le reste du corps, ils s'attachent principalement aux artères. Il y a d'autant moins d'équivoque, que les deux artères marchent parallèlement l'une à l'autre le long des deux bords du corps caverneux dans lequel elles font pénétrer leurs branches directement, et sans se diviser comme les veines, en une espèce de labyrinthe.

On ne voit nulle part, aussi bien que dans l'Éléphant, la véritable structure du corps caverneux. Ce n'est essentiellement qu'un innombrable tissu de petites veines, s'ouvrant sans cesse les unes dans les autres, de manière que les coupes de ce tissu ressemblent, à l'œil, à un tissu cellulaire ordinaire, et qu'on le prendrait pour tel, si l'on ne distinguait dans les parois des cellules la structure ordinaire des tuniques veineuses. Il résulte de là que le sang qui produit l'érection, n'est point épanché hors du système de la circulation, mais qu'il est simplement arrêté momentanément dans une partie du système veineux; il en résulte encore que les veines ne remplissent pas plus ici que dans le reste du corps, des fonctions de vaisseaux absorbants.

Les parties intimes de la génération nous ont présenté aussi des sujets curieux d'observation. Les canaux déférents sont repliés, dans toute leur longueur, d'une

(1) Mémoires de l'Acad. des sc. de Pétersbourg. Tom. II.

façon presque aussi compliquée que dans l'épididyme; ils aboutissent chacun dans une grosse dilatation située derrière le col de la vessie, et qui aboutit à son tour dans le col de la vésicule séminale correspondante. Les vésicules n'ont point de replis, et ne se divisent point en branches; mais leur surface intérieure est revêtue de toute part de colonnes charnues qui y interceptent des aréoles et y forment un réseau musculaire tout pareil à celui de l'intérieur des oreillettes du cœur. Nous ne doutons point que cette structure n'ait un effet puissant lors de l'éjaculation.

Il y a deux prostates de chaque côté, ovales et assez petites; leur liqueur pénètre dans l'urèthre par une douzaine de petits trous. Les glandes de Cowper sont extrêmement grandes, revêtues d'un muscle propre, fort épais, divisées intérieurement en beaucoup de petites cellules, pleines d'une humeur muqueuse qu'elles versent dans l'urèthre par un canal excréteur, long de trois pouces, et qui s'ouvre vers le milieu de la longueur du bulbe. Nous n'avons trouvé dans l'urèthre ni lacunes, ni sillons, ni autres ouvertures que celles mentionnées ci-dessus; tout le reste de sa surface interne est lisse et bien entier.

La verge est une masse énorme qui, après la mort, pesait encore, avec ses appartenances, 127 liv. Elle augmente au moins de moitié dans l'érection; il lui a donc fallu des muscles particuliers pour la soutenir; il y a, en effet, de chaque côté, trois muscles ischiocaverneux; les premiers, ou les plus courts, s'insérent, comme à l'ordinaire, sur la racine des branches du corps caverneux; les seconds, ou les moyens, s'insèrent, sur les côtés de ce corps, vers le milieu de sa longueur; les troisièmes, ou les plus longs, et qui sont aussi les plus épais, produisent chacun un tendon qui se réunissent bientôt en un tendon unique, logé dans une gaîne cellulaire, et descendant ainsi en se grossissant toujours jusques au gland, dans les téguments duquel il se perd. Cette structure n'a encore été remarquée dans aucun autre animal.

L'acquisition que la Ménagerie va faire d'un autre Éléphant des Indes, mâle, de la variété à longues dents, nous donnera bientôt l'occasion d'écrire un nouvel article sur cette importante espèce, et d'y continuer à donner au Public un extrait de nos observations.

RHINOCEROS UNICORNIS RHINOCEROS UNICORNE.

LE RHINOCÉROS UNICORNE.

RHINOCEROS UNICORNIS.

Les Rhinocéros qui sont les plus grands des Quadrupèdes, après les Éléphants, méritent presque autant que ceux-ci l'attention des naturalistes, par les singularités de leurs mœurs et de leur naturel. Mais comme ils n'ont point été réduits en domesticité; comme ils sont naturellement farouches; qu'ils vivent solitaires, et qu'on n'en approche point sans danger, ils ont toujours été beaucoup moins connus, et ce n'est que dans ces derniers temps que l'on a eu des renseignements précis, même sur les points les plus apparents de leur organisation. Les caractères du genre ne sont point équivoques. La corne qu'ils portent sur le nez, suffirait seule pour les distinguer de tous les autres animaux : elle n'est point creuse comme celle des Bœufs et des Moutons, ni osseuse comme celle des Cerfs et des Daims; mais elle est solide comme dans ces derniers, et composée, comme dans les premiers, de fibres d'une nature analogue à celle des poils. Ils ont de plus les pieds tant de devant que de derrière divisés chacun en trois doigts, ce qui ne se trouve dans aucun autre animal. Comme ils sont plus bas sur jambes que l'Éléphant, et que leur tête n'est point garnie de défenses, ils n'ont pas reçu de trompe : seulement le milieu de leur lèvre supérieure s'alonge un peu en pointe, et jouit d'assez de mobilité et de force pour que l'animal puisse l'employer à arracher les arbres ou les branchages dont il se nourrit. Les dents molaires des Rhinocéros sont au nombre de 28, et ont des formes très-déterminées; celles d'en bas représentent, par leur couronne, un double croissant; celles d'en haut sont carrées et offrent une ligne saillante à leur bord externe, et deux autres perpendiculaires à la première, qui ont elles-mêmes de petits crochets latéraux; les creux qui restent entre ces lignes varient beaucoup, pour l'étendue et la figure, selon que la dent est plus ou moins usée. Les dents antérieures ne sont pas en même nombre dans toutes les espèces, et il y en a une qui en manque totalement. La difficulté de voir et surtout de comparer ensemble les Rhinocéros, a retardé long-temps la connaissance des véritables caractères de leurs espèces. Ces animaux ont été rares dans tous les temps. Aristote n'en parle point du tout. Le premier dont il soit fait mention dans l'histoire, fut celui qui parut à la célèbre fête de *Ptolémée Philadelphe* (1), et que l'on fit marcher le dernier des animaux étrangers, apparemment comme le plus curieux et le plus rare. Il était d'Éthiopie. Le premier que vit l'Europe, parut aux jeux de *Pompée*. Pline dit qu'il n'avait qu'une corne, et que ce nombre était le plus ordinaire (2). *Auguste* en montra un autre, lorsqu'il triompha de Cléopatre. Dion Cassius, qui rapporte ce fait, ne détermine

(1) Athenée, Liv. V. (2) Pline, Liv. VIII, Chap. 20.

point l'espèce. Strabon décrit fort exactement un Rhinocéros unicorne qu'il vit à Alexandrie; il parle même des plis de sa peau. Pausanias, de son côté, décrit fort bien le bicorne sous le nom de *Taureau d'Éthiopie*. Il en avait paru deux de cette dernière espèce à Rome, sous Domitien, qui furent gravés sur quelques médailles de cet empereur, et firent l'objet de quelques épigrammes de Martial, que les modernes ont été long-temps fort embarrassés à expliquer, parce qu'il y était fait mention de deux cornes. Antonin, Gordien, Héliogabale, Héraclius, ont également fait voir des Rhinocéros. Les anciens avaient donc, sur ces animaux, des connaissances qui ont long-temps manqué aux modernes. Le premier que ceux-ci ayent vu, était de l'espèce unicorne. Il avait été envoyé des Indes au roi de Portugal, Emmanuel, en l'an 1513. Ce roi en fit présent au Pape; mais le Rhinocéros ayant eu dans la traversée un accès de fureur, fit périr le bâtiment qui le transportait. On en envoya, de Lisbonne, un dessin au célèbre peintre et graveur de Nuremberg, *Albert Durer*, qui en grava une figure que les livres d'histoire naturelle ont long-temps recopiée. Elle est fort bonne pour le contour général; mais les rides et les tubercules de la peau y sont exagérés au point de faire croire que l'animal est couvert d'écailles. On en conduisit un second en Angleterre, en 1685; un troisième fut montré dans presque toute l'Europe en 1739, et un quatrième qui était femelle, en 1741. Celui de 1739 fut décrit et figuré par *Parsons* qui mentionna aussi celui de 1741. Je crois que ce dernier est le même qui fut montré à Paris en 1749 et peint par *Oudri*, et que c'est aussi lui qu'Albinus a fait figurer dans les planches 4 et 8 de son histoire des muscles. Il fut le sujet de la description de Daubenton. Celui dont nous allons nous occuper n'est par conséquent que le cinquième. Un sixième, très-jeune, destiné pour la ménagerie de l'Empereur, est mort à Londres, peu après son arrivée des Indes, en 1800, et a été disséqué par M. Thomas, chirurgien, qui a publié ses observations dans les Transactions philosophiques. Ces six étaient de l'espèce des Indes à une seule corne. Deux individus décrits par des Voyageurs, savoir, celui que Chardin vit à Ispahan et qui venait d'Éthiopie, et celui dont Pison inséra la figure dans l'Histoire naturelle des Indes de Bontius, n'avaient également qu'une corne; ainsi, d'une part, le Rhinocéros à deux cornes n'a jamais été amené vivant en Europe, et, de l'autre, les Voyageurs ont été fort long-temps à en donner une description détaillée. C'est ce qui faisait révoquer son existence en doute, et ce qui embarrassait les naturalistes à la lecture des passages où les anciens en parlaient. M. *Parsons* chercha, le premier, à établir que le Rhinocéros unicorne était toujours d'Asie, et le bicorne, d'Afrique. Quoique Flaccourt ait vu de loin ce dernier dans la baie de Saldagna, le Colonel Gordon fut le premier qui le décrivit exactement, et sa description fut insérée, par Allamand, dans les suppléments de Buffon. Sparmann en donna une autre dans les Mémoires de l'Académie de Suède, et dans la relation de son Voyage au Cap. On sut alors qu'outre le nombre des cornes, le Rhinocéros du Cap diffère de celui des Indes, en ce que sa peau est absolument privée de ces plis extraordinaires qui distinguent ce dernier; mais ce fut Camper qui mit le sceau à la détermination de ces deux espèces, en montrant qu'elles diffèrent encore par le nombre des dents de devant, celle du Cap n'ayant absolument que ses 28 molaires, et celle des Indes ayant de plus quatre grandes incisives et deux petites.

Il ne faut pas croire cependant que l'histoire des espèces de Rhinocéros soit encore parfaitement sans nuage. D'une part, Gordon dit expressément que son Rhinocéros bicorne avait quatre dents incisives à la partie antérieure des mâchoires, tandis que ceux de Sparmann et de Camper en manquaient, ainsi que tous ceux dont la dépouille a été apportée en Europe. D'autre part, *Bruce* nous donne une figure de Rhinocéros à deux cornes, dont la peau fait les mêmes plis que celle de l'unicorne. Il est vrai que cette figure est copiée de celle de Buffon, à laquelle Bruce a seulement ajouté une corne. Mais pour sauver l'honneur de ce Voyageur, il faut bien croire qu'il ne s'est déterminé à ce plagiat apparent que parce que cette figure ressemble en effet à l'animal qu'il a vu. Il faudrait donc ou établir quatre espèces, ou supposer que le nombre des cornes et les plis de la peau ne sont que des variétés accidentelles. *John Bell*, chirurgien anglais, décrit, dans les Transactions philosophiques pour 1793, un Rhinocéros de Sumatra qui paraît encore spécifiquement différer de tous les autres; il a deux cornes, une peau sans poils, quatre grosses incisives, dont les inférieures sont longues et pointues, et point de petites.

L'espèce unicorne, à six dents incisives, qui va seule nous occuper, parvient quelquefois à douze pieds de longueur sur sept de hauteur, et pèse 5,000 et plus. L'individu représenté sur notre Planche avait neuf pieds de long, quatre pieds et demi de haut au garrot, onze pieds et demi de tour; sa tête avait deux pieds de long et 18 pouces de haut à l'occiput; ses oreilles avaient dix pouces de long, et étaient à pareille distance l'une de l'autre; l'œil avait un pouce de largeur, les narines trois, les pieds huit; l'ouverture de la gueule huit pouces de profondeur, et la queue deux pieds de long. On remarquait sur sa tête dix tubercules gros, durs et saillants; savoir: un au devant de chaque oreille, un au dessus de chaque œil, un de chaque côté, à dix pouces derrière l'œil; un autre, également de chaque côté, à l'angle inférieur et postérieur de la mâchoire, et deux impairs, dont le premier sur le front, entre ceux qui sont devant les oreilles; l'autre un peu plus bas. Ce dernier, qui est longitudinal, comprimé et assez élevé, pourrait bien passer pour un rudiment de seconde corne, et faire croire que le nombre des cornes est en effet variable. Ce Rhinocéros avait tellement usé sa corne, qu'il n'en restait que la base, haute d'environ un pouce, et large de huit. Mais on peut juger qu'elle aurait été fort longue sans cette détrition. Il y a en effet des individus dans lesquels cette arme a plusieurs pieds de longueur, et l'on en conserve une au Muséum qui, quoique mutilée, a encore trois pieds huit pouces et demi; celle-là est fort mince; celles qui demeurent courtes sont ordinairement beaucoup plus grosses. Il ne paraît pas que les variétés de leur grandeur ayent des rapports constants avec le sexe. Dans cette espèce, la corne est fixée aux os du nez d'une manière immobile, ces os ayant une surface très-inégale dont les tubercules pénètrent dans les creux de la peau à laquelle la corne est attachée; mais dans l'espèce du Cap, les os du nez sont lisses, et rien n'empêche que les cornes ne se meuvent avec la peau, si le muscle occipito-frontal a assez de force pour contracter celle-ci. Sparmann a prétendu que ces cornes se meuvent, et Bruce a eu tort de l'en critiquer aussi amèrement qu'il l'a fait. Les plis de la peau sont ce qui contribue le plus à donner à ce Rhinocéros un aspect singulier, et comme monstrueux; ils varient peu d'un individu à l'autre: ceux du cou sont les plus saillants. L'individu que nous décrivons en a d'abord un qui se rend du devant de l'oreille à l'angle postérieur de la mâchoire inférieure; puis un très-petit sous la gorge, et un grand qui descend sous le cou, où il se réunit, avec son correspondant, en une espèce de fanon transversal; enfin, un dernier, duquel part une branche qui monte obliquement sur l'épaule: il y en a un petit qui forme un triangle avec cette branche et le pli principal dont elle sort. Le tronc en offre deux très-étendus en forme de ceinture, le premier en arrière de l'épaule, l'autre en avant de la cuisse: il y en a un transversal sur chaque fesse, qui part du côté de la racine de la queue, et un autre oblique, qui part du genou et qui remonte vers le côté de la queue; il y en a enfin un en bracelet sur le coude. Dans le vivant, la peau de l'intérieur de ces plis est rougeâtre et moins dure que celle du reste du corps. On dit qu'il y a dans leur creux des poux propres aux Rhinocéros, et qu'il s'y amasse accidentellement des mille-pieds et d'autres insectes lorsque l'animal se vautre. La peau du Rhinocéros est d'une dureté et d'une sécheresse plus grande encore que celle de l'Éléphant. On y voit par-tout de petites éminences, de l'épaisseur et de la largeur de pièces de monnaie, qui ont été un peu exagérées dans la plupart des figures; elle est totalement dénuée de poil, excepté au bout de la queue, au bord des oreilles et à la racine de la corne; encore ces derniers sont-ils plutôt des fibres détachées de la corne que de véritables poils. Il n'y a point de scrotum apparent; la verge se dirige en arrière pour uriner; il n'y a que deux mamelles situées dans l'aîne, aux côtés de la verge. La couleur générale est un gris-brun foncé, assez uniforme. Les sabots sont beaucoup plus forts que dans l'Éléphant; ils garnissent le dessous des doigts comme le dessus, et sont attachés aux phalanges par des lames minces et parallèles, plus grandes que celles qu'on observe dans le Cheval. Les grandes incisives s'usent et s'applatissent à leur extrémité; les deux petites de la mâchoire inférieure sont coniques, et restent cachées sous la gencive pendant la durée de la vie. Ce n'est que dans le squelette qu'on les a découvertes. La plupart des Auteurs ont écrit que le Rhinocéros avait la langue revêtue d'écailles dures et qu'il écorchait en léchant. Buffon l'a même rapporté expressément de l'individu que nous représentons, et cependant cela n'est point exact. Cette langue est molle. Il s'en élève seulement sur son quart antérieur des filets minces, obliques en plusieurs directions, et formant des espèces de pinceaux ou de bouquets. Le palais a douze éminences transversales peu saillantes.

On n'a aucun détail authentique sur la propagation du Rhinocéros. Les anciens ont supposé pour lui, comme pour tous les animaux qui urinent en arrière, que son accouplement se fait aussi dans ce sens; mais on sait aujourd'hui que dans tous ces animaux, la verge se reporte en avant au moment de l'érection. On ignore la durée de la gestation; il ne naît qu'un petit à la fois. Le Rhinocéros naissant est de la taille d'un gros chien; il n'a encore qu'un premier germe de corne. A deux ans, cette corne n'a encore qu'un pouce de hauteur, quoique l'animal soit déjà grand comme une génisse. A six ans, la corne a neuf ou dix pouces. Une femelle de dix à onze ans, décrite par Daubenton, avait dix pieds de long sur cinq de haut, et sa corne avait un pied. Il paraît que c'est à peu près là l'époque où le Rhinocéros est adulte; car celui que nous décrivons, et qui est mort âgé de plus de vingt-cinq ans avec tous les signes de l'âge avancé, était encore resté en deçà de cette taille; nous ne croyons donc pas que la durée naturelle de la vie du Rhinocéros approche de celle de l'Éléphant, ni même qu'elle égale celle de l'homme; mais il paraît que la corne croît pendant toute la vie.

Le Rhinocéros approche encore bien moins du naturel docile de l'Éléphant; il demeure toujours intraitable; une brutalité indolente, semblable à celle du Cochon, est son état ordinaire; mais si sa colère est excitée, il devient d'autant plus terrible, que sa grandeur, sa force, l'épaisseur du cuir qui le revêt, laissent peu de prise sur lui à nos armes. L'individu représenté dans la Planche tua deux jeunes gens qui s'étaient imprudemment introduits dans son parc. Dans l'état sauvage, cet animal vit dans la solitude et dans les bois les plus épais. Pour peu qu'il s'apperçoive du voisinage d'un homme, il se précipite sur lui avec une sorte de fureur, le terrasse et le foule aux pieds, ou le perce de sa corne. Quoiqu'il soit très-bas sur jambes, il court si rapidement, que le galop du Cheval ne peut suffire pour lui échapper.

Un fait rapporté par Bontius, prouve qu'il ne manque pas d'un certain degré d'instinct, lorsqu'il s'agit de la conservation de sa progéniture. Une femelle attaquée en plaine par des chasseurs, s'occupa d'abord de faire rentrer son petit dans le bois; pendant tout ce temps, elle se laissa molester sans se défendre; mais quand le petit fut caché, elle revint fondre sur les assaillants avec tant de furie, qu'ils furent obligés de se réfugier en hâte derrière des arbres.

Les anciens lui ont attribué une antipathie particulière pour l'Éléphant, et il est probable qu'en effet on les faisait combattre ensemble dans les jeux publics; mais dans l'état de nature, ils n'ont aucun motif pour s'attaquer, et aucun fait avéré ne prouve que cette antipathie soit réelle. Chardin a même vu deux Éléphants et un Rhinocéros vivre paisiblement ensemble. Les Indiens lui attribuent, sans doute avec aussi peu de fondement, une grande amitié pour le Tigre. Comme ces deux animaux aiment également les lieux marécageux et les bords des rivières, on les aura souvent vus ensemble, et il n'en aura pas fallu davantage pour motiver ce récit fabuleux. En effet, le Rhinocéros ressemble au Cochon, par le besoin continuel où il est de se rafraîchir la peau en se plongeant dans l'eau, ou en se vautrant dans la fange. Il a plusieurs autres rapports avec cet animal. Sa vue est encore plus faible, car ses yeux sont plus petits et plus voilés; mais son odorat est de la plus grande finesse, et on ne peut le surprendre qu'en ayant le plus grand soin de se tenir sous le vent. Son oreille est aussi très-fine, et il s'en sert avec beaucoup d'attention pour écouter les moindres bruits. Sa voix ordinaire ressemble au grognement d'un Cochon, et n'est pas très-forte; mais lorsqu'il est en colère, il pousse des cris aigus que l'on entend de loin. Il ne consomme pas, à beaucoup près, autant que l'Éléphant. Dans l'état de nature, il mange toutes sortes de branchages et d'herbes grossières. Il vient quelquefois dévaster les champs, surtout ceux de cannes à sucre. Le Rhinocéros de 1749 mangeait 60 livres de foin et 20 livres de pain par jour. Celui de M. Parsons consommait 7 livres de riz mêlé de sucre, et une grande quantité de foin et d'herbe verte. Le grand que nous représentons consommait 150 livres de foin. Ses excréments ressemblent à ceux du Cheval; mais ils sont plus gros et plus secs. Il dort d'un sommeil très-profond.

Les dépouilles du Rhinocéros n'ont pas une grande utilité; son cuir sert surtout à faire des manches de fouet; sa corne a quelque valeur en orient, où l'on en fait des vases auxquels les Indiens et les Arabes attribuent la vertu de faire découvrir le poison si l'on y versait des liqueurs qui en continssent. Il faut que ce préjugé soit fort ancien, car Arrien compte déjà, dans son péryple de la mer rouge, les cornes de Rhinocéros au nombre des objets de commerce.

Les limites assignées par la nature à cette espèce unicorne, ne sont pas parfaitement connues: on sait bien qu'elle est à peu près la seule qui habite dans le continent de l'Inde; mais différents rapports semblent faire croire qu'on en trouve aussi dans quelques cantons de l'Abissinie. L'individu que Chardin vit à Ispahan en venait, et Bruce rapporte qu'on en voit quelques uns vers le Cap Gardefan: mais tous ceux de l'intérieur du pays sont, selon lui, à deux cornes, ainsi que tous ceux du Cap de Bonne-Espérance.

Observations anatomiques sur le Rhinocéros.

Le Rhinocéros adulte de la ménagerie de Versailles dont nous avons parlé dans l'article précédent, se noya dans son bassin en Juillet 1793. Il fut apporté à Paris quelques jours après, où, malgré la chaleur extrême de la saison, MM. Mertrud et Vic-d'Azir s'occupèrent, pendant plusieurs jours, à en faire l'anatomie. Ces deux Anatomistes sont morts sans avoir publié leurs observations; mais les dessins faits sous leurs yeux par Maréchal et Redouté, sont déposés à la Bibliothèque du Muséum, avec de petites notes explicatives de la main de Vic-d'Azir. Je crois du devoir de ma place de communiquer aux Naturalistes ce que ces dessins, au nombre de 36, présentent de plus important: c'est ici la première occasion que j'aye trouvée de m'acquitter de ce devoir. Un jour sans doute on fera graver ces dessins, et le public en jouira d'une manière plus complète.

A l'ouverture de l'abdomen, se présentèrent d'abord trois courbures d'intestins disposées en travers, ayant chacune plus d'un pied de diamètre; les deux premières étaient réunies, sur leur longueur, par un tissu cellulaire épais qui faisait croire, au premier coup d'œil, qu'elles ne faisaient qu'un seul boyau; mais en fendant ce tissu avec précaution, on reconnut qu'elles n'étaient que collées, et qu'elles formaient par conséquent deux replis différents du même intestin; la troisième de ces portions apparentes était le *Cœcum.* On voyait régner à sa face antérieure une bande tendineuse; mais les deux portions de colon n'en présentaient point. En avant de ces trois portions intestinales, se distinguait une petite partie de l'estomac, recouverte par l'*épiploon:* celui-ci était replié au dessus du *colon;* mais il était assez grand pour le couvrir entièrement s'il eût été étendu. Derrière le *Cœcum,* en avant du pubis, se remarquait une très-petite partie de l'intestin *iléon.* L'estomac avait une figure allongée, arrondie par les deux bouts, et presque égale en diamètre dans toute son étendue, excepté vis-à-vis du cardia, où il était un peu plus gros, et dans un endroit situé aux deux tiers de la distance du pylore au cardia, où il y avait un étranglement notable. Il avait quatre pieds, de droite à gauche, sur environ quatorze pouces de diamètre. Le cardia était à quinze pouces de l'extrémité gauche et le pylore à sept de la droite. Ces deux ouvertures étaient, l'une et l'autre, du côté de la petite courbure. La rate était attachée à presque toute la grande courbure de l'estomac; sa longueur était de près de quatre pieds, et sa largeur de plus d'un pied; sa forme était une ellipse allongée. Le foie n'avait que deux lobes et un petit lobule; son lobe droit était plus grand que le gauche, qui était divisé par une scissure assez profonde; on voyait une autre petite scissure sur la base et vers le bord inférieur du lobe droit. Ce foie étendu avait, de droite à gauche, quatre pieds huit pouces; il n'y a point de vésicule du fiel, mais un canal hépatique énorme, qui penètre dans le *duodenum* par un trou situé à côté de celui par où entre le canal pnacréatique, de manière que ces deux canaux ne se réunissent point; leurs entrées dans le *duodenum* sont garnies chacune d'un petit sphincter ou valvule flottante.

Je ne trouve rien qui indique la longueur précise du canal intestinal. Outre les deux arcs du *colon* dont nous avons déjà parlé, cet intestin a d'autres portions moins volumineuses, et dans lesquelles on distingue mieux les boursoufflures et les bandes tendineuses. Le *cœcum* a plus de deux pieds de long sur quinze pouces de diamètre; sa surface est assez unie par devant; les boursoufflures y sont beaucoup plus remarquables par derrière.

La surface interne des intestins offre des observations extrêmement curieuses. Dans le prémier tiers de la partie du *duodenum*, située entre le pylore et l'insertion des canaux hépatiques et pancréatiques, la membrane interne produit, par ses replis, de petites lames saillantes longitudinales, dont la figure serait celle d'un segment de cercle de peu de hauteur. Vers le dernier tiers de cet espace, ces lames saillantes prènent graduellement une forme triangulaire et une direction plus transversale; elles se changent en espèces de papilles pyramidales. A six pouces de l'insertion de ces canaux, ces papilles, ou plutôt ces lames, deviènent beaucoup plus nombreuses, et reprènent une forme comprimée, arrondie, irrégulièrement lobée ou fendue.

On en trouve de groupées, de doubles et de triples. Au-delà de l'insertion de ces canaux, les papilles s'allongent en filaments cylindriques que l'on peut comparer à de petits vers de terre pour la grosseur et pour la figure. Ces filaments sont si serrés vers le milieu de la longueur du canal, qu'ils couvrent tout à fait la surface interne de l'intestin sans y laisser d'espace libre; il y en a qui ont jusqu'à dix lignes de largeur. Plus loin, leur nombre diminue, leur extrémité s'amincit, mais leur longueur augmente; il y en a de plus d'un pouce et de quinze lignes : quelques uns ont l'extrémité fourchue. Cette disposition continue jusqu'à l'insertion de l'*iléon* dans le *cœcum*; mais ici elle cesse subitement. La valvule du *cœcum* est circulaire et garnie, à sa surface concave, de plusieurs petites valvules conniventes. L'intérieur du *cœcum* ne présente que les rides et les inégalités ordinaires; mais dans l'intérieur du *colon*, on retrouve une quantité de ces plis formant des lames saillantes intérieurement: seulement ils y sont toujours dirigés dans le sens transversal. Dans le voisinage du rectum, ces replis s'étendent toujours davantage en largeur, et occupent, souvent circulairement, tout le pourtour du canal. Celui de tous ces replis qui est le plus grand, sépare précisément la cavité du colon de celle du rectum : il n'y a presque aucun de ces replis dans ce dernier intestin.

La verge du Rhinocéros a déjà été décrite et figurée par Parsons, par Edwards et par Gordon. Elle est assez singulière : la partie qui sort du prépuce cutané ordinaire est d'un beau rouge, et en forme de cône allongé et tronqué par le bout. La troncature est creuse, et il en sort une petite partie en forme de champignon, dont la tête serait elliptique au lieu d'être ronde. L'orifice de l'urèthre est placé au tiers postérieur de la longueur de l'ellipse. On remarque sur la face postérieure de la verge, près de sa troncature, une série de huit ou dix petites pointes charnues. Les mamelons sont au côté de la racine de cette verge; il y en a un dans chaque aîne. Les testicules sont un peu plus en arrière que les mamelons, et ils font à peine une saillie sensible au travers de la peau, quoiqu'ils soient réellement hors de l'anneau. Ils ont un épididyme distinct, et le reste du canal déférent n'est point replié sur lui-même; mais après être rentré dans l'anneau, il se rend dans l'urèthre comme à l'ordinaire.

Je n'ai rien trouvé sur la structure intérieure des vésicules séminales, ni sur l'existence ou la non existence des prostates et des glandes de Cowper.

Dans les figures que j'ai sous les yeux, l'urèthre présente une singularité très-remarquable; c'est qu'il se renfle subitement vers le cinquième inférieur de la verge, de manière à représenter un ellipsoïde allongé; il se rétrécit ensuite pour sortir sous la forme du petit champignon dont nous avons parlé. Mais il paraît que les parois de ce canal ne se renflent presque point à l'endroit du bulbe. Il paraît encore que les canaux déférents se réunissent avec les canaux excréteurs des vésicules séminales pour former un canal commun qui débouche dans l'urèthre par une seule ouverture. La vessie a son plus grand diamètre situé en travers. Les reins sont à hauteur égale dans l'abdomen.

Les deux poumons ne sont point divisés en lobes; ils ont chacun près de deux pieds de longueur sur seize pouces de largeur: le cœur a quinze pouces de long sur un pied de diamètre: l'épiglotte représente un triangle presque équilatéral. En avant de chacun des ventricules de la glotte, est une petite ouverture en forme d'arc de cercle vertical, dont la concavité est tournée en arrière: ces ouvertures donnent chacune dans une petite excavation de la base de l'épiglotte. La langue, qui a près de deux pieds de long, peut se diviser en trois parties. La partie antérieure, terminée par une courbe demi-circulaire, est garnie des petits filaments dont j'ai parlé plus haut: la partie moyenne est absolument lisse; la postérieure a en avant des papilles à calices assez nombreuses et placées en quinconce. Un peu plus loin, vers la base de l'épiglotte, sa surface est mamelonnée, et sur les côtés de l'épiglotte et du larynx, il y a des tubercules percés chacun d'un pore.

Nous pourrions suppléer à une partie de ce qui manque dans cette anatomie par ce que Sparmann nous dit touchant celle d'un Rhinocéros bicorne de onze pieds et demi de long qu'il a disséqué, si les détails de cet Auteur ne manquaient pas de vraisemblance en certains points.

Il dit, par exemple, que le canal intestinal n'avait que 28 pieds de long, et que le cœcum n'était qu'à trois pieds et demi de distance de l'anus. La première assertion n'est guère croyable pour un animal herbivore, et la seconde ne peut absolument point s'accorder avec nos figures.

M. Thomas dit dans son anatomie d'un jeune Rhinocéros, faite à Londres en 1800, que les intestins grêles étaient fort courts; que la peau se mouvait facilement sur la chair, attendu qu'elle n'y était attachée que par une cellulosité très-lâche; qu'il n'y avait point de pannicule charnu, et il en donne pour raison que l'animal n'en avait pas besoin, vu que l'épaisseur de sa peau le rend insensible aux piqûres des insectes, et que d'ailleurs sa dureté l'aurait empêchée de céder à un muscle si faible.

L'individu qu'il a disséqué, et qui était seulement de la taille d'une génisse de deux ans, n'avait que quatre molaires de chaque côté.

L'Auteur trouve, comme Sparmann, de grands rapports entre les intestins du Rhinocéros et ceux du Cheval; seulement, dit-il, le cœcum était beaucoup plus considérable.

Il décrit et représente les villosités intérieures de l'intestin grêle; mais seulement vers le haut, là où elles sont pyramidales.

Il rapporte enfin une structure qu'il croit avoir observée dans l'œil du Rhinocéros, et qui consiste en quatre brides d'apparence musculaire, qui s'attachent à la face interne de la sclérotique, à égale distance autour du nerf optique, et qui s'élargissant, vont embrasser le grand cercle de la choroïde et se confondre avec elle. M. Thomas suppose que ces brides doivent servir à changer la forme de l'œil, et à raccourcir l'axe visuel lorsque l'animal veut considérer des objets éloignés.

Lorsque nous reçûmes la dissertation de M. Thomas, nous cherchâmes aussitôt à vérifier son observation sur des yeux de Rhinocéros que nous conservions dans l'esprit de vin; il nous parut que ces brides n'étaient autre chose que les nerfs ciliaires, entourés d'un peu plus de cellulosité qu'à l'ordinaire: cependant comme il a examiné des yeux frais, il a pu mieux voir que nous.

Au Jardin des Plantes, Pluviôse an XII.

Dessiné par Maréchal. Gravé par Miger.

CAMELUS BACTRIANUS. Lin. LE CHAMEAU. (Dixième de la Grandeur)

Dédié au Citoyen Fourcroy, Membre de l'Institut National, Conseiller d'Etat, Professeur de Chimie au Museum d'histoire Naturelle, à l'École de Médecine et à l'École Politechnique &c, par le Citoyen Miger.

LE CHAMEAU.

CAMELUS BACTRIANUS.

Le genre des Chameaux, quoique placé dans l'ordre des ruminants, en diffère cependant par quelques caractères assez marqués. Ses doigts ne sont point entièrement revêtus de corne; ils n'ont qu'un petit ongle à l'extrémité antérieure, et une espèce de semelle calleuse commune aux deux doigts, dont l'intervalle n'y est marqué que par un sillon, de façon qu'ils ne peuvent ni s'écarter ni se rapprocher l'un de l'autre. Les Chameaux n'ont donc pas le pied absolument fourchu, mais seulement échancré en devant; et sous ce rapport ils se rapprochent un peu du cheval : ils s'en rapprochent aussi par les dents. Ils en ont huit en avant à la mâchoire inférieure; mais les externes étant pointues, peuvent passer pour des canines : il ne leur restera donc que six incisives. A la mâchoire supérieure ils ont certainement deux incisives implantées dans l'os intermaxillaire, ce qui n'a lieu dans aucun autre ruminant; et une ou deux canines de chaque côté qui deviennent assez grandes avec l'âge.

Leurs dents molaires sont absolument semblables à celles des ruminants. Ils ont un estomac de plus, qui est un appendice de la panse, et qui retient une certaine quantité d'eau qu'ils font revenir à la bouche lorsqu'ils sont pressés de la soif. C'est sur-tout cette disposition qui rend ces animaux si précieux pour traverser les déserts arides. Le reste de leurs intestins ressemble beaucoup à ceux des ruminants ordinaires.

La conformation extérieure des Chameaux a quelque chose d'ignoble et de rebutant. Leur démarche lourde, la longueur et la courbure de leur cou, leur lèvre fendue, la saillie de leurs yeux, la faiblesse apparente de leur croupe et de leurs jambes de derrière, enfin les loupes de graisse qui défigurent leur dos, nous les font paraître hideux.

On en distingue deux espèces, dont chacune a produit plusieurs variétés.

La première, connue des anciens sous le nom de *Chameau de Bactriane*, a retenu seule le nom de *Chameau*; l'autre, qu'ils nommaient *Chameau d'Arabie*, a reçu celui de *Dromadaire*, qui vient du grec δρομάς, et signifie *coureur*. Quant au nom de Chameau, *camelus*, κάμηλος, c'est le même que ces animaux portent dans les langues orientales : *gamal* en hébreu, *djemel* en arabe, etc.

Le *Chameau* proprement dit, *Chameau turc* ou *Chameau de Bactriane*, se distingue, au premier coup d'œil, par ses deux bosses, dont l'une, située sur le garrot, tombe ordinairement de côté, pour peu que l'animal soit gras; l'autre, placée plus en arrière, reste plus long-temps droite. Cette espèce est généralement plus grande que celle du Dromadaire : ses jambes sont plus basses à proportion de son corps, sa démarche plus lente, son museau plus gros et plus renflé, et son poil plus brun.

Cet animal habite encore aujourd'hui dans les mêmes lieux que du temps des anciens, c'est-à-dire dans le Turquestan, qui est l'ancienne Bactriane. On en trouve aussi dans le Thibet et jusqu'aux frontières de la Chine. Pallas assure même qu'il y en a encore, dans ces derniers pays, de sauvages, qui sont plus grands et plus courageux que les domestiques.

C'est cette espèce seule qu'on emploie comme bête de somme dans tout ce climat; elle en supporte même de plus rigoureux, puisque les Burètes et les Mongoles en conduisent jusque dans les environs du lac Baïcal, où ils vivent en hiver de bouleaux et d'autres arbres; nourriture qui les fait cependant beaucoup maigrir. Au contraire, dans le midi de la Perse, en Arabie et en Égypte, on n'emploie que des Chameaux à une seule bosse, et on n'y élève celui à deux bosses que par curiosité et comme un animal exotique.

Le Chameau a, sous tous les rapports, plus de facilité que le Dromadaire pour vivre dans des climats tempérés; on a remarqué, par exemple, qu'il se tire beaucoup mieux des boues et des terrains humides et marécageux.

On a essayé d'en introduire l'espèce à la Jamaïque et aux Barbades; mais comme on ignorait la méthode de les élever et de les dresser, on n'a pu en tirer aucun service réel. On a été plus heureux en Toscane. Le Grand-Duc Léopold, depuis Empereur, y en a introduit quelques-uns, qui se sont multipliés en peu d'années jusqu'à deux cents. Si le prince et le duc Salviati, qui en possédaient seuls les haras, ne les avaient pas vendus si cher (40 louis chacun), ils seraient déjà, dit-on, en bien plus grand nombre, parce qu'on a reconnu généralement leur grande utilité, sur-tout dans les marais, vu que se nourrissant de mauvaises graminées, de feuilles, et de foin médiocre, et en petite quantité, ils portent cependant le double des chevaux et vont le double plus vîte. Ils se mettent à genoux pour être chargés et déchargés; on les attache ensemble par les selles; un homme en conduit ainsi cinq ou six. Il y en a deux races distinctes par la taille.

On possède deux Chameaux à deux bosses à la ménagerie du Muséum d'histoire naturelle. Ils ont 6 pieds 3 pouces de hauteur au garrot; on croit qu'ils ont une quarantaine d'années; ils sont mâles tous deux, et servaient autrefois à traîner un charriot; mais depuis qu'ils en ont perdu l'habitude, ils ne veulent plus se laisser employer à rien. Ils consomment chacun trente livres de foin ou de luzerne par jour, sans avoine. Ainsi, un Chameau ne coûte pas plus à nourrir qu'un cheval, quoiqu'il soit beaucoup plus fort. Lorsqu'ils ruminent, ils mâchent alternativement de chaque côté, sans jamais porter la pelotte deux fois du même. Ils boivent en été chacun quatre seaux d'eau par jour.

Leur rut a lieu pendant l'hiver depuis brumaire jusqu'en ventose; ils ne prènent alors presque rien et maigrissent beaucoup. Ce qui leur plaît le plus dans cette saison, c'est la litière sur laquelle ils ont uriné; mais ils ne mangent pas soixante livres de foin en deux mois. On leur donne alors de l'eau mêlée d'un peu de farine et de sel; on ne peut, dans le fort de leur rut, leur en faire prendre plus de deux ou trois pintes par jour. Pendant tout ce temps ils répandent une odeur insupportable; dans les premiers jours du rut, et même dès le mois de vendémiaire, ils éprouvent de fortes sueurs qui durent environ quinze jours. Lorsque ces sueurs sont passées, il se fait un écoulement abondant à la nuque, non par une ouverture, mais par un suintement au travers de la peau. C'est une eau noire, visqueuse et très-puante, qui salit leur poil, et qui oblige de le couper. En été, lorsque la chaleur est vive, il sort du même endroit une eau roussâtre. Ils n'ont point cette vessie que les Dromadaires font sortir de leur bouche à cette époque; mais ils sont très-méchants et presque intraitables; ils cherchent à mordre et à frapper du pied; ils ne ruent point, et ne frappent que d'un seul pied, qu'ils meuvent comme s'ils fauchaient; leur coup est très-violent. Lorsqu'ils mordent, ils ne se contentent point d'entamer, mais ils cherchent à emporter le morceau en tirant.

Lorsqu'ils ont des érections, la verge, qui dans l'état ordinaire est dirigée en arrière, se reporte en avant comme dans les autres animaux. On sait, par les voyageurs, que l'accouplement des Chameaux ne se fait qu'avec peine; que la femelle s'agenouille, et que le mâle, lorsqu'il a fini, tombe lui-même à terre comme s'il était mort. Les mêmes choses ont été observées en Toscane.

La mue arrive immédiatement après que le rut est passé. Les poils du cou s'enlèvent par grands lambeaux comme s'ils avaient été feutrés. En moins de deux mois il n'en reste pas un seul, et tout le corps est nu: alors la peau se couvre d'une efflorescence farineuse qu'on enlève avec un peigne, et devient noire et lisse comme celle d'un mulâtre.

Cette nudité complète dure environ deux mois, au bout desquels le poil commence à revenir, et il lui en faut trois pour atteindre sa première grandeur.

Ces Chameaux aiment à être couchés et à se rouler dans la poussière; dans le temps du rut, ils se frottent et s'excitent de mille manières: c'est sur-tout la tête qui leur cause de grandes démangeaisons. Ils se couchent alors le nez contre terre, comme les limiers qui cherchent la trace d'un animal.

Leurs excréments ordinaires ont la forme et la grandeur de ceux de l'âne, seulement ils sont mieux broyés; mais dans le moment du rut, ils sont en petites boules à peine grosses comme des noisettes, et de couleur rousse.

Ils urinent en arrière; le filet est très-mince et dure un quart-d'heure chaque fois. L'odeur en est très-forte. Dans le temps du rut, ils urinent sur leur queue qu'ils portent exprès entre les cuisses; quand elle est bien mouillée, ils la courbent sur le dos pour s'en arroser; et ne recommencent à uriner que quand elle est redescendue.

Ils dorment les yeux ouverts.

Nous avons très-peu de détails sur ce qui distingue le Chameau du Dromadaire, quant aux habitudes, à l'instinct, aux qualités physiques, à l'éducation et aux usages; ainsi nous réservons tous ces articles pour l'histoire du Dromadaire, afin d'éviter les répétitions.

Maréchal Pinx. Miger sc.

CAMELUS DROMEDARIUS Lin. LE DROMADAIRE (Dixième de la Grandeur)

Dedié au Citoyen Sedillez de Nemours, Tribun, par le Citoyen Miger son Compatriote.

LE DROMADAIRE.

CAMELUS DROMEDARIUS.

Le Chameau qui n'a qu'une seule bosse, portait chez les anciens le nom de *Chameau d'Arabie;* c'est ainsi du moins que l'appèlent Aristote et Pline, par opposition à celui à deux bosses, qu'ils nomment *Chameau de Bactriane.* En effet, la première de ces espèces est la seule que les Arabes employent et qu'ils ayent conduite dans les divers lieux où ils se sont établis; en Syrie, en Babilonie et dans tous les pays qui s'étendent le long des côtes de l'Afrique, depuis l'Abyssinie jusqu'au royaume de Maroc. Il y a dans cette espèce une race plus petite et beaucoup plus rapide à la course, qu'on appèle en arabe *Maïhari* ou *Raguahil.* Diodore et Strabon l'ont nommée κάμηλος δρομάς, ou *Chameau coureur,* d'où les modernes on fait le mot *Dromadaire,* qu'ils ont étendu, contre son étymologie, et contre l'usage des Grecs et des Arabes, à toute l'espèce du Chameau d'Arabie. Comme cette extension, consacrée par Buffon et par Linnæus, a été adoptée par tous les naturalistes, nous ne nous en écarterons point dans cet article, et c'est dans ce sens général que nous y emploierons le mot *Dromadaire.*

Le *Dromadaire,* et sur-tout sa race proprement ainsi nommée, est d'une taille moindre que les *Chameaux* ordinaires. Il faut remarquer cependant que le père Duhalde parle aussi d'une petite race de Chameaux à deux bosses, qui se trouve à la Chine; mais les naturalistes ne la connaissent point. Les Dromadaires ont depuis cinq jusqu'à sept pieds de hauteur au garrot. Leur bosse est placée sur le milieu du dos, arrondie et jamais tombante. Leur museau est moins renflé que celui des Chameaux; leur poil, doux, laineux, est fort inégal, et plus long qu'ailleurs sur la nuque, sous la gorge et sur la bosse. Sa couleur est d'un blanc sale dans la jeunesse, et devient avec l'âge d'un gris roussâtre plus ou moins foncé. Il y a comme dans le Chameau, des callosités dénuées de poils au coude et au genou des jambes de devant, à la rotule et au jarret de celles de derrière, et une beaucoup plus grande sur la poitrine. C'est sur ces callosités que les Dromadaires se couchent, et quelques personnes ont pensé qu'elles sont produites à la longue par les contusions que doivent donner à ces animaux leurs chûtes répétées; cependant les jeunes les apportent en naissant. L'intérieur du Dromadaire ne diffère en rien d'important de celui du Chameau.

On ne sait pas bien d'où cette espèce est originaire; quelques auteurs disent qu'on en trouve de sauvages sur les frontières méridionales de la Sibérie et vers les confins de la Chine; mais il n'est pas certain que ce ne soient point des descendants d'individus échappés à l'esclavage.

On n'a pas des Dromadaires domestiques aussi avant vers le Nord que des Chameaux. Les Persans les estiment beaucoup moins que ceux-ci, et il n'y en a presque point au nord de la Perse. Tous les Chameaux tartares ont deux bosses: l'Inde n'emploie ni l'une ni l'autre espèce; et il n'y en a point non plus au sud du Sénégal.

C'est de tous les animaux domestiques le plus nécessaire dans les pays que les Arabes habitent ou parcourent. Sans la sobriété étonnante du Dromadaire, sans la faculté dont il jouit de supporter long-temps la soif, sans sa facilité à traverser rapidement d'immenses espaces couverts d'un sable brûlant, il n'y aurait plus de communication entre l'Égypte et l'Abyssinie, entre la Barbarie et les contrées situées au-delà du Saara, entre la Syrie et la Perse; l'Arabie heureuse serait absolument isolée du reste de la terre.

Les grands Dromadaires portent depuis sept cents jusqu'à mille ou douze cents pesant, et font, ainsi chargés, dix lieues par jour; mais le Dromadaire de course, qui ne porte point de fardeaux, en fait jusqu'à trente, pourvu que ce soit en plaine et dans un terrain sec. Ils deviènent presque inutiles dans les pays pierreux et montueux, et plus encore dans les pays humides : l'humidité leur fait enfler les jambes, et on les voit tomber subitement: c'est ce que notre armée d'Orient observa en Syrie, pays où il pleut souvent. L'une et l'autre variété marche ainsi pendant huit ou dix jours, ne mangeant que des herbes sèches et épineuses qui croissent dans le désert; lorsque la route dure plus long-temps et qu'on veut les maintenir en bon état, on y ajoute de l'orge, des fèves ou des dattes en petite quantité, ou enfin quelques onces d'une pâte faite de fleur de farine; si on se dispense de ce soin, le Dromadaire ne laisse point d'aller encore, mais il maigrit, et sa bosse diminue au point de disparaître presque entièrement. Le Chameau à deux bosses ne pourrait supporter une aussi longue diète. Le Dromadaire peut se passer de boire pendant sept ou huit jours, selon tous les voyageurs, et jusqu'à quinze selon Léon l'Africain. Après une si longue abstinence, il sent l'eau de très-loin, et s'il s'en rencontre à sa portée, il y court rapidement, bien avant qu'on puisse la voir. On maintient cette habitude même dans le temps de repos, en ne lui donnant à boire qu'à des époques éloignées.

On leur apprend dès leur jeunesse à s'agenouiller pour se faire charger; ils ne se relèvent point lorsqu'ils sentent que le fardeau est trop lourd pour leurs forces : il y en a qui se chargent seuls, en passant la tête sous l'espèce de bât auquel les ballots sont attachés. On est obligé de faire un bât particulier pour chaque individu, et d'avoir soin qu'il ne touche pas le haut de la bosse, autrement celle-ci se meurtrirait, et la gangrène et les vers s'y mettraient bientôt: quand cet inconvénient arrive, on met sur la plaie du plâtre râpé bien fin qu'il faut changer souvent. Ils aiment la musique, et c'est en chantant qu'on leur fait faire plus de chemin lorsqu'on est pressé. On en a vu exécuter des espèces de danses au son des instruments.

Ces animaux sont très-doux, excepté dans le temps du rut où ils sont comme furieux; on dit qu'à cette époque ils se ressouviènent de tous les mauvais traitements qu'ils ont reçus, et qu'ils cherchent à s'en venger si leurs auteurs se présentent à eux. Ils ruent et mordent, quelquefois ils écrasent des hommes sous leurs pieds. Pendant quarante jours ils ne mangent presque rien, et deux grosses vessies leur sortent à chaque instant de la bouche, avec un râlement très-désagréable.

On coupe tous les mâles de service, et on ne conserve qu'un seul entier pour huit ou dix femelles. On brûle même les parties extérieures des femelles que l'on veut employer, afin de prévenir les désordres que la chaleur occasionnerait.

C'est au printemps que le rut commence; la femelle est couchée sur ses jambes pendant l'accouplement qui n'a lieu qu'avec beaucoup de peine et après que le mâle a été long-temps excité. La gestation est de douze mois: il ne naît qu'un seul petit; Shaw rapporte qu'il naît aveugle, ce qui serait singulier pour un ruminant; il n'a que deux pieds de haut en naissant; mais il croît si vîte dans les premiers moments de sa vie, qu'au bout de huit jours il a déjà près de trois pieds; il tète pendant un an, et n'a atteint toute sa grandeur qu'à six ou sept ans. Le Dromadaire peut en vivre quarante ou cinquante. Oléarius assure que le Chameau à deux bosses et le Dromadaire produisent ensemble des individus inféconds comme les mulets, et que ces individus sont plus estimés que les races originelles. Un Chameau mâle a fait concevoir à Paris, en 1752, un Dromadaire femelle; mais le petit qui était fort chétif ne vécut que trois jours.

La chair des jeunes Dromadaires est aussi bonne que celle du Veau; les Arabes en font leur nourriture ordinaire; ils la conservent dans des vases où ils la couvrent de graisse. Ils en mangent aussi le lait qui est épais et nourrissant, et dont ils préparent du beurre et du fromage. La femelle donne du lait dès l'instant où elle a mis bas, jusqu'à celui où elle a conçu de nouveau. Le membre du mâle, préparé, sert de fouet pour monter à cheval.

Le poil du Dromadaire s'emploie à plusieurs sortes d'étoffes, des feutres et d'autres préparations; on tond ces animaux en été, on les couvre d'huile et on les laisse ainsi plusieurs heures par jour couchés au soleil. Il n'est pas jusqu'à sa fiente qui ne soit une ressource dans ces pays arides; c'en est le principal combustible, et on prépare avec la suie qui en résulte une quantité de sel ammoniac; aussi le Dromadaire a-t-il fait de temps immémorial la principale richesse des Arabes pasteurs, et c'est par le nombre de ces animaux qu'ils possèdent qu'on estime la fortune des particuliers. Les paysans égyptiens, ou *fellahs*, ont aussi beaucoup de Dromadaires dont ils prènent grand soin. Ils ne les emploient pas au labourage, mais au transport des marchandises, et à tourner les roues qui leur servent à arroser leurs champs.

La ménagerie possède deux Dromadaires qui ont été donnés à la République, il y a trois ans, par le Dey d'Alger; ils étaient alors âgés d'environ trois ans, hauts de quatre pieds six pouces en y comprenant la bosse: leur poil était presque blanc, excepté sur le haut de la bosse où il tirait déjà un peu sur le roux. Aujourd'hui la femelle a six pieds et demi et le mâle sept pieds, et l'un et l'autre sont devenus presque entièrement d'un gris roussâtre. En Égypte on regarde les Dromadaires les plus gris comme les plus forts: il y en a aussi de blancs et noirs, mais ils sont très-rares.

Leur mue commence au mois d'avril; elle ne va pas, comme dans le Chameau, au point de leur faire perdre tout leur poil; elle n'est même pas plus rapide que celle du Cheval et des autres animaux de notre climat. Sa durée est de deux mois, et ce sont les poils de la bosse qui changent les derniers. Le rut précède la mue. Il commence au mois de février et dure aussi deux mois. Le mâle a, pendant tout ce temps, un écoulement semblable à celui que nous avons décrit dans le Chameau; la femelle n'en a aucun, mais ses mamelles augmentent considérablement. Ni l'un ni l'autre n'a perdu l'appétit à cette époque, ni n'a fait voir ces vessies qui sortent de la bouche des Dromadaires dans les pays chauds. Peut-être cela vient-il de ce qu'ils sont encore trop jeunes, et que leur chaleur n'est pas complète. Les essais qu'ils ont faits pour s'accoupler n'ont pas encore eu de succès; le mâle forçait la femelle de se placer à coups de pieds et de dents; elle tombait à genoux seulement sur les pieds de devant, et non tout-à-fait couchée comme disent les voyageurs.

Le mâle mange trente livres de foin par jour; la femelle vingt; ils boivent à peu-près un seau d'eau chacun. Leurs excréments ressemblent, pour la forme et pour la couleur, à de grosses olives. Ils urinent comme les Chameaux.

La femelle est fort douce, mais le mâle est assez méchant; il cherche à presser ceux dont il est mécontent contre un mur ou contre une cloison et à les écraser.

On les emploie depuis quelque temps à faire marcher une pompe et ils s'en acquittent fort bien. Les jours de travail on leur donne un peu d'avoine ou de son.

Le Chameau et le Dromadaire étaient parfaitement connus des anciens. Aristote donne du dernier une histoire assez détaillée, et où, comme à son ordinaire, il avait évité la plupart des erreurs admises par ses successeurs; il est cependant le premier où l'on trouve la fable de l'aversion de cet animal pour l'inceste. Pline y a ajouté celle de l'accouplement rétrograde. Ce dernier auteur, qui a tant de soin d'avertir de l'époque où chaque animal exotique a été vu des Romains pour la première fois, a négligé de le faire par rapport au Chameau; mais un passage de Salluste, cité par Plutarque, nous apprend que ce fut après la victoire remportée par Lucullus sur Mithridate, près du fleuve Rhyndacus, et par conséquent l'an de Rome 683. Salluste entendait sans doute que ce fut alors qu'on en conduisit pour la première fois à la ville; car les soldats romains en avaient dû voir long-temps auparavant, ainsi que Plutarque le rappèle, lorsque Scipion battit Antiochus, et aux combats qui eurent lieu avec Archélaüs près du lac Orchomène et de Chéronée.

Lampride nous apprend qu'Héliogabale faisait servir sur sa table des Chameaux et des Autruches, disant que la loi des Juifs l'y obligeait. Il avait doublement tort, car elle défend expressément la chair du Chameau, parce que, quoiqu'il rumine, il n'a point le pied entièrement fourchu. Spartien dit simplement que cet empereur en faisait servir les pieds, et cela pour surpasser Apicius, en introduisant quelque plat nouveau.

Je ne connais de bonne figure du Dromadaire que celle de Buffon. Les meilleures après elle, sont celles des planches 41 et 44 de Jonston. Les figures d'Aldrovande et de Gesner sont faites d'imagination. Celle de Perrault et les deux figures de Chameaux de Pennant sont fort mal dessinées.

Nous devons plusieurs des particularités rapportées dans cet article au chef de brigade Grobert, officier d'artillerie très-instruit, qui a passé deux ans à l'armée d'Orient.

Peint par de Wailly. *Gravé par Meyer.*

VIVERRA GENETTA Lin. *Moitié de Grandeur.* LA GENETTE.

LA GENETTE.

VIVERRA GENETTA.

Nous avons traité amplement à l'article de la *Civette*, des caractères qui sont communs aux Civettes et aux Genettes; mais nous y avons exagéré la différence qui peut exister entre les deux petites familles qui divisent le genre, par rapport à l'organe qui produit le parfum; du moins est-il certain que la Genette commune a une bourse comme la Civette, quoique moins profonde : la Genette est aussi beaucoup moins grande que la Civette; sa longueur ne passe pas un pied et demi, la queue non comprise, laquelle est beaucoup plus longue à proportion que dans la Civette, ayant plus d'un pied. La Genette est beaucoup plus basse sur ses jambes; car elle n'a que sept pouces de hauteur au garrot.

Son museau est très-fin, et son corps aussi mince et aussi allongé que celui de la Fouine.

Son pelage, dans la variété la plus commune, est gris-blanc, teint de jaunâtre; la tête est un peu plus grise que le reste. Le museau est noirâtre, avec une tache blanche de chaque côté du nez et une sous chaque œil.

On voit une ligne noirâtre au milieu du front, et une sur chaque œil. Celle du front reparaît sur la nuque et se prolonge sur tout le dos. Au cou, cette ligne en a une de chaque côté qui se prolonge sur l'épaule, puis une seconde un peu interrompue, qui ne va que jusqu'au bord antérieur de l'épaule. Près de la base de la convexité de l'oreille, est une tache noire. Chaque côté du dos présente deux lignes régulières de taches noires, et deux autres plus irrégulières et plus interrompues. Ces quatre lignes se prolongent sur la cuisse, où il y en a une cinquième vers le bas. Les quatre jambes sont grises; les postérieures sont brunes par derrière. La queue a six anneaux et le bout noirs. Les anneaux de devant sont plus étroits. Les intervalles sont gris-blanc. La queue est presque toujours repliée en dessous. Le mâle ne diffère de la femelle, que parce qu'il est un peu plus gris, et qu'il a la tête plus grosse.

Telle est, disons-nous, la Genette commune, celle d'Espagne et de Barbarie; mais cet animal se porte bien plus loin au Sud. Nous en avons eu un individu rapporté du Cap de Bonne-Espérance par le capitaine Mylius, successeur de Baudin : il ne différait point sensiblement des deux individus qui lui ont survécu, et qui ont été donnés à la Ménagerie par M. Adanson, chancelier du Consulat de France à Alger, et frère du célèbre naturaliste de ce nom.

Il nous paraît fort vraisemblable que c'est cette Genette qui porte au Cap le nom de *Chat musqué*, et que représente le très-mauvais dessin donné sous ce nom par Sonnerat à Buffon, et inséré par celui-ci sous le titre de *Genette du Cap*, dans le tome VII de son Supplément *in*-4°, pl. 58, dessin qui revient un peu modifié (1)

(1) Ce fut feu M. Desmoulins qui dessina cette planche du Voyage de Sonnerat, d'après l'esquisse copiée dans Buffon. Je tiens ce fait de lui-même.

dans le Voyage de Sonnerat, pl. 91, sous le nom nouveau de *Civette de Malacca*, sans que rien nous rende raison de ce changement. Il ne diffère de la Genette ordinaire que par un peu plus de blanc à la tête; les taches et les raies y paraissent trop régulières; mais les personnes habituées à dessiner voyent aisément que cela tient à l'imperfection du dessin.

Kolbe a parlé aussi de ce *Chat musqué du Cap*, trad. franç. III, p. 57; mais il ne donne pour figure qu'une mauvaise copie de celle que Jonston, Quadrup. pl. LXXII, appèle *Civette*, et qui n'est au vrai qu'une *Genette* ordinaire.

Forster le père reproduit encore le *Chat musqué* du Cap, Transactions phil. vol. LXXI, p. I, pl. 1, 1781; et sa figure, faite d'après un individu long-temps retenu en cage, qui avait une jambe cassée et la queue mutilée, ne représente encore, selon nous, que la *Genette*.

Enfin, *Vosmaer* nous paraît avoir fait un quatrième suremploi. Le mot hollandais qui répond à *Chat musqué*, est *bisaam-katje*. Ce naturaliste s'est avisé, dans une description du *Chat musqué du Cap*, publiée en 1771, de l'appeler en français *Chat-bisaam*; mais quoiqu'il l'ait comparé au Margay, qui est un vrai Chat, et que sa figure soit extrêmement mauvaise, sa description offre une ressemblance si frappante avec la Genette, que nous affirmerions presque l'identité de ce Bisaam avec elle.

Il est donc arrivé que la Genette paraît au moins trois fois, et probablement quatre, dans l'énumération de M. *Gmelin*; d'abord sous son vrai nom de *Viverra Genetta*, une seconde fois sous celui de *Viverra Malaccensis*, qui est l'animal de Sonnerat; puis comme *Viverra Tigrina*, qui est le *Bisaam* de Vosmaer; enfin comme *Felis Capensis*, qui est l'animal de Forster.

Il n'aurait tenu qu'à M. *Gmelin* de la faire paraître une cinquième fois, comme l'a fait M. *Bonnaterre*, en s'appuyant de la figure copiée par Buffon, et nommée Civette du Cap. Ce n'est probablement pas sa faute si cela n'est pas arrivé, mais il n'a point connu le septième volume des Suppléments.

Toutes ces erreurs n'approchent cependant point encore de celle que Buffon a commise, pour ainsi dire sciemment, touchant ce même animal. Il dit, Supplém. III, p. 236, que la Genette habite aussi quelques provinces de France, particulièrement en *Poitou* et en *Rouergue*. Quelques lignes plus bas, il parle d'un animal voisin de la Genette, mais plus grand et plus noir, dont il ignorait, dit-il, le pays, et dont il donne la figure, ib. pl. XLVII. Par une faute d'attention, le graveur écrit sous cette figure de Genette noire, *Genette de France*; et quelques années après, Buffon lui-même, Supplém. tome VII, pl. 58, cite cette figure comme étant réellement celle de la Genette de France, de manière à faire croire aux Lecteurs peu attentifs, que notre Genette diffère considérablement de la commune; car la figure en question semble réellement appartenir à une espèce particulière.

Voilà les méprises et les doubles emplois qui échappent même aux plus savants naturalistes, lorsqu'ils oublient un instant les règles de la plus sévère critique. Que sera-ce des personnes qui se mêlent d'écrire sur l'Histoire Naturelle, en affectant de rejeter les recherches d'érudition et les comparaisons de nomenclature?

Revenons à notre sujet, c'est-à-dire à l'Histoire de la Genette.

Quoiqu'elle ait une petite poche, elle ne l'ouvre point et ne la montre point pendant sa vie; l'odeur musquée qu'elle répand est très-faible, et disparaît quelquefois entièrement; c'est pourquoi sans doute Kolbe, Forster et Vosmaer ne l'ont point trouvée dans leurs animaux.

Les Genettes sauvages n'habitent, dit-on, que dans les lieux humides, et le long des ruisseaux. On ne les trouve ni sur les montagnes, ni dans les terres arides. On les apprivoise aisément, et les Turcs en tiènent dans leurs maisons pour donner la chasse aux souris. On ne dit rien de plus de leurs habitudes, ni de leur propagation dans l'état naturel, ou en domesticité.

Les individus que nous possédons vivants sont d'un naturel triste et taciturne. Ils dorment tout le jour, couchés en boule l'un sur l'autre, s'agitent et courent dans leur cage pendant toute la nuit. On ne les nourrit que de viande, dont ils mangent à peine chacun un quart de livre par jour. Ils boivent peu; leurs excréments sont de petites boules blanchâtres et très-dures.

Ils s'accouplent à la manière des chats, en criant horriblement, et le mâle mordant la femelle au chignon. On a lieu de croire que la gestation de celle-ci a duré quatre mois : elle n'a fait qu'un petit, que le mâle a tué le jour de sa naissance. Il était long de six pouces; et le fond de son pelage était d'un cendré noirâtre, avec des taches noires disposées comme celles des adultes.

Dans l'état tranquille, il n'y a guère que le mâle qui se laisse entendre : son cri ressemble beaucoup à celui d'un jeune Chat.

Les anciens n'ont rien dit de la Genette. C'est en vain qu'on a voulu lui appliquer, ainsi qu'à la Civette, ce qu'ils rapportent du Pardalis, qui attire, selon eux, les autres animaux par son odeur agréable. Aristote dit expressément que cette odeur n'était point agréable à l'homme; comment d'ailleurs, en supposant qu'elle les attirât, la Genette eût-elle pu dévorer des Brebis, des Cerfs, etc. comme on le dit du Pardalis? Enfin il est sûr que le Pardalis est notre Panthère.

Le premier auteur qui ait parlé de la Genette, paraît être S. Isidore de Séville, auteur du septième siècle, dans son Traité *de Ordine Creaturarum.* Vincent de Beauvais et Albert le Grand, qui vivaient l'un et l'autre dans le treizième siècle, ne semblent en parler que d'après Isidore. *Belon* en a donné la première figure, qui, quoique assez mauvaise, a été copiée par *Gessner*, *Aldrovande* et *Jonston. Gessner* a publié une image fort exacte de la peau, telle qu'on la trouve chez les fourreurs. La figure de Buffon, IX, pl. XXXVI, ne donne qu'une idée fort peu juste de l'animal; et *Schreber*, en la copiant, pl. CXIII, l'a encore gâtée par une mauvaise enluminure.

Peint par Maréchal. Gravé par Miger.

ANTILOPE BUBALIS LE BUBALE.

Sixième de la Grandeur.

LE BUBALE.

ANTILOPE BUBALIS.

Le nom de *Bubalus* désignait, dès le temps d'Aristote, un animal timide. « *Il » est des espèces,* dit ce grand naturaliste, *auxquelles leurs cornes sont quel- » quefois inutiles, parce qu'elles fuyent les animaux féroces et courageux : tels » sont les Chevreuils et les Bubales.* » Cependant les Romains en avaient déjà détourné l'acception. « *Le vulgaire donne ce nom,* dit Pline, *au Taureau sau- » vage de la Germanie ; mais il appartient réellement à un animal d'Afrique, » qui ressemble en partie à un Cerf et en partie à un Veau.* » Oppien ajoute encore à cette description un trait qui ne laisse aucune équivoque, c'est celui de la forme des cornes de cet animal. « *Ses cornes longues et droites,* dit-il, *recourbent » leurs pointes du côté du dos.* » Cependant les latinistes modernes ont appliqué le nom de *Bubalus* au Buffle, et quoique Gessner eût reconnu qu'il y avait erreur dans cette application, le véritable Bubale n'a été bien indiqué que par Perraut. Le médecin anglais Caius l'avait cependant assez bien décrit dans l'ouvrage de Gessner, sous le nom de *Bœuf-Cerf, (Bos-Elaphus.)*

Cet animal appartient au genre des Antilopes, par la forme de ses cornes, par le tissu solide des chevilles osseuses qui les portent, par les sillons obliques que l'on voit à leur surface, par ses larmiers et par ses jambes de Cerf; mais il se distingue au premier coup-d'œil des Gazelles ordinaires, par ses proportions un peu lourdes; par la hauteur de son garrot, qui lui donne presque un air bossu, et surtout par la longueur et la grosseur de sa tête qui a vraiment quelque ressemblance avec celle d'une Génisse; aussi Perraut lui a-t-il donné le nom de *Vache de Barbarie*, et les Arabes l'appèlent-ils *Bekker-el-wash*, ce qui signifie *Bœuf sauvage.* Sa taille est un peu supérieure à celle du Cerf; son pelage est entièrement roussâtre, excepté le flocon du bout de la queue qui est noir. Cette queue descend jusqu'à la hauteur du jarret. Les cornes du Bubale ont une courbure précisément opposée à celle des Gazelles ordinaires; dans celles-ci la courbure inférieure est convexe en avant et la supérieure en arrière, de manière que la pointe se redresse; dans le Bubale, au contraire, la courbure inférieure est concave en avant, et la pointe se recourbe vers le dos, comme l'a très-bien observé Oppien. On remarque encore que le Bubale manque de ces touffes de poils qui revêtent les genoux des Gazelles.

Comme Buffon n'avait point de figure du Bubale dans son histoire naturelle, Allamand crut devoir y en ajouter une; mais il donna, au lieu de celle du vrai Bubale, celle d'un animal voisin nommé *Caama* par les Hottentots, et *Cerf du Cap* par les Hollandais. Buffon, tout en publiant ensuite, dans le volume sixième de son supplément, une bonne figure du vrai Bubale, fit copier aussi celle d'Allamand sans en distinguer l'espèce, et la regardant même comme plus exacte que la sienne. Pallas et Gmelin ont également continué à supposer que le

Bubale et le *Caama* étaient le même animal. Il est cependant vrai qu'ils sont différents; nous avons eu occasion de nous en assurer sur plusieurs peaux et squelettes de l'un et de l'autre que possède le cabinet. Le *Caama* a la tête plus longue et plus étroite à proportion que le *Bubale*; la courbure de ses cornes en avant et en arrière est beaucoup plus prononcée, tandis qu'elles s'écartent beaucoup moins de côté; elles sont aussi plus grandes à proportion, et ont des anneaux plus nombreux et plus marqués; leur extrémité est lisse et très-pointue. Sa couleur est un fauve bai plus brun sur le dos. Une grande tache noire entoure la base des cornes. Il y a aussi une bande noire sur les deux tiers inférieurs du chanfrein; une ligne étroite sur le cou, et une bande longitudinale sur chaque jambe sont de la même couleur, ainsi que le bout de la queue. Ces différentes marques sont brunes plutôt que noires dans la femelle du Caama; mais elles y sont encore très-distinctes, tandis que les Bubales de l'un et de l'autre sexe n'en ont aucune.

On ne sait presque rien de particulier sur les mœurs de cet animal dans l'état sauvage; Shaw dit seulement qu'il marche en troupes; que ses petits s'apprivoisent aisément et paissent avec les troupeaux de Bœufs; qu'il court, s'arrête et se défend comme la Gazelle. La direction des pointes de ses cornes le force cependant à adopter une manœuvre particulière. Lorsqu'il est vivement pressé, il se retourne, se porte avec fureur contre l'assaillant, en tenant sa tête entre ses jambes, et la relevant subitement lorsqu'il est à proximité, il fait d'énormes blessures. C'est au citoyen Geoffroy que je dois cette observation.

Cet animal appartient à tout le nord de l'Afrique, et surtout au désert. Il en vient quelquefois en Égypte boire dans les mares ou dans les petits canaux d'arrosement, mais ils s'enfuyent à l'approche de l'Homme. Les anciens le connaissaient très-bien, et les Français en ont trouvé plusieurs figures fort reconnaissables parmi les hiéroglyphes des temples de la haute Égypte. Les Bubales qu'on a eus dans les ménageries, étaient assez doux et mangeaient toutes sortes de substances végétales. Nous ne pouvons rien dire du nôtre, parce qu'il a péri presqu'en arrivant, des suites d'une blessure qu'il avait reçue dans le transport de Versailles au Muséum. On dit du Caama qu'il est fort commun au Cap où il vit en grandes troupes; que sa vitesse est telle qu'un Cheval ne peut l'atteindre, et que son cri ressemble à une espèce d'éternuement; les femelles ne font qu'un petit qu'elles mettent bas en septembre et quelquefois en avril. Les colons éloignés de la ville en font sécher la chair pour la manger.

On ne sait point quelles sont les limites assignées par la nature à chacune de ces deux espèces, ni si elles habitent en commun quelqu'une des contrées intermédiaires entre le Cap et la Barbarie. Forster, et après lui Buffon, avaient pensé que le *Coba* ou grande Vache brune du Sénégal, était le même que le Bubale. Gmelin rapporte ce *Coba* à l'Antilope pourpre, *Antilope pygarga*, et Pennant donne une figure de la tête du *Caama* pour être celle du *Coba*. Ces auteurs se sont tous trompés. Le Coba est une espèce bien distincte des trois autres, mais que l'on ne connaît que par ses cornes figurées dans Buffon, *tom.* XII, *pl.* 32, *fig.* 2. Elles existent encore au Muséum, et la comparaison que nous en avons faite avec celles de tous les animaux ci-dessus, ne laisse aucun doute à cet égard.

Il n'y a encore que deux figures du Bubale, celle de Perraut et celle de Buffon, assez ressemblantes l'une et l'autre, quoique l'élévation des épaules n'y soit pas assez marquée. La figure de Seba, *pl.* 42 du *tom.* premier, *fig.* 4, qu'on rapporte ordinairement au Bubale, appartient au Caama.

Marechal Pinx. Miger Sc.

ANTILOPE CORINNA LA GAZELLE CORINNE

5me de la Grandeur

Dediée a Madame Bacciocchi née Buonaparte.

LA GAZELLE CORINNE.

ANTILOPE CORINNA.

Le mot *Antilope* désigne aujourd'hui, parmi les naturalistes, un genre nombreux de quadrupèdes ruminants, parmi lesquels on range la Gazelle des Arabes et près de trente autres espèces. Quoique ce nom ait une apparence grecque, il n'était point connu des anciens. On trouve seulement dans l'ouvrage des *Six Jours*, attribué à *Eustathius*, qui vivait sous Constantin, le nom d'*Antholopos*, pour signifier un animal à longues cornes, dentelées en scie. *Albert le Grand* a désigné depuis le même animal par le mot de *Calopus*, et d'autres écrivains du même temps, par ceux d'*Analopos*, d'*Antaplos* et d'*Aptalos*.

Gesner croit que c'est le même dont parle la lettre non authentique d'Alexandre à Aristote, sur les merveilles de l'Inde, et dont les longues cornes pointues et dentelées perçaient les Macédoniens.

Quoique les descriptions que nous venons de rappeler contiènent quelques traits fabuleux, il est assez facile de voir qu'elles tirent leur origine d'un animal réel, savoir de l'espèce appelée aujourd'hui *Pasan*, *(ant. Oryx)* ou peut-être de l'*Algazel*.

Bochart croit que ce mot *antholopos* vient du copte *pantholops*, qui signifie Licorne. Comme le *Pasan* est très-vraisemblablement l'animal qui a donné lieu aux récits fabuleux de la *Licorne* et de l'*Oryx*, la conjecture de Bochart s'accorderait assez bien avec la nôtre.

Quoi qu'il en soit, c'est Ray qui a le premier employé le nom d'*Antilope* pour désigner une des espèces qui le portent aujourd'hui; et c'est Pallas qui en a rendu l'acception générique, lorsqu'il a séparé ce genre de celui des Chèvres, avec lequel Linnæus le confondait.

Ce nouveau genre a été adopté par Pennant, par Schreber, par Gmelin, et par tous les autres naturalistes. En effet, les Antilopes diffèrent des Chèvres à plusieurs égards. Leur taille est plus svelte, leur poil plus court; elles ont le port élancé des Cerfs, et ressemblent encore à ces derniers quadrupèdes par les *larmiers* ou fossettes qu'elles ont sous les yeux; leurs cornes sont rondes et le plus souvent lisses; celles des Chèvres sont anguleuses et toujours grossièrement ridées en travers; l'axe osseux qui les soutient est plein, tandis que tous les autres ruminants à cornes permanentes l'ont creusé de sinus qui communiquent avec ceux du front.

Les mœurs des Antilopes sont fort sociables; presque toutes les espèces vivent en troupes plus ou moins grandes, dans les vastes déserts de l'Afrique; l'Asie en possède aussi quelques-unes, et l'Europe deux seulement, le *Chamois* et le *Saïga*. Il n'y en a point en Amérique, non plus qu'aucun autre petit ruminant à cornes creuses.

Le grand nombre des espèces a engagé Daubenton à diviser ce genre en plusieurs petites tribus, dont il a pris les caractères dans la courbure des cornes; celles dont les cornes ne sont courbées que deux fois, et représentent ensemble une espèce de lyre, ont été nommées *Lyricornes*. Il y en a huit espèces de connues, dont trois, la *Gazelle*, le *Kevel* et la *Corinne*, sont si voisines l'une de l'autre, qu'elles pourraient bien n'être que des variétés d'une seule, et qu'il est même assez difficile de déterminer à laquelle des trois appartient l'individu que nous représentons. En effet, leurs différences ne consistent que dans les cornes, qui sont rondes et grosses dans la *Gazelle*, un peu comprimées dans le *Kevel*, et minces et presque lisses dans la *Corinne*.

Notre individu les a d'une grandeur et sur-tout d'une grosseur moindres que celles qu'on a observées dans la Gazelle, et cependant elles sont plus grandes que dans la Corinne décrite par Buffon; ainsi ce n'est qu'avec doute que nous le rapportons à cette dernière espèce.

Cet individu avait un pied (0,54) de hauteur au garrot; son tronc avait un pied (0,53) de longueur, son cou, (0,23), sa tête, (0,19), et ses cornes, chacune (0,18). Le cou entier, le dos et la face externe des membres, étaient d'un fauve clair; les flancs, d'un fauve un peu plus brun; la poitrine, le ventre et la face interne des membres, blancs; le bout de la queue, noir. Les oreilles étaient gris-fauve à leur face convexe, blanchâtres à leur base en devant, noires en dedans avec trois lignes de poils blancs. La tête est fauve, excepté le sommet qui est gris clair, et une bande blanchâtre de chaque côté, qui, après avoir fait le tour de l'œil, se rend vers la narine. Les poignets, vulgairement dits genoux, ont chacun une touffe de poils bruns.

Cette Gazelle avait été prise aux environs de Constantine, ville de l'état d'Alger; elle était âgée d'environ dix-huit mois lorsqu'elle arriva ici; elle y en a vécu dix-huit autres, toujours douce, familière, caressant tout le monde; il lui prenait seulement des accès de gaieté, dans lesquels elle sautait irrégulièrement et blessait les jambes des assistants avec ses cornes. Elle faisait entendre alors un petit cri, assez semblable à celui d'un lapin blessé; le reste du temps elle était muette. C'était une femelle; pendant qu'elle a été ici, elle a mué deux fois, mais sans aucun changement de couleur; ses cornes n'ont pas sensiblement augmenté. Elle était extrêmement sobre; une livre et demie soit de pain, soit d'orge ou de foin et un verre d'eau lui suffisaient chaque jour; la plus grande propreté régnait toujours autour d'elle; ses excréments ressemblaient à ceux du mouton pour la forme et pour la consistance, mais ils étaient beaucoup plus petits.

Que la Corinne soit différente ou non de la Gazelle, il paraît que l'une et l'autre sont fort communes en Barbarie, qu'elles se répandent depuis la Syrie et l'Arabie jusqu'au Sénégal; on en voit dans tous ces pays des troupes innombrables courir dans les campagnes; lorsqu'on s'en approche, elles se resserrent les unes contre les autres et présentent les cornes de toute part. Quoique timides, lorsqu'elles sont poussées à bout, elles ont encore assez de force pour blesser dangereusement avec leurs cornes; elles ne peuvent cependant résister aux grands quadrupèdes carnassiers, et ce sont elles qui font la pâture la plus ordinaire du Lion et de la Panthère. Les Turcs et les Arabes les chassent avec le chien et le faucon, ou bien avec le petit Léopard appelé *Once*: la chasse au Faucon est sur-tout l'amusement des gens riches en Syrie; on habitue l'oiseau à saisir la Gazelle à la gorge et à lui entamer les gros vaisseaux avec ses ongles. On prend aussi ces animaux en vie, en lâchant dans la campagne quelque individu apprivoisé, aux cornes duquel on attache des cordes qui se terminent par des nœuds coulants. Les Gazelles sauvages auxquelles cet individu se mêle, se prènent dans ces nœuds par les cornes ou par les pieds et tombent promptement.

La chair des Gazelles est assez bonne et tient un peu de celle du Chevreuil; elles ont beaucoup de graisse en été et maigrissent en hiver.

Les voyageurs n'ont rien rapporté sur les circonstances de leur propagation et de leur développement.

Élien a très-bien décrit la Gazelle sous le nom de *Dorcas*, que les Grecs plus anciens avaient employé pour le Chevreuil. Le nom de *Gazelle* est arabe: les auteurs de cette nation les citent sans cesse dans leurs écrits, comme des symboles de douceur, et des modèles de grace et de beauté. Les beaux yeux se nomment simplement en Orient, yeux de Gazelle, et c'est bien avec raison, car il est impossible d'avoir le regard à la fois plus doux et plus vif que ce charmant animal.

Buffon a donné une bonne figure du squelette de la *Corinne* et une de ses cornes; toutes deux se rapportent très-bien à l'individu que nous représentons; mais la figure qu'il a donnée de l'animal entier est mauvaise. Celles du Kevel et de la Gazelle commune sont bonnes.

Pallas avait soupçonné que la Corinne était la femelle du Kevel : mais Buffon avait vu les deux sexes de l'un et de l'autre; et outre la femelle que nous représentons, nous avons vu et disséqué un mâle tout semblable.

L'intérieur de la Corinne, ainsi que des autres Gazelles, ne diffère en rien d'important de celui du Mouton et de la Chèvre.

Peint par de Wailly. Gravé par Miger.

CAMELUS LLACMA Lin. Septième de la Grandeur. LE LAMA

LE LAMA.

CAMELUS LLACMA. Linn.

Madame BONAPARTE, desirant faire tourner à l'avantage du public les belles collections qu'elle a formées à la Malmaison, a bien voulu nous permettre de faire entrer dans cet ouvrage la figure et l'histoire des animaux qu'elle possède dans sa Ménagerie, et qui manquent dans celle du Muséum d'Histoire naturelle; et le premier usage que nous faisons de cette permission, prouve combien elle a d'importance. Les individus que nous allons décrire appartiènent à une espèce très-utile, et cependant très-imparfaitement connue jusqu'ici; ce que nous allons en dire prend d'autant plus d'intérêt, que rien n'empêche d'espérer que cette espèce ne propage dans notre climat, et que ces individus mêmes ne deviènent la souche d'une postérité nombreuse.

En effet, le Lama n'a rien de féroce, ni qui se refuse à la domesticité; son climat naturel n'est pas plus chaud que le nôtre; il n'exige ni soins particuliers ni nourriture extraordinaire; la seule difficulté de son acclimatement consistait dans le transport, et puisqu'on l'a une fois vaincue, tout doit faire attendre des succès ultérieurs.

Ces deux individus, envoyés à Madame Bonaparte par le Préfet colonial de Saint-Domingue, avaient été amenés dans cette colonie, de Santa-Fe-de-Bogota, dans le nouveau royaume de Grenade, par le général d'Alvimart. Ils venaient originairement de la chaîne des Cordilières.

Ils ont supporté, sans accident, la chaleur du climat de Saint-Domingue, où ils ont séjourné plusieurs semaines jusqu'en floréal an XI. La mer, ni le trajet de Brest ici, ne les ont point trop fatigués, et ils jouissent de la meilleure santé depuis six mois qu'ils sont à la Malmaison.

C'est un exemple à ajouter à celui du Lama qui a vécu cinq ans à l'Ecole vétérinaire d'Alfort, depuis 1773 jusqu'en 1778, dont Buffon a donné l'histoire et la figure : l'un et l'autre prouvent, par le fait, que cette espèce peut très-bien subsister dans notre climat.

Gessner parle aussi d'un Lama qui fut débarqué à Middelbourg, en Zélande, en 1558, et que l'on conduisit à l'Empereur; il donne la copie d'une gravure qu'on en avait faite à Nuremberg. Matthiole, qui vit, à ce qu'il paraît, le même individu, en donne une bonne description. Des écrivains du 16e. et du 17e. siècle parlent bien d'individus amenés en Espagne peu après la conquête du Pérou, mais sans doute par curiosité seulement; car ces envois n'ont point été répétés; et ces trois exemples exceptés, l'espèce n'a guère été vue, du moins à ma connaissance, qu'en Amérique, et décrite que par des voyageurs ou des habitants de ce pays-là.

Aussi n'avons-nous que des notions assez vagues sur le nombre des espèces voisines du Lama, et sur les moyens de les distinguer entre elles.

Selon les notions les plus récentes, *Lama,* ou plutôt *Llama* (qu'il faut prononcer en mouillant l'*L*), serait un nom générique par lequel les Péruviens auraient même désigné nos Brebis d'Europe, lorsqu'ils les virent arriver avec les Espagnols; il signifie, selon les uns, bête à laine; selon d'autres, animal brute: mais on varie beaucoup sur le nombre des espèces américaines comprises sous ce nom.

Buffon n'en admettait d'abord que deux; savoir: le *Lama,* qu'on nomme, dans son état sauvage, *Guanaco* au Pérou, et *Hueque* au Chili: et le *Paco,* qui, dans ce même état sauvage, s'appèle *Vicunna* ou *Vigogne.* C'était alors l'opinion de Linnæus, et ce fut depuis celle de Pennant.

Buffon supposa ensuite, sur l'autorité d'un abbé Béliardy qui avait résidé long-temps en Espagne, que le *Paco* est une espèce intermédiaire entre les deux autres.

Enfin Molina ayant considéré même le Guanaco et le Hueque comme des espèces distinctes du Lama, Gmelin, Schreber et Shaw adoptèrent toutes ces idées, et le nombre des espèces fut porté à cinq.

Nous sommes fort éloignés de croire qu'il y ait des raisons suffisantes pour admettre cette distribution.

D'abord l'abbé Béliardy a emprunté de Frésier la plus grande partie de la note qu'il a remise à Buffon, et ne mérite par conséquent point de faire autorité par lui même.

Quant à Molina, il est aussi depuis long-temps beaucoup trop suspect aux naturalistes pour faire foi à lui seul; et il le peut d'autant moins dans ce cas-ci, qu'il semble résulter de son texte, qu'il n'a point vu par lui même le Llama ni la Vigogne du Pérou; ensuite les citations et les synonymes dont on l'appuie, ont été recueillis et accumulés avec une légèreté impardonnable.

Par exemple on ne nous donne pour toute figure du Guanaco, qu'une copie de celle de Gessner, laquelle ne peut représenter que le Lama ordinaire, puisque c'était ce même individu amené à Anvers en 1558.

On en cite à la vérité une autre d'Ulloa, tome I, planche 28, fig. 4; mais il est aisé de voir que ce Guanaco d'Ulloa, et le Lama du même, ib. fig. 5, ne sont que des copies des deux figures de Lama de Frésier, pl. A, fig. A.

On ne sait trop comment le nom anglais *Peruisch Catll* (*bétail du Pérou*), s'est glissé en qualité de Mexicain, dans l'ouvrage de Fernandès; mais il est sûr que ce que l'auteur dit de l'animal auquel il donne ce nom ne désigne pas plus le Guanaco que le Lama, et on ne voit pas pour quoi Gmelin l'a regardé plutôt comme synonyme de l'un que de l'autre.

Quoi qu'il en soit de ces difficultés, les Lamas et les Pacos tant sauvages que domestiques forment dans l'ordre des ruminants, un petit genre, ou sous-genre Américain très-voisin des Chameaux de l'ancien Continent. Ils ont de ceux-ci, les doigts armés seulement à leur pointe par un petit ongle plat au lieu de sabot, le long cou, la lèvre fendue, l'absence de cornes, la présence des dents canines aux deux mâchoires, le poil fourni et laineux; mais ils n'ont point ces loupes de graisse qui rendent le corps du Chameau si difforme, et leurs incisives inférieures ne sont qu'au nombre de six, tandis que les Chameaux en ont huit comme tous les autres ruminants. Leur os intermaxillaire ne porte point de dents, et leurs doigts ne sont point réunis par une semelle commune. Leur taille est d'ailleurs bien inférieure à celle des Chameaux. Le Lama ne surpasse pas beaucoup la grandeur d'un Cerf ordinaire, ni la Vigogne celle d'un Mouton.

Le plus grand des deux individus de Mme. Bonaparte, qui est la femelle, avait, quand nous l'avons mesuré, 0,96 de longueur de tronc, à prendre du poitrail à la croupe, et 0,68 de hauteur au garrot; son cou avait aussi 0,68 de haut, sa tête 0,32 de long, ses oreilles 0,16, sa queue 0,24; son ventre avait 1,28 de circonférence.

La physionomie de cette femelle frappe singulièrement, par la ligne droite que forment le front et le chanfrein; par l'avance que la lèvre supérieure fait au-delà du nez, et par le sillon profond qui divise celui-ci.

Ses yeux sont ronds, saillants et très-vifs; ses cils longs et serrés. Ses oreilles, qu'elle redresse souvent, qu'elle couche quelquefois en arrière, sont elliptiques, peu aiguës, et de moitié moins longues que la tête.

Le cou frappe encore par sa longueur, plus considérable que celle des pieds de devant, proportion peu ordinaire dans les quadrupèdes, et qui se remarque d'autant mieux dans le Lama, que son cou est grêle, comprimé par les côtés, et garni, ainsi que la tête et les oreilles, d'un poil beaucoup plus ras que celui du reste du corps.

Le long de la nuque seulement est une petite crinière composée de poils semblables à ceux du dos et des flancs. Ceux-ci sont longs de trois pouces, couchés, un peu laineux ou gaufrés vers leur racine, lisses, soyeux, et même un peu brillants à leur extrémité; le dos est fait en dos d'âne, et tout à fait en ligne droite; à peine apperçoit-on un peu de saillie au garrot.

Lorsque l'animal ploye son col, sa nuque devient concave, et la partie la plus creuse de la concavité descend d'un demi-pied plus bas que le garrot. C'est, comme on sait, une attitude ordinaire au Chameau.

La croupe est faible; elle a l'air d'être échancrée sous la queue; celle-ci n'irait qu'à moitié de la cuisse: l'animal la tient d'ordinaire relevée et courbée, mais en sens contraire du chien, c'est-à-dire la convexité en haut.

Les jambes sont de grosseur médiocre; les tarses longs et secs; le pied comme au Chameau pour les ongles, mais plus court à proportion de sa largeur; les deux doigts tout à fait séparés, et non réunis par une semelle commune comme au Chameau. De chaque côté du milieu du tarse, est une tache longitudinale presque rase et d'un gris-clair.

La couleur générale de cette femelle est d'un brun foncé tirant sur le noir, avec un reflet de roussâtre, comme du bois d'acajou très-noirci par le temps, ou comme de l'ébène un peu rougeâtre : il y a quelques taches blanches et irrégulières à la tête; savoir : une derrière l'œil gauche; une au côté droit du nez et du museau; une derrière la commissure droite des lèvres, et une en travers sur le front. L'irrégularité de leur position prouve assez qu'elles ne sont pas naturelles à l'espèce, mais qu'elles viènent de l'état de domesticité.

La poitrine et le bas-ventre sont presque ras, et les longs poils des flancs s'y détachent bien. La peau du dessous de la queue, autour de l'anus et de la vulve, est nue et gris-brun. L'oreille est gris-brun et noire au bout. Les avant-bras, les jambes et les pieds sont plus ras que le corps et d'un noir plus plein.

Comme ces animaux s'agenouillent à la manière du Chameau, ils ont de petites callosités nues aux carpes et aux genoux, et une plus grande au sternum. Mais celui-ci n'a rien qu'on puisse nommer *loupe*, comme le dit Linnæus (*Topho pectorali*).

Matthiole, et sans doute, d'après lui, Molina, disent qu'il suinte quelque humeur de cette callosité du sternum. Nos individus n'ont rien montré de semblable.

Le mâle, qui est plus jeune que sa femelle, est aussi plus trapu, plus laineux; sa couleur est un gris-brun-pâle uniforme, avec un peu de brun foncé à l'extrémité des poils; la tête est d'un brun plus foncé que le reste; sa verge est comme dans le Chameau, et il urine en arrière.

Au reste, il s'en faut que les couleurs soient les mêmes sur tous les individus; celui que Buffon a observé était d'une couleur de musc un peu vineux, avec une ligne noirâtre le long de la nuque et de l'épine du dos, et son col était presque aussi laineux que le tronc.

La figure de Recchi, dans Hernandès, l'indique comme étant jaunâtre dessus avec une ligne noirâtre, et blanc dessous.

Celui de Gessner avait le cou blanc et le reste du corps roux. Frésier le représente comme blanc, gris, et roux par taches. Ulloa assure qu'il y en a de bruns, beaucoup de blancs, et quelques uns de noirs et de tigrés. Il paraît, en un mot, que cette espèce est soumise aux mêmes variations de couleur que les autres animaux domestiques.

Quant aux Guanacos, les voyageurs disent expressément qu'ils ne diffèrent des Lamas domestiques que parce qu'ils sont un peu plus grands, et que leur couleur est un châtain uniforme; il y a même une variété domestique nommée *Guanaco-Lama*, parce qu'elle approche du Guanaco pour la taille et pour la couleur; ainsi tout prouve d'abord que le Guanaco n'est autre que la souche naturelle et sauvage du Lama, et ensuite que Schreber a eu tort de donner comme figure d'un Guanaco, celle de ce Lama roux et blanc vu à Anvers au seizième siècle.

Les Guanacos ou Lamas sauvages habitent, comme on sait, la chaîne des Cordilières, où sont les plus hautes montagnes du globe. Ce sont des animaux très-sociables, qui vivent en grandes troupes, et ils conservent ce caractère doux jusque dans la domesticité.

Les deux animaux de la Malmaison s'aiment beaucoup ; ils sont toujours ensemble : si l'on en retient un dans sa cabane, l'autre s'en approche, tourne tout autour, et appèle son camarade par toutes les ouvertures.

Leur cri est un petit gémissement doux, *hein*, comme celui d'une femme qui se plaindrait ; ils attendent quelques instants avant de le répéter.

Pendant leur séjour à Brest, ils se sont accouplés souvent, tantôt deux fois par jour, tantôt une fois en deux jours : la femelle alors se couche sur ses quatre pattes, le mâle sur celles de devant seulement ; l'accouplement dure un quart d'heure, pendant lequel le mâle allonge excessivement le cou, et répète sans cesse un petit cri tremblant.

Ils ne paraissent pas avoir éprouvé les difficultés dont parlent quelques auteurs, qui prétendent qu'il faut quelquefois au Lama un jour entier pour consommer l'accouplement.

Ils font tous deux leurs excréments dans le même endroit, où il s'en accumule d'assez grands tas en quelques jours. La forme en est la même que dans ceux du Mouton, seulement un peu plus petite. C'est là une habitude générale de l'espèce, qui sert même à la faire prendre dans les montagnes, parce qu'on tend des filets autour des lieux où sont les tas de leurs excréments.

Ils n'ont pas, comme les Chameaux, un écoulement au col dans le temps du rut, et ne répandent aucune odeur particulière.

Leur douceur est extrême ; à peine ruent-ils lorsqu'on les frappe violemment ; leur plus grand signe de colère est de cracher sur ceux qui les tourmentent ; mais leur salive n'a aucun mauvais effet sur la peau, comme quelques voyageurs l'ont prétendu. C'est aussi l'arme avec laquelle la femelle écarte le mâle, quand elle n'est pas d'humeur de céder à ses desirs.

Ils mangent dix livres de foin par jour, quand ils ne peuvent point pâturer : lorsqu'ils ont de l'herbe verte, ils ne boivent point du tout, et en tout temps ils boivent très-peu.

On sait que les Lamas et les Pacos étaient les seuls animaux domestiques des Péruviens avant l'arrivée des Espagnols : les premiers leur servaient de bêtes de trait et de somme ; ils les employaient même au labourage : les autres n'étaient nourris que comme nos moutons, pour leur toison et pour leur chair.

Les principaux avantages du Lama sont sa sobriété et la sûreté de son pied, qui lui fait parcourir, sans danger, les rochers les plus escarpés : mais ces avantages sont balancés par l'inconvénient de sa faiblesse.

Il ne porte que 150 à 200 livres pesant, et ne fait, ainsi chargé, que quatre ou cinq lieues par jour seulement, encore faut-il qu'il repose chaque cinquième jour ; si on veut le forcer de faire plus de chemin, ou de porter une plus grande charge, il se couche, et rien ne peut le faire relever ; si on l'excède de mauvais traitements, il se tue, en se frappant la tête contre les rochers ; il refuse encore absolument de marcher la nuit : aussi son usage, comme bête de somme et de trait, a-t-il beaucoup diminué au Pérou depuis que les chevaux, les mulets et les ânes y ont été multipliés.

On n'en a conservé que dans certains cantons, où d'autres animaux seraient trop chers à nourrir et dans les mines du Potosi, où il serait impossible d'employer des ânes ou des Mulets à cause des précipices.

Il est donc à croire que sous ce rapport l'espèce serait peu utile à la France, si l'on en excepte peut-être quelques parties des Alpes et des Pyrenées;

Mais sa chair et son poil conserveraient chez nous toute leur utilité; la chair des jeunes est semblable à celle des moutons; on s'en nourrit généralement dans l'Amérique Espagnole; c'est par exemple uniquement pour cet usage qu'on entretient des Lamas dans la Nouvelle Grenade, où il y a assez de Chevaux et de Bœufs pour les usages ordinaires.

Bolivar dit que de son temps on en tuait 4,000,000 par an, pour les manger, et qu'on en employait 300,000 dans les seules mines du Potosi pour le transport du minerai; mais il est probable que ce sont là des calculs exagérés.

Ulloa rapporte que dans la juridiction de Riobamba, il n'est presque point d'Indien qui n'ait un Lama pour son petit trafic.

On a dit que la laine des Lamas est assez épaisse pour qu'on puisse les charger sans les bâter; c'est ce que nous n'aurions pas jugé d'après les individus de la Malmaison. Cette laine ne donnerait que des étoffes grossières; mais tout le monde sait le parti que l'on tire aujourd'hui de la laine de Vigogne, pour produire des étoffes à la fois très-chaudes et très-légères, qui n'ont pas besoin d'être teintes, mais qu'on porte avec la couleur naturelle de l'animal. La laine de Vigogne sauvage est ordinairement d'un roux-clair, mais les Pacos ou Vigognes domestiques sont souvent noirs, et quelquefois blancs ou tachetés.

Il paraît que parmi les Lamas domestiques, on observe des variétés de forme et de finesse du poil, comme il y en a de grandeur et de couleur.

Outre le Guanaco-Lama, qui est grand et à poil grossier, il y a le Paco-Lama, qui est petit et à poil fin; l'Alpac, qui est bas sur jambes, et a le poil fin et noir, etc. Mais ces variétés sont le produit de l'esclavage, et n'ont point d'analogues dans l'état de nature.

Les deux individus de Madame Bonaparte semblent être de la variété des Guanaco-Lamas.

Frésier assure que le Lama ne vit que d'une herbe particulière, nommée *Ycho*, très-commune dans les montagnes du Pérou, et quelques personnes ont imaginé que ce serait là un obstacle à son acclimatement; mais nous voyons que cet animal se contente très-bien de toutes les herbes de notre pays.

Feuillée est le seul auteur qui ait parlé de l'anatomie du Lama; il décrit fort exactement les estomacs d'un Guanaco, et il résulte de ses observations que ces animaux ressemblent, à l'égard de ce viscère, aux ruminants ordinaires, et qu'ils n'ont point cet appendice celluleux de la panse, ou ce cinquième estomac particulier au Chameau.

La meilleure figure de Lama est celle de Frésier, après laquelle celle de Buffon mérite le premier rang; toutes les autres sont mauvaises.

CAPRA ÆGAGRUS. LE PASENG ou BOUC SAUVAGE. *Septième de la Grandeur.*

LE PASENG,

OU

BOUC SAUVAGE.

CAPRA ÆGAGRUS. Lin. Gmel.

Voici des animaux sur le nom desquels nous sommes dans un assez grand embarras. Ils ont été amenés des environs du Mont-Blanc à la Ménagerie, sous le nom de *Bouquetins*; ils ont bien à peu près la taille, la forme et la couleur qu'on attribue au vrai Bouquetin, mais leurs cornes sont différentes. Dans le vrai Bouquetin, les cornes sont presque carrées, et ont une face antérieure bien marquée, contenue entre deux arrêtes longitudinales obtuses : ici rien de pareil ; mais une seule arrête en avant, comprimée et presque tranchante, comme dans nos Boucs domestiques. C'est là le caractère assigné par Pallas et par Gmélin le jeune, à la Chèvre sauvage des montagnes de Perse, qu'ils ont nommée *Ægagre*, et qu'ils regardent comme la souche de nos Chèvres domestiques, celle-là même qui produit le bézoard oriental.

M. Pallas avait déjà soupçonné que cet Ægagre pouvait exister dans nos Alpes d'Europe, et y avoir été confondu avec le vrai Bouquetin ; il assure même avoir vu des gravures qui devaient représenter le Bouquetin, et qui ne représentaient réellement que l'Ægagre.

D'un autre côté, M. Berthoud van Berchem a observé que les métis du Bouquetin et de la Chèvre commune conservent avec les couleurs des premiers, les cornes tranchantes de l'autre, et il va jusqu'à supposer que l'Ægagre n'est que le produit de l'union de ces deux espèces.

Il est bien certain que ce produit est aisé à obtenir dans l'état de servitude, et que le mélange des Bouquetins améliore singulièrement nos races domestiques. Bélon rapporte déjà que les Candiotes produisent ces mélanges, et Pallas en cite un exemple, dont il a été témoin oculaire ; mais ces deux naturalistes assurent que les Bouquetins ainsi apprivoisés, restent au-dessous de la taille des sauvages, ce qui doit, à plus forte raison, avoir lieu pour leur postérité métive. Pallas ajoute que le Bouquetin privé qu'il a vu, n'avait presque plus rien de cette ligne noire qui distingue le sauvage.

D'ailleurs, nous n'avons dans la nature aucun exemple constaté d'un produit mélangé qui ait formé une race permanente dans l'état de sauvage; et comme l'Ægagre est bien certainement dans cet état, et qu'il y existe en grande quantité et dans une grande étendue de pays, nous ne pouvons guère douter qu'il ne forme une espèce distincte; et s'il fallait qu'il y eût dans le genre des Chèvres quelque race bâtarde, nous aimerions mieux la chercher parmi nos animaux domestiques, et croire, avec Pallas, que quelques unes de leurs variétés proviènent du mélange de l'Ægagre avec le Bouquetin ordinaire, ou même avec le Bouquetin du Caucase.

Mais tout cela ne met point encore parfaitement au clair la nature des individus de notre Planche. Sont-ils de vrais Ægagres sauvages, confondus par erreur avec des Bouquetins? ou bien les gens qui les ont vendus, ont-ils donné frauduleusement pour des animaux sauvages, des êtres qu'ils auront fait produire à leurs Chèvres domestiques en les accouplant avec un vrai Bouquetin?

Donnons-en d'abord une description exacte, afin de mettre les Naturalistes à même de décider: il y a deux mâles, une femelle et un jeune.

Les deux mâles sont à peu près de même grandeur et de même âge, à en juger par les cornes; mais ils diffèrent par les couleurs, l'un ayant le fond du poil gris, et l'autre fauve.

Leur taille est plus forte que celle des Boucs; leur corps plus robuste, plus trapu; leur poil est lisse, et, quoique assez long, il n'est nulle part pendant, hors à la barbe.

Ils ont seize décimètres de longueur depuis le bout du museau jusqu'à l'anus, et huit décimètres et demi de hauteur au garrot.

L'individu gris paraît un peu plus haut, parce qu'il a les poils de la nuque et du garrot plus longs, et relevés presque en forme de crinière.

Son poil est gris, nué de blanchâtre à certains endroits, et de gris-roussâtre à d'autres. Le chanfrein, une large bande qui s'étend depuis l'occiput jusqu'à la queue, une autre qui descend le long de l'épaule, une troisième en avant de la cuisse, les quatre jambes, les pieds, la barbe, une bande qui se prolonge sous le cou, toute la poitrine et la plus grande partie du dessous du corps, sont d'un brun-noirâtre, plus ou moins foncé. La queue est noire, et autour de l'anus est un large espace arrondi, d'un blanc pur.

Il n'y a sur les pieds d'autres marques qu'une callosité grise aux genoux de devant, c'est-à-dire sur le carpe.

L'autre individu, un peu moins fort et moins en poil, est d'un fauve-clair assez brillant. La distribution du brun sur son corps est la même, mais toutes les bandes sont plus étroites; la ligne dorsale est très-pâle sur la nuque, et celle du devant de la cuisse finit avant de rejoindre celle du dos. Il y a un peu de fauve derrière les canons de devant, et le blanc de l'anus est moins pur: le scrotum est gris-pâle dans tous les deux.

Les cornes, mesurées sur leur grande courbure, ont huit décimètres de longueur;

elles sont comprimées latéralement, tranchantes par devant, arrondies par derrière, ridées en travers, et celles du gris ont huit nœuds saillants sur leur tranchant; celles du fauve n'en ont aucuns.

Le Bouquetin ordinaire de Sibérie observé par M. Pallas, avait quatre pieds et quelques pouces de longueur sur deux pieds et demi de hauteur au garrot; une queue courte, nue en dessous; des membres de devant très-robustes, pour le soutenir dans ses grands sauts; le poil d'un gris-sale, mêlé de brun à la nuque et aux bras, avec une ligne noire tout le long de l'épine du dos, et une autre sur le devant des quatre canons. La barbe, la queue, et une tache carrée qui occupe presque tout l'avant-bras, sont encore noires. Le dessous du corps, le dedans des membres, la base de la queue, le petit bord des lèvres et le bout des pieds, sont blancs.

Les vieux ont de plus, en noirâtre, un demi-cercle sous le museau en avant de la barbe, la gorge entre les pieds de devant; une ligne de chaque côté le long du sternum, et le bord antérieur de l'oreille; et en tout noir, l'avant-bras jusqu'au milieu; les quatre canons et les quatre pieds, en devant et en dehors. Les canons sont blancs en arrière. Une bande noirâtre sépare la cuisse et la jambe des flancs, et va embrasser le talon. La barbe est longue de cinq à huit pouces, selon l'âge.

Dans le Bouquetin de Suisse, suivant M. Van Berchem, le poil du corps est d'un gris-fauve luisant; le dessous du menton tire un peu sur le brun. Sur chaque flanc est une ligne brune qui va du coude au genou. La queue est brune dessus et blanche dessous; les fesses et le dedans des quatre membres sont blancs. La ligne noire du dos disparaît au printemps, et revient au mois d'octobre. Alors aussi tout le poil du corps devient plus brun, et il est gris-roussâtre en hiver; la barbe est noire, et reste toujours fort courte. Le Bouquetin que M. Van Berchem a mesuré n'avait que trois pieds et demi de longueur sur deux pieds huit pouces de haut.

C'est une proportion bien différente de celle assignée par M. Pallas, avec lequel M. Van Berchem s'accorde d'ailleurs pour tout le reste de ce qui concerne la forme du corps et des membres.

M. Pallas n'a point indiqué une circonstance qui a lieu dans le Bouquetin de Suisse; c'est que le bord interne de la face antérieure de la corne y est relevé en une arrête saillante, et que toutes les côtes transversales, en passant dessus, s'y relèvent aussi en un petit tubercule, ce qui n'a pas lieu au bord externe de la même face.

Le Bouquetin du Caucase, décrit par M. Güldenstaedt, a les cornes non pas carrées, mais triangulaires, et faisant un angle obtus à leur arrête antérieure; il se distingue par-là également du Bouquetin ordinaire et de l'Ægagre, quoique Pennant et Shaw l'ayent confondu avec cette dernière espèce. Au reste, on lui donne un poil couleur de cerf en dessus, blanchâtre en dessous; les pieds, le nez et le tour de la bouche noirs; le reste de la tête gris; la poitrine noire; une ligne brune le long du dos et une blanche derrière chaque canon, ce qui, comme on voit, ressemble prodigieusement au pelage du Bouquetin ordinaire.

Aucun des auteurs qui ont observé les Bouquetins ne parle donc de la croix noire, si remarquable sur nos animaux; et, d'un autre côté, les traits blancs du derrière des jambes, la blancheur du ventre, et quelques autres marques des vrais Bouquetins, ne se trouvent point dans nos animaux.

Je n'ai vu qu'un seul véritable Bouquetin; c'est le jeune individu décrit autrefois par Daubenton, et conservé dans notre Muséum; apparemment qu'il est mort dans l'hiver, car il est tout recouvert d'un poil laineux, gris-roussâtre; la ligne dorsale est à peine un peu plus brune que le reste. La poitrine et le devant des quatre pieds sont brun-marron. La bande blanche qui règne derrière les jambes et les canons, est très-marquée. Les fesses sont blanchâtres, ainsi que le dedans des membres et le bas-ventre. Les cornes, quoique courtes, sont déjà sensiblement carrées. Il n'a point de barbe.

Cette croix et les autres différences du pelage, se joindraient-elles à celles des cornes pour faire de nos animaux des Ægagres ou Chèvres du Bézoard?

Il faudrait, pour répondre, avoir une bonne description de l'Ægagre; et c'est ce qui manque encore à l'Histoire naturelle.

Cette Chèvre du bézoard, très-bien indiquée par Garcias *ab horto*, Monardes et Kæmpfer, a été ensuite méconnue. Des auteurs, qui n'avaient point voyagé, ont attribué la production du bézoard à diverses Antilopes, la plupart étrangères aux climats d'où cette concrétion nous vient; et Buffon, tout en remarquant que le bézoard est aussi produit par de vraies Chèvres, a cependant transporté le nom de *Paseng* ou de *Pasan*, qui désigne, en Perse, la Chèvre du bézoard, à une Antilope, et, ce qui est plus bizarre, à une Antilope de l'Afrique méridionale.

Ce n'est pas ici le lieu de développer la série de sophismes par lesquels on était arrivé à un résultat aussi contraire à la vérité. Il suffit de dire que Gmélin le jeune, a, le premier, rétabli l'espèce du vrai Paseng, ou de la Chèvre du bézoard, c'est-à-dire de l'Ægagre.

Il en a donné une courte description, et il en a envoyé le crâne et les cornes à Pétersbourg, où Pallas les a décrits et en a tiré le caractère spécifique de l'animal, qui convient très-bien à nos individus.

Mais pour le pelage, on n'en sait que le peu que Gmélin en dit; savoir: que la tête est noire en avant, rousse aux côtés; la barbe longue et brune, ainsi que la gorge; le corps gris-roussâtre, avec une ligne dorsale et la queue noires. On voit que ce voyageur nous laisse indécis sur la couleur des pieds, des fesses, et sur l'existence des bandes transversales à l'épaule et à l'aîne.

Gmélin n'a point trouvé de cornes aux femelles qu'il a observées; mais Kæmpfer dit qu'elles en ont quelquefois de petites. Ce que ce dernier rapporte de la forme du corps qui ne le cède point en légèreté à celle du Cerf, est sans doute exagéré.

Ce serait une chose bien intéressante, que d'avoir constaté l'existence dans les Alpes d'Europe, du Paseng, ou de la Chèvre sauvage. Nous avons vu plus haut que

Pallas l'avait soupçonnée d'après quelques figures; mais celles de Riedinger, qu'il cite dans le nombre, et que nous avons vérifiées, ne représentent que le Bouquetin ordinaire. Bélon dit bien qu'il y a deux espèces de Bouquetins dans les montagnes de Candie, mais il ne s'explique point sur leurs différences; ainsi, jusqu'à présent, nous n'aurions eu que des conjectures sur ce sujet.

Le Paseng, ou Ægagre d'Asie, habite sur toute la chaîne de montagnes qui traverse le nord de la Perse et de l'Inde jusque vers la Chine, c'est-à-dire sur tout le Caucase et le Taurus. Il est connu des Kirgises et des autres Nomades qui habitent au nord de ces montagnes, comme des Persans qui habitent au sud.

On en trouve encore dans les deux presqu'îles de l'Inde, et jusque vers le cap de Comorin.

Il surpasse, en grandeur, toutes les variétés domestiques, montre beaucoup d'agilité et de force, et tue quelquefois ceux qui cherchent à le prendre, en se précipitant sur eux. Voilà tout ce qu'on peut recueillir de son histoire, dans le petit nombre de voyageurs qui en ont parlé.

Nous ne traiterons point ici du bézoard, espèce de concrétion à laquelle on a attribué long-temps des vertus imaginaires, et qui a tout à fait perdu son crédit aujourd'hui. Il en naît dans les intestins de toutes sortes d'animaux, mais c'est celui de l'estomac du Paseng, qui a passé long-temps pour une chose si précieuse, sous le nom particulier de bézoard oriental.

Nos animaux, qu'ils soient de vrais Pasengs, ou simplement des métis de Bouquetin et de Chèvre, sont parfaitement doux et privés. Quoiqu'ils soient deux mâles pour une femelle, ils vivent ensemble dans la meilleure intelligence, qu'ils montrent même d'une manière particulière, en entrelaçant leurs cornes l'une dans l'autre. Il est vrai qu'on leur amène assez de Chèvres ordinaires pour qu'il leur reste peu de sujets de dispute. Lorsqu'il y en a, c'est le brun qui l'emporte sur le jaune. Leur odeur, leur manière de marcher, de courir, de flairer, leur habileté à grimper, leur nourriture, leurs excréments, leur manière de se défendre et de présenter les cornes quand on les attaque, ressemblent parfaitement à celles des Boucs ordinaires. Seulement ils sentent un peu moins fort.

Nous les avons depuis treize mois. Ceux qui les vendirent assurèrent qu'ils venaient d'être pris dans les environs du Grand-Saint-Bernard; mais ils étaient dès-lors trop privés, pour qu'on ajoutât une foi entière à cette assertion. La femelle est toujours restée plus sauvage. Elle a été couverte ici sans qu'on s'en apperçût, car elle n'a fait son petit qu'au bout de sept mois de séjour à la Ménagerie. Le petit ressemble à l'individu brun.

On a long-temps disputé pour savoir ce que c'était que l'*Hipélaphe* d'Aristote et le *Tragélaphe* de Pline. Le premier a la taille du Cerf, une crinière qui descend jusqu'au garrot, et une barbe sous le menton; le mâle porte des cornes semblables à celles de la *Gazelle* ou du *Chevreuil*, car le mot Δορκὰς peut signifier l'un et l'autre, et Gaza met même dans cet endroit la *Chèvre*. Enfin, l'Hipélaphe vient du pays des Arachotas, dans l'Inde, le même qui est la patrie des Bufles.

Le *Tragélaphe* diffère du Cerf seulement par la barbe et la crinière. Il ne naît que sur les bords du Phase. Il me semble qu'excepté l'article des cornes, qui n'est pas bien clair, il n'y a rien dans ces deux indications qui ne conviène fort bien à notre Paseng. Le pays indiqué surtout est précisément le sien, tandis qu'aucun des autres animaux que nos prédécesseurs ont proposés, comme l'Élan, le Cerf des Ardennes, etc., n'en vient exclusivement.

Peint par Maréchal. Gravé par Miger

CERVUS AXIS Lin. — L'AXIS ou la Biche du Gange.

Huitième de la Grandeur

L'AXIS FEMELLE,

OU

BICHE DU GANGE.

CERVUS AXIS, LINN. GMEL. *FEMINA.*

CET animal était à la Ménagerie du Stadhouder, et a vécu cinq ans dans la nôtre sous le nom de *Biche du Bengale.* Un individu, mâle, décrit par Daubenton, portait, à la Ménagerie de Versailles, la dénomination de *Cerf du Gange.* Une autre Biche, actuellement vivante au Muséum, et qui est due à la munificence éclairée de Madame Bonaparte, vient également de l'Inde : il est donc probable que cette espèce habite principalement l'Indostan.

Cependant les Auteurs qui ont traité des animaux de l'Inde, ont rarement parlé de ce Cerf, et ne l'ont jamais nettement caractérisé.

Nous pensons que leur silence tient à la difficulté de le distinguer du Daim dans certains cas.

En effet, l'espèce de l'Axis a bien un caractère fort tranché; c'est de réunir au pelage moucheté du Daim, un bois rond et sans palmure, semblable, en cela, à celui du Cerf, dont il diffère d'ailleurs, parce qu'il est toujours plus petit et que ses andouillers sont moins nombreux.

Mais lorsqu'il s'agit de comparer des femelles ou des mâles dépourvus de bois, ou lorsqu'on voit ces animaux en différentes saisons, ces marques ne suffisent plus, et l'on a besoin d'indications plus précises et même assez minutieuses.

Voici une comparaison exacte de l'Axis femelle que nous avons vivante, avec des Daines également vivantes.

Les unes et les autres ont le dos, les flancs, les épaules et les cuisses d'un fauve plus ou moins foncé, moucheté de blanc. Dans les deux espèces, il y a, vers le bord postérieur de la cuisse et le long du flanc, une ligne blanche continue; mais ces marques sont d'un blanc plus pur dans l'Axis, plus lavées et plus tirant sur le jaunâtre dans le Daim.

Une ligne brune ou noire règne tout le long de l'épine des deux espèces; dans l'Axis, cette ligne est plus foncée et couverte de mouchetures blanches éparses; elle est plus claire dans le Daim, et n'a de mouchetures que le long de ses bords.

Dans les Daines, la tête est d'un gris-brun pâle uniforme. L'Axis a de plus une tache au front, et une ligne sur le chanfrein, brun-noirâtre.

Tout le dessous de la mâchoire, la gorge et le haut du devant du cou, sont d'un blanc pur dans l'Axis; le Daim et la Daine ont ces parties du même gris-brun pâle que le bas du devant du cou. Ce même bas du cou est, dans l'Axis, d'un fauve pareil à celui du dos.

Le Daim se distingue éminemment des autres Cerfs par ses fesses d'un beau blanc, relevées de chaque côté par une bande noire qui sépare ce blanc du fauve; et sa queue, noire en dessus, blanche en dessous, partage encore nettement pour l'œil cet espace blanc en deux parties égales.

Dans l'Axis, les fesses sont du même fauve que le reste; leur partie pâle, qui provient de la couleur du dedans de la cuisse, est cachée par la queue. Celle-ci est également fauve en dessus, blanchâtre en dessous, avec une légère bordure noirâtre entre le fauve et le blanc, vers la pointe.

En général, nous devons remarquer ici qu'on devrait s'attacher à ces couleurs du derrière pour distinguer les espèces de Cerf; elles sont constantes dans les deux sexes, et ne varient point, par les saisons, comme le bois et le pelage du corps.

Ainsi, le Cerf ordinaire, qui est tout brun en Hiver, et qui, l'Été, porte des taches d'un fauve un peu plus clair que le fond de son pélage a en tout temps, et dans les deux sexes, la queue et une grande tache sur la croupe, d'un fauve clair.

Le daim est, l'Été, d'un fauve vif, moucheté de blanc; l'Hiver, d'un brun très-foncé, sans aucune tache; mais le beau blanc et les trois bandes noires de son derrière le font reconnaître en tout temps.

Le Chevreuil, soit roux, soit brun, a toujours la croupe et le derrière d'un blanc pur.

Si l'on nous avait donné des notes exactes sur ces points de conformation dans les Cerfs d'Amérique, leur histoire ne serait pas aussi embrouillée qu'elle l'est encore; mais on s'est attaché au bois, et ce bois, outre qu'il manque aux femelles, change, chaque année, de forme dans les mâles. Ces changements sont bien connus pour les espèces de notre pays, et on ne risque point de multiplier les êtres par cette considération; mais on les a beaucoup moins observés dans les pays étrangers. En Amérique, ils ne sont pas même toujours dépendants de la saison, et ils arrivent à des époques variables et incertaines, qui tiènent seulement à l'individu. On n'y a donc rien de fixe qui puisse servir de guide.

Pour revenir à notre Axis, outre ce que j'ai déjà décrit, on peut remarquer qu'il a la poitrine, le ventre et le haut de la face interne des cuisses, blanchâtres; le bas de cette face, les jambes, les avant-bras, les tarses et les carpes, brun pâle; les bouts des pieds blancs; le tour de ses yeux est plus pâle que le reste de sa tête; la convexité de son oreille est gris-brun, plus pâle à sa base; son bord interne est noirâtre avec un point blanc à sa base.

L'Axis diffère considérablement du Daim, en ce que, changeant, comme lui, de poil deux fois par an, il ne change point de couleur, et qu'il conserve son pelage moucheté l'Hiver comme l'Été. En général, les changements qui dépendent des saisons, sont toujours moins marqués dans les espèces de la zône torride, que dans celles des pays tempérés, et encore moins que dans celles des pays froids. C'est ainsi que les arbres de la zône torride ne sont jamais sans feuilles, et que les Lièvres du Nord deviènent tout blancs en Hiver.

L'Axis femelle est un peu plus grande que la Daine; sa tête est un peu plus alongée et plus pointue.

Nous n'avons point encore vu l'Axis mâle; mais autant qu'on en peut juger par la description de Daubenton, il ne diffère point de sa femelle par la distribution des couleurs. Il atteint à peu près la taille du Daim; ses bois sont ronds comme ceux du Cerf; et, dans les individus qui ont été décrits, on n'a observé que deux andouillers, dont le plus grand part de la base, et le plus petit est voisin de la pointe. C'est ce que les Auteurs ont nommé *cornua trifurcata*. Il est possible que le nombre de ces andouillers n'aille jamais au-delà de deux, et que, passé un certain âge, le bois n'augmente, comme celui du Cerf, qu'en volume et en rugosités.

Pennant parle d'un bois à trois pointes, comme celui de l'Axis, mais beaucoup plus grand, qui se trouve au Muséum Britannique; il a deux pieds neuf pouces anglais de longueur, et est blanchâtre, ridé et fort épais. Ce Naturaliste croit ce bois venu de Ceylan ou de Borneo, et assure avoir appris de M. *Loten*, qui a résidé long-temps dans la première de ces Isles, que l'on trouve dans l'une et dans l'autre une espèce de Cerfs, de couleur rougeâtre, à cornes ainsi *trifourchues*, et qui égale le cheval en grandeur; ceux de Borneo fréquentent les lieux bas et marécageux, et se nomment, dans le pays, Cerfs d'eau.

Le même Pennant assure qu'on trouve dans les forêts montagneuses de Ceylan, de Borneo, de Celèbes et de Java, un autre animal de ce genre, dont les bois ressemblent encore à ceux de l'Axis, mais qui est de la taille de notre Cerf, et dont le pelage est fauve et sans taches. Il vit en troupes quelquefois de cent. Ceux de Java et de Celèbes deviènent très-gras. On en fait de grandes battues, et l'on en tue beaucoup dans ces occasions. Leur chair, séchée au soleil ou salée, se conserve.

Il serait bien important que les Voyageurs dirigeassent leur attention sur ces Quadrupèdes, voisins des nôtres, qui habitent les pays étrangers, et qu'ils fixassent nos idées sur leur identité ou non-identité avec ceux de ce pays-ci.

L'Axis ressemble assez aux autres Cerfs par ses mœurs; il a seulement une habitude fort singulière, que l'on a remarquée dans les deux Biches de la Ménagerie, et qui consiste à alonger son cou, et à le tordre de manière que la gorge regarde le ciel. Ce mouvement a beaucoup de rapports avec celui de l'oiseau nommé *Torcol*. Il frappe tous ceux qui observent l'Axis; mais on ne peut ni en deviner la raison, ni même savoir à quelle occasion l'animal le fait; car on le voit le répéter plusieurs fois en quelques minutes sans cause apparente, et le cesser tout à fait ensuite pendant des heures entières.

Le cri de cet Axis femelle n'est pas tout à fait semblable à celui de la Biche; c'est un petit aboyement *houi, houi, houi* qu'elle fait entendre lorsqu'on l'inquiète. Du reste, sa manière de manger, de ruminer, de fuir, de combattre, de rendre ses excréments, est absolument comme dans la Biche.

On en a depuis long-temps en Angleterre dans les parcs, et Colinson assure qu'ils s'y mêlent avec les Daines. Pennant dit que ceux de la Ménagerie du Prince d'Orange étaient fort privés, et avaient l'odorat si délicat, que, quoiqu'ils mangeassent volontiers du pain, ils refusaient les morceaux sur lesquels on avait soufflé.

Nous avons observé la même chose sur notre Biche. Elle refuse encore les morceaux qu'on a trop maniés, et ses narines, sans cesse en mouvement, montrent assez la constante activité de son odorat.

Le nom d'*Axis* est tiré de Pline: *il y a dans l'Inde*, dit cet Auteur, *une bête sauvage nommée Axis, dont la peau est semblable à celle d'un Faon, mais marquée de taches plus blanches et plus nombreuses.* Cette indication ne contient sans doute rien qui ne convienne à notre animal actuel; mais il s'en faut bien aussi qu'elle lui convienne exclusivement; et c'est assez gratuitement qu'on lui a appliqué ce nom. On croit d'ordinaire que *Belon* est le premier qui le lui ait donné; mais les animaux dont il parle n'avaient de bois ni dans l'un ni dans l'autre sexe. Ainsi, cette seconde synonymie n'est pas encore parfaitement prouvée.

Je ne pense pas que la troisième, celle des Académiciens de Paris, le soit davantage. Leurs *Biches de Sardaigne,* dont Buffon a voulu faire des Axis femelles, ne me paraissent autre chose que des Daines; ils disent positivement que la queue était *noire.* Comment, d'ailleurs, des Axis seraient-ils venus de Sardaigne? On est toujours étonné de la légèreté avec laquelle les Naturalistes les plus graves se décident dans leurs recherches d'érudition.

Peint par Maréchal. Gravé par Miger

EQUUS QUAGGA Lin. LE COUAGGA.

Huitième de la Grandeur

LE COUAGGA.

EQUUS QUAGGA.

Il est probable que les voyageurs ont confondu long-temps le Couagga avec le Zèbre, sous le nom commun d'*Ane* ou de *Mulet rayé :* du moins cette faute a-t-elle été commise même par un écrivain assez instruit en histoire naturelle, le célèbre peintre d'oiseaux, Edwards.

Le général Gordon, cet officier si zélé pour l'histoire des animaux, et à qui nous devons la connaissance exacte de tant d'espèces du midi de l'Afrique, est encore celui qui a le premier distingué le Couagga. Cet animal diffère du Zèbre par sa taille qui est moindre, par la forme de sa tête qui est moins alongée et plus élégante, et par ses oreilles qui sont plus courtes; de façon que le Couagga approche beaucoup plus que le Zèbre de la beauté du Cheval; il ne ressemble à l'Ane que par sa queue, qui est aussi dégarnie de longs poils à sa racine; encore ceux de sa partie inférieure sont-ils beaucoup plus longs que dans l'Ane et le Zèbre. Les jambes du Couagga sont déliées, et ses sabots petits et bien faits. Les bandes transverses qui ornent d'une manière si éclatante tout le pelage du Zèbre, sont en grande partie effacées sur celui du Couagga; ce dernier tient, à cet égard, une sorte de milieu entre le Zèbre et l'Ane, dans lequel on n'apperçoit plus qu'une seule de ces bandes, celle de la croix, dernier vestige d'un ornement plus complettement accordé aux deux espèces voisines: le Couagga n'a en effet de bandes bien marquées que sur la tête et sur le cou, et des traces légères de bandes sur les flancs; le reste du corps en est dépourvu.

Le fond de la couleur est, sur la tête et sur le cou, un brun foncé tirant sur le noirâtre; sur le dos, les flancs, la croupe et le haut des cuisses, un brun clair, qui pâlit et se change en gris-roussâtre sur le milieu des cuisses; leur partie inférieure, toutes les jambes, tout le dessous du corps et les poils de la queue, sont d'un assez beau blanc. Sur le fond brun de la tête et du cou, sont des raies d'un gris-blanc, tirant sur le roussâtre; elles sont longitudinales, étroites et serrées sur le front, les tempes et le chanfrein, transversales et un peu plus écartées sur les joues; entre l'œil et la bouche elles forment des triangles, parce qu'elles sont larges au milieu et étroites aux deux bouts; le tour de la bouche est tout brun et sans raies; le bord de la lèvre supérieure est grisâtre. Il y a dix bandes sur le cou; la crinière ne va que jusqu'à la neuvième; elle est courte, bien droite, comme celle d'un Cheval, qu'on aurait coupée et peignée avec soin; elle a une tache blanche vis-à-vis de chaque bande du cou; les intervalles sont gris-bruns; sur l'épaule sont quatre bandes pareilles à celles du cou, mais qui se raccourcissent par degrés jusqu'à la quatrième qui est la dernière de toutes; le reste du corps n'offre plus que des rayures à peine sensibles, d'un brun plus clair sur un brun plus foncé. Sur tout le long de l'épine du dos, règne une bande d'un brun-noirâtre, accompagnée de chaque côté d'une ligne étroite gris-roussâtre; ces trois lignes se continuent sur la partie de la queue qui n'a pas de longs poils.

Telle est la description du Couagga mâle adulte qui fait le sujet de notre planche;

mais il paraît que l'âge et le sexe influent sur la couleur et sur la distribution des taches; du moins les figures d'Edwards et de Gordon sont assez différentes de la nôtre pour le faire présumer.

Cet individu avait été apporté d'Afrique, il y a seize ans, par un capitaine de vaisseaux, qui revenait des Indes, d'où il avait aussi amené le Rhinocéros unicorne; il fit présent de ces deux animaux à la ménagerie de Versailles; le Couagga, le Bubale et le Zèbre furent les seules espèces qui s'y trouvèrent lorsqu'on décida de la transporter à Paris : le premier y vécut encore quatre années, et mourut, à ce qu'il paraît, de vieillesse, du moins son squélette présenta-t-il tous les signes d'un âge avancé.

Voici les principales dimensions qu'il avait lorsqu'il mourut.

Hauteur au garrot, 3 pieds 9 pouces.
Longueur du tronc, depuis le poitrail jusqu'à la croupe, 3 pieds 6 pouces.
Longueur du cou, depuis le garrot jusqu'à l'occiput, 1 pied 6 pouces.
Longueur de la tête, 1 pied 3 pouces.
Longueur de l'oreille, 6 pouces.
Longueur de la queue, 2 pieds 3 pouces.

Lorsqu'on l'amena, il n'avait pas, dit-on, moitié de cette taille; il était donc fort jeune, et on peut en conclure qu'il avait au plus douze ou treize ans lorsqu'il est mort. Le seul changement qu'on ait observé dans ses couleurs, c'est qu'elles ont perdu de leur vivacité et se sont rembrunies avec l'âge. M. Sparrmann dit aussi qu'un fœtus de Couagga, qu'il a donné à l'académie de Stockholm, avait les couleurs plus vives que les adultes. Quoique renfermé très-jeune, la captivité n'avait presque rien ôté à notre individu de son naturel farouche; il se laissait quelquefois approcher et même caresser; mais pour peu qu'on le gênât, il se mettait à ruer, et lorsqu'on voulait le faire passer d'un parc dans un autre, ou le faire changer de lieu d'une manière quelconque, il devenait furieux; il cherchait à mordre, se jetait à genoux, et saisissait avec ses dents tout ce qu'il rencontrait, pour le déchirer ou le briser. Son cri était fort différent de ceux du Cheval et de l'Ane; c'était le son *ouau, ouau*, répété une vingtaine de fois, sur un ton très-aigu; il le faisait entendre chaque fois qu'il passait à sa portée des Chevaux ou des Mulets. On a comparé ce cri à l'aboyement des Chiens; c'est plutôt à leur hurlement qu'il fallait dire. Il est probable que le nom de Couagga, ou plutôt de Khoua Khoua, donné à ce quadrupède par les Hottentots, n'est qu'une imitation de son cri.

Notre Couagga mangeait peu; une botte de foin, et un peu d'avoine ou de son lui suffisaient pour sa journée. Ses excréments ressemblaient à ceux de l'Ane.

On lui a amené une Anesse en chaleur, il l'a très-bien traitée, et l'a couverte plusieurs fois sans qu'on ait eu besoin de la peindre, comme on dit qu'il a fallu le faire pour celle qu'on donna au Zèbre de lord Clive; mais ces accouplements n'ont pas été productifs.

Nous avons fait l'anatomie de cet individu; elle ne nous a rien présenté de différent du Cheval.

Dans l'état sauvage, les Couaggas vivent en troupes quelquefois de plus de cent individus. Quoiqu'il y ait des Zèbres dans les mêmes pays, les deux espèces se tiennent séparées; mais dans l'une et dans l'autre, les jeunes qui se trouvent par hasard écartés de leurs mères, suivent les Chevaux lorsqu'ils en rencontrent. Allamand assure, d'après Gordon, que quelques colons Hollandais sont parvenus à apprivoiser des Couaggas, au point d'en atteler à leurs charettes, ce qui n'a pu encore réussir avec les Zèbres; Sparrmann a vu la même chose; néanmoins ces Couaggas paraissent avoir été encore assez farouches, puisqu'ils ne souffraient pas même que les Chiens les approchassent. M. Sparrmann dit que non seulement ils se défendaient contre les Chiens, mais qu'ils attaquent l'Hyène et la font fuir, au point qu'un Couagga apprivoisé pourrait servir de gardien à un troupeau entier de Chevaux.

Cet animal aurait de plus, pour les habitants du Cap, l'avantage d'être fait au climat, et de se nourrir des végétaux les plus communs dans le pays, dont les Chevaux refusent une grande partie; enfin il aurait moins à redouter que ceux-ci les animaux féroces et les maladies épidémiques.

Peint par Maréchal. Gravé par Miger.

BOS TAURUS INDICUS. LE ZEBU.

Dixième de la Grandeur.

LE ZÉBU.

BOS TAURUS INDICUS.

Il en est du genre des Bœufs comme de la plupart des grands animaux; le volume de leurs dépouilles a empêché d'en recueillir beaucoup dans les cabinets; les voyageurs qui les ont observés sur les lieux n'en ont point donné de bonnes figures ni de descriptions détaillées, et les naturalistes ne pouvant établir de comparaisons, restent dans la plus grande incertitude sur le nombre des espèces et sur la généalogie des variétés.

On compte communément cinq espèces que l'on regarde comme différentes de notre Bœuf commun; savoir: le *Buffle*, venu de l'Orient en Égypte, en Grèce et en Italie, pendant le moyen âge, et très-commun aujourd'hui dans tous ces pays, quoiqu'il n'y existât point du temps des anciens; le *Buffle du Cap* ou des *Hottentots*, remarquable par ses énormes cornes, dont les bases se touchent sur le milieu de la tête; le *Yack*, *Bœuf à queue de Cheval*, ou *Bœuf grognant*, de Tartarie et surtout de Thibet; le *Buffle musqué*, de la Baie de Hudson, qui a les cornes disposées comme celui du Cap, mais qui est beaucoup plus petit; et l'*Arni* ou Buffle sauvage des Indes; toutes les autres races de Bœufs, soit domestiques, soit sauvages, à bosses ou sans bosses, répandues dans les deux continents, passent pour être descendues d'une seule et même espèce, dont la souche est, dit-on, l'*Aurochs* ou Bœuf sauvage des forêts de la Lithuanie.

Buffon qui a établi cette opinion, ne nous paraît pourtant pas l'avoir mise hors de doute. Il se fonde d'abord sur la supposition qu'il y a, dans le nord de notre continent, deux races de Bœufs sauvages, l'une sans bosse, qui est l'Aurochs, et l'autre bossue, qui est le Bison, et que ces deux races produisent ensemble des individus féconds. Cette dernière circonstance n'a pas été observée immédiatement, mais elle se conclut par un long circuit; le Bœuf domestique ou Zébu, produit avec le Bœuf domestique sans bosse; or, le premier est un descendant du Bison; le second en est un de l'Aurochs; donc le Bison et l'Aurochs produiraient ensemble. Il est clair que ce raisonnement suppose que l'Aurochs et le Bison sont différents, et qu'ils ont produit, l'un le Bœuf et l'autre le Zébu. Voilà la question qu'il faut examiner. C'est dans les témoignages des anciens que Buffon cherche ses premières preuves de l'existence de deux races.

Aristote parle d'un Bœuf sauvage des montagnes situées entre la Pœonie et la Médie, qu'il nomme *Bonasus*; la description qu'il en fait est si détaillée, qu'on voit qu'il avait l'animal sous les yeux: « *Il est grand comme un Taureau, dit-il, mais plus épais et » plus court de corps; sa peau étendue peut servir à coucher sept personnes. Son encolure est revêtue d'une crinière de poils plus doux et plus serrés que celle du Cheval. » Cette crinière est d'un gris roussâtre; elle descend jusque sur les yeux. Le poil du » reste du corps est blond. On n'en voit point de noirs ni de roux. Les pieds sont velus » et fourchus; les dents et les parties intérieures sont semblables à celles du Bœuf.* Hist. » an. l. IX. c. 45. et de mirab. ausc. initio. » Jusque là cette description ne contient rien d'essentiel qui ne s'accorde avec l'Aurochs; car l'Aurochs a aussi toujours les poils du cou plus longs que les autres; c'est ce qui suit qui a embarrassé les naturalistes :

« *Ses cornes sont inutiles au combat, parce que leur pointe est dirigée vers le bas, et* » *se recourbe de manière qu'elles représentent des cercles.* Loc. cit. et hist. an. lib. II, » cap. 1, et lib. III, c. 2. » Mais ici Aristote attribue probablement à toute l'espèce une circonstance particulière à l'individu qu'il observait; circonstance peu importante, car la direction des cornes est sujette à varier dans ces animaux; circonstance enfin que nous avons retrouvée en partie dans un squelette d'Aurochs du Muséum, dont une des cornes est absolument contournée comme Aristote le dit de celles du Bonasus. Il n'est pas besoin de s'arrêter à la propriété attribuée à cet animal de projeter, lorsqu'il est poursuivi, des excréments si chauds qu'ils brûlent les poils des Chiens sur lesquels ils tombent. Il est clair que c'est là une fable rapportée au philosophe par les gens qui lui amenèrent le Bonasus; il semble nous prévenir lui-même qu'il n'en a pas été témoin, en remarquant que dans l'état tranquille ses excréments n'ont rien d'extraordinaire.

C'est cependant cette circonstance fabuleuse que les copistes d'Aristote ont eu le plus de soin de recueillir; Pline, lib. VIII, c. 15, et Élien, lib. VII, c. 3, la rapportent sans rechercher quel animal ce pouvait être que ce Bonasus. Le même Pline parle, dans le même endroit, des Bœufs sauvages de la Germanie, et il a l'air d'en reconnaître deux espèces: *Jubatos Bisontes, excellentique et vi et velocitate Uros;* et dans un autre endroit il suppose qu'elles n'avaient point été observées par les Grecs; *nec Uros aut Bisontes habuerunt in experimentis græci*, lib. XXVIII, c. 11. Voilà tout ce qu'il dit du Bison; et quant à l'Urus, il se borne à rapporter ailleurs la capacité de ses cornes, et l'usage qu'en faisaient les Germains pour boire. Un passage de Solin, qui se rapporte au Bison et à l'Urus, n'est qu'une paraphrase de celui de Pline.

Oppien a parlé depuis du Bison en poète, et en poète très-inexact, puisqu'il lui attribue une langue âpre; et *Pausanias* le fait venir de Pœonie, patrie du Bonasus.

Cæsar décrit assez bien l'Aurochs, sous le nom d'*Urus*, et ne parle point du Bison; mais Sénèque et Martial distinguent, comme Pline, l'un et l'autre animal:

Tibi dant variæ pectora Tigres
Tibi villosi terga Bisontes
Latisque feri cornibus Uri.
SÉNÈQUE. HIPPOL.

Et

Illi cessit atrox Bubalus atque Bison.
MART.

Vers dans lequel le mot *Bubalus* désigne l'Urus; car c'est ainsi que le vulgaire le nommait, comme nous l'avons observé à l'article Bubale.

Les modernes ont donc cherché à retrouver ces deux Bœufs sauvages; Gyllius a appliqué au Bison ce que Cæsar dit du Renne; Érasme Stella croit que le Bison est le même que l'Élan; Olaüs Magnus et Albert le Grand ont confondu le Bison et l'Urus; Gessner est le seul des naturalistes, du temps de la renaissance des lettres, qui ait voulu les distinguer, et cela sur deux figures prises d'ouvrages différents; l'une des commentaires sur les affaires de Moscovie, par Sigismond d'Herberstein; l'autre, d'une carte de Moscovie, d'Antoine Wied; il croit la première du Bison, la seconde de l'Aurochs, et cependant un coup-d'œil suffit pour faire juger qu'elles ne représentent qu'un seul et même animal qui est toujours l'Aurochs. Pallas nous explique complettement les petites différences que ces figures présentent, et même l'origine de cette duplication de l'espèce, en nous apprenant que les vieux mâles Aurochs prènent des poils plus longs, et une saillie plus forte sur les épaules que les jeunes et que les femelles. Les figures de Gessner ne sont donc pas plus que les témoignages des anciens, une autorité suffisante pour prouver qu'il y a dans le Nord deux races distinctes de Bœufs sauvages.

Rachzinski, auteur polonais, ne parle du Bison que d'après Gessner, et il dit même positivement que la figure d'Herberstein appartient à l'Aurochs; et le *Thur* des Polonais, que quelques-uns ont cru être le Bison, n'est, selon Pallas, autre chose que le Buffle ordinaire.

C'est parce que Buffon ne connaissait pas bien le Bœuf ou Vache grognante de Tartarie, qu'il a rapporté ce qu'en disent Bell et Gmelin, à l'espèce du Bison, suppl. III. Il a voulu ensuite, suppl. tom. VI, 45, d'après Forster, rapporter à ce même Bison ce que Cantemir dit du Zimbr, ou Bœuf sauvage de Moldavie; mais ce Zimbr est sans doute le même que le Zuber des Polonais, qui est certainement l'Aurochs, et Cantemir ne dit pas un mot de bosse dans sa description.

Le prétendu Bison blanc d'Écosse, qui existe encore dans quelques parcs de ce pays, où l'on croit, au rapport de Forster et de Pennant, hist. quadr. p. 16, que l'esclavage lui a fait perdre sa crinière, n'a point non plus de bosse notable dans la figure qu'en donne Gessner, et n'est probablement qu'une variété de l'Aurochs.

Les Bisons qu'Allamand et Buffon ont fait représenter, venaient d'Amérique, et non de l'ancien continent; ceux-là avaient vraiment une bosse très-visible sur le garrot et une crinière de longs poils: on les connaît bien aujourd'hui par les figures de ces deux auteurs, par celle d'Hernandès, et par la description de Hearne; mais c'est cette connaissance même qui empêche de les confondre, comme a fait Buffon, avec les vieux Aurochs un peu bossus, ou Bisons du nord de l'Europe, et avec les Zébus ou les Bœufs domestiques à bosses, des Indes et de l'Afrique. Ces derniers n'ont point de crinière; les Aurochs n'en ont de notable qu'à un certain âge, dans un sexe seulement, et elle est composée de poils longs et droits; les Bœufs d'Amérique, improprement nommés Bisons, ont toujours le cou, les épaules et le dessous du corps chargés d'une laine épaisse; une longue barbe leur pend sous le menton, et leur queue ne va pas jusqu'au jarret. Il est très-probable que l'ostéologie confirmera un jour ces caractères extérieurs, et que le crâne du Bison sera au moins aussi différent de celui de l'Aurochs, que celui-ci l'est du crâne de nos Bœufs. Les Bisons et les vieux Aurochs répandent continuellement une odeur de musc, et cette circonstance fait qu'on a lieu de s'étonner que le nom de Bœuf musqué ait été réservé par Pennant, à un animal aussi d'Amérique, mais particulier à certaines contrées septentrionales, qui paraît très-différent du Bison de ce pays par la forme de ses cornes; mais comme cette forme même empêche de confondre cette espèce avec aucune autre, si ce n'est celle du Buffle du Cap, il est inutile que nous nous en occupions ici. Il nous suffit d'avoir mis au clair la distinction des Bœufs sauvages de l'ancien et de ceux du nouveau monde, et d'avoir prouvé qu'il n'y a point de race particulière dans notre continent qu'on puisse distinguer sous le nom de Bison : comparons maintenant l'Aurochs à notre bétail domestique.

M. Blumenbach dit qu'il est certain que ce bétail dérive de l'Aurochs; mais qu'on peut au moins douter que les Zébus soient une variété de nos Bœufs. Malgré notre respect pour ce savant professeur, nous sommes obligés d'avouer que s'il y a du doute, c'est sur la première proposition et non sur la seconde. La comparaison la plus scrupuleuse ne nous a montré, à l'intérieur comme à l'extérieur, entre le Bœuf et le Zébu, d'autres différences que celles très-variables de la taille et de la loupe des épaules, tandis que l'Aurochs en a fait voir de beaucoup plus essentielles. Le front du Bœuf et du Zébu est plat et même un peu concave; celui de l'Aurochs est bombé, quoique un peu moins que dans le Buffle. Ce même front est carré dans les deux premiers, sa hauteur étant à peu près égale à sa largeur, en prenant sa base entre les orbites; dans l'Aurochs, en le mesurant de même, il est beaucoup plus large que haut, comme 9 à 6. Les cornes sont attachées, dans le Bœuf et le Zébu, aux extrémités de la ligne saillante la plus élevée de la tête, celle qui sépare l'occiput du front; dans l'Aurochs, cette ligne est deux pouces plus en arrière que la racine des cornes; le plan de l'occiput fait un angle aigu avec le front, dans le Bœuf et le Zébu; cet angle est obtus dans l'Aurochs; enfin, ce plan de l'occiput, quadrangulaire dans le Zébu, représente un demi-cercle dans l'Aurochs. Si on ajoute à ces détails que l'Aurochs a quatorze paires de côtes, tandis que les autres Bœufs, ainsi que la plupart des ruminants, n'en ont que treize, on trouvera sans doute plus de caractères qu'il n'en faut pour distinguer une espèce. Et il ne faut pas croire que ce soient là de petits caractères sujets à varier par la suite des temps, ou par les effets de la domesticité; on a des monuments très-anciens qui prouvent que ces différences existent depuis bien des siècles; on a trouvé des dépouilles fossiles d'Aurochs en France, où il n'y en a certainement plus depuis les temps historiques; on y a trouvé aussi des dépouilles de Bœufs, à peu près dans les mêmes terrains, et les unes et les autres ne diffèrent des parties analogues des animaux d'aujourd'hui que par une taille supérieure. Le citoyen Geoffroy, qui a fait, dans les grottes de la haute Égypte, des recherches très-suivies pour y recueillir les momies de tous les animaux sacrés, dans la vue surtout de découvrir si les espèces auraient varié depuis l'époque si reculée où ces restes ont été déposés dans leurs tombeaux, a rapporté entr'autres un crâne de Bœuf embaumé, qui, après la comparaison la plus scrupuleuse avec ceux de nos Bœufs et de nos Zébus d'aujourd'hui, n'a rien montré de différent.

Ainsi le Bœuf et le Zébu sont beaucoup plus voisins l'un de l'autre qu'ils ne le sont de l'Aurochs; et si le Bœuf est un rejeton d'une autre race, c'est peut-être dans celle du Zébu qu'il faut en chercher la souche. En effet, si nous faisons attention que c'est d'Asie que presque tous nos animaux domestiques sont originaires, et que la civilisation est allée d'Orient en Occident, et du Midi au Nord; si nous nous rappelons que nos Bœufs dégénèrent en Suède et même en Écosse, au point d'y perdre leur taille et leurs cornes, nous serons plus portés à les croire originaires des Indes que du nord de l'Europe.

Mais quelle est l'espèce primitive du Zébu lui-même? Voilà une question à laquelle nous ne pouvons répondre affirmativement. Il faudrait pouvoir lui comparer le Yack, comme nous lui avons comparé l'Aurochs. Celui qui en approcherait le plus pourrait être regardé comme sa souche, et par conséquent comme celle de notre bétail. Malheureusement nous n'avons du Yack que des figures médiocres et point de squelette : il faut donc attendre de nouvelles observations pour prononcer. La circonstance que le Zébu grogne comme le Yack, et ne mugit point, nous paraît encore rapprocher l'un de l'autre. Nous savons que l'Aurochs grogne aussi au lieu de mugir; nous savons encore que Pallas a trouvé à la variété sans cornes de Yack qu'il a vue vivante, plus de ressemblance avec le Buffle qu'avec le Bœuf, et que Witzen donne aux Yacks des cornes semblables à celles des Buffles; mais Gmelin l'ancien, témoin oculaire, peint les cornes toutes pareilles à celles de nos Bœufs; et M. Turner, officier anglais, qui a voyagé récemment au Thibet, dit positivement qu'elles sont rondes, petites, et arquées en dedans et ensuite en arrière; il ajoute que les épaules ont une proéminence, premier indice de la loupe des Zébus. Ces différentes assertions doivent au moins suspendre notre jugement jusqu'à ce que l'ostéologie comparée viène nous instruire. Il serait assez intéressant pour l'histoire des Hommes, de trouver que c'est aussi des montagnes de Tartarie qu'il a tiré le Bœuf, comme il en a tiré le Cheval, l'Ane et le Chameau, la Chèvre et le Mouton.

Quoi qu'il en soit, presque tout le bétail des Indes, de la partie orientale de la Perse, de l'Arabie, de la partie de l'Afrique située au midi de l'Atlas jusqu'au cap de Bonne-Espérance, et de la grande île de Madagascar, est composé de Zébus ou de Bœufs à bosse; cette race y subit encore plus de variétés que la nôtre, par rapport à la grandeur, à la couleur et aux cornes : on en voit de très-grands dont la loupe pèse jusqu'à cinquante livres, et d'autres qui ont à peine la taille d'un Veau. On en trouve à Suratte qui ont deux bosses. Ils sont généralement gris ou blancs; ces derniers sont les plus estimés. Il y en a aussi de rouges et de tachetés. Les uns ont des cornes et d'autres n'en ont point; et entre ces deux extrêmes il y en a qui ont de petites cornes adhérentes seulement à la peau, et mobiles, parce qu'elles n'ont point dans leur intérieur de productions osseuses du crâne; c'est cette variété qu'Élien semble avoir voulu indiquer, en disant que les Bœufs érythréens peuvent remuer leurs cornes comme leurs oreilles; le même auteur a aussi très-bien connu les grands et les petits Zébus à cornes; car il remarque qu'aux Indes les Bœufs courent aussi bien que les Chevaux, et que quelques-uns sont à peine plus grands que des Boucs. En effet, un des avantages qu'a le Zébu sur les Bœufs sans bosses, est de pouvoir être employé à traîner des voitures et des Hommes, et de parcourir rapidement de longs chemins. On ne se sert presque pas d'autres bêtes de trait aux Indes; la petite variété elle-même sert à traîner des enfants. On ferre et on enharnache les Zébus comme nos Chevaux, et on guide ceux qu'on monte avec une petite corde qu'on leur passe dans la cloison des narines. Les Indiens les bistournent, mais les Africains ne se donnent pas même cette peine.

C'est pour cette race de Bœufs que les Bramines professent cette vénération religieuse qui en fait presque pour eux un animal divin. Ils n'en mangent pas la chair, non plus que celle des autres animaux; on dit au reste qu'elle ne vaut pas celle de nos Bœufs, et l'essai qu'on en a fait en Angleterre s'est trouvé conforme à ce qu'en avaient avancé les voyageurs. Le Zébu serait très-susceptible de multiplier dans notre climat, si le Bœuf ordinaire et le Cheval ne nous le rendaient pas inutile. On en a obtenu, dans les parcs anglais, plusieurs générations successives. Des expériences faites à l'Ile de France, ont prouvé qu'il produit avec nos Vaches, et que la bosse s'efface au bout de quelques mélanges. Les Yacks observés par Pallas n'ont pas eu le même succès, quoiqu'ils cherchassent à couvrir les Vaches; nos Taureaux n'ont pas montré la même inclination pour les Yacks femelles.

La ménagerie a possédé successivement quatre Zébus; savoir, une femelle, et ensuite un couple qui tous trois avaient des cornes et approchaient de la taille de nos petites Vaches. La seconde femelle était plus petite que son mâle et avait les cornes irrégulières; l'un et l'autre étaient d'un gris bleuâtre. Le quatrième individu qui s'y trouve encore, est une femelle qui a à peine la taille d'un Cochon ordinaire: elle n'a point de cornes; mais seulement un léger tubercule à l'os frontal, que l'on sent avec le doigt sous la peau, et sur lequel se forme chaque année une petite plaque de corne qui n'adhère qu'à la peau, et qui tombe bientôt par le frottement. Tous ces animaux ont la voix grognante, et leur respiration elle-même ressemble à une espèce de ronflement, et paraît d'abord maladive à ceux qui l'entendent pour la première fois. Ils étaient tous fort doux, et se nourrissaient, dormaient, etc. de la même manière que nos Vaches. Le couple qui a vécu ensemble ne s'est point uni, quoique la femelle soit venue plusieurs fois en chaleur.

Buffon et Edwards ont donné d'assez bonnes figures du Zébu; celles de Pennant l'est beaucoup moins. On rapporte aussi communément à cette race le petit Bœuf d'Afrique de Bélon et de Prosper Alpin, mais il n'a pas de bosse.

Peint par Maréchal. Gravé par Miger.

LE ZÉBU SANS CORNES.

Huitième de la Grandeur

LE PETIT ZÉBU

SANS CORNES.

Cette variété dans la race du Zébu, ou, si on l'aime mieux, cette sous-variété dans l'espèce du Bœuf, nous a paru assez intéressante pour faire l'objet d'une planche, quoique nous ayions déjà fait représenter le grand Zébu cornu. Nous y voyons d'abord une preuve palpable de la grande fixité du caractère que nous avons assigné à cette espèce, et qui consiste dans cette ligne droite et saillante qui sépare le front de l'occiput; c'est par-là que le crâne du Bœuf domestique se distingue éminemment de celui de l'Aurochs, que l'on croit cependant en être la souche. Comme cette ligne va d'une corne à l'autre, on pouvait croire qu'elle éprouverait quelque modification dans les individus qui n'ont point de cornes; mais c'est ce qui n'arrive point, et nous nous en sommes assurés non-seulement par ce Zébu, ou Bœuf à bosse, mais encore par la variété sans cornes de la race des Bœufs ordinaires ou sans bosse.

Cette race, que l'on croit originaire d'Asie, est assez commune aujourd'hui en Ecosse, et dans quelques parties de l'Angleterre. M. Camper fils assure qu'elle l'est également aux environs de Hambourg; et il paraît par un passage de Tacite, que c'était autrefois la seule que l'on eût en *Pannonie* et en *Noricum* : *Ne armenta quidem*, dit-il, *suus honor et gloria frontis.*

Comme elle est peu connue en France, et qu'elle a cependant de grands avantages (car tout aussi forte, aussi féconde et aussi productive en lait qu'aucune des races à cornes, elle est dépourvue des moyens de blesser les hommes et les animaux qui en approchent), on s'est attaché à la propager dans l'établissement rural de Rambouillet. Le Ministre de l'Intérieur a fait placer dans notre Ménagerie deux individus de cette race, afin qu'étant continuellement sous les yeux du public, on apprène plus tôt à la connaître et à l'apprécier.

Nous avons examiné avec soin la forme de la tête, tant du mâle que de la femelle, et nous y avons trouvé cette même conformation de l'occiput, dont nous venons de parler, et qui se remarque dans tous les Bœufs à cornes et sans cornes, à bosse et sans bosse.

Ce Zébu sans cornes est au reste encore très-remarquable par son extrême petitesse; il surpasse à peine en volume un cochon médiocre, n'ayant que quatre pieds de longueur depuis l'extrémité du museau jusqu'à la partie la plus saillante des fesses, et deux pieds et demi de hauteur, tant au garrot qu'à la croupe; la tête a onze pouces de longueur, et la queue deux pieds.

Cet individu est femelle : son poil est noir à sa racine, et blanc vers sa pointe; d'où il résulte une teinte générale grise, qui devient presque blanche sous le cou, au fanon, sur les flancs et sous le ventre; le dessus du cou, des épaules et du dos, est d'un gris plus foncé, ainsi que le tour des yeux et du museau : la queue est terminée par une touffe de poils noirs; les environs de l'anus sont également noirs; sa loupe, haute de trois pouces, est placée entre les deux épaules un peu en avant; elle est toute de graisse, comme celle des autres animaux bossus.

Il n'y a pour toute corne qu'une petite plaque faisant à peine une saillie de six lignes, et qui tombe de temps en temps : elle répond à un très-petit tubercule du crâne sur lequel elle n'est point fixée, comme le sont les cornes ordinaires sur leur axe osseux, de manière qu'on la fait mouvoir en tiraillant la peau. Nous nous sommes déjà servis précédemment de ce fait pour expliquer ce que dit Ælien, Lib. II, c. 20, des Bœufs Erythréens, qu'ils remuent les cornes comme les oreilles.

Cet individu est fort âgé; il a été apporté en France en 1788, par les ambassadeurs de Tippoo-Saïb, et donné en 1796 à notre Ménagerie par M. de Livry. Il prouve par le fait, que la disparition des cornes n'est point un effet du froid, puisqu'elle arrive aussi quelquefois dans la zone torride. On en a au reste bien d'autres preuves, non-seulement dans l'espèce du Bœuf, mais dans celles du Bufle et du Yack; car on trouve des individus sans cornes de tous ces animaux, dans diverses contrées de l'Inde.

Les anciens connaissaient très-bien les Bœufs sans cornes, et Ælien rapporte que Démocrite s'était fort occupé de l'explication de ce phénomène. Ce qu'Ælien nous donne de cette explication, Lib. XII, c. 20, est cependant fort obscur, et contient même un fait faux. Démocrite prétend, selon lui, que le crâne des Bœufs sans cornes n'est point caverneux, ou creusé de sinus, comme celui des autres; nous nous sommes assurés du contraire, au moins dans quelques-uns.

Dans un autre endroit, Lib. II, c. 11, Ælien rapporte que les Bœufs de Mysie manquent de cornes, tandis que ceux de Scythie en ont; ce qui prouve bien, ajoute-t-il, que ce défaut n'est pas dû au froid.

Ce que cette variété sans cornes a de plus remarquable, c'est que son mélange avec des individus qui ont des cornes, en produit qui n'en ont point. On en a fait l'expérience à Rambouillet, et M. Camper l'avait déjà faite auparavant en Frise.

EQUUS ZEBRA Lin.   LE ZEBRE

LE ZÈBRE.

EQUUS ZEBRA. LINN.

Rien ne ressemble plus au Cheval, pour la forme du corps, que le Zèbre, en même temps que rien n'en diffère davantage pour la couleur : même configuration générale, même forme de dents, de jambes, de pieds, de croupe, de poitrail, caractérisent ces deux animaux. Le Zèbre a seulement le cou un peu plus court et plus gros, la tête et surtout les oreilles un peu plus longues à proportion que le Cheval, et plus voisines de celles de l'Ane. Sa queue le rapproche encore plus de ce dernier animal, en ce qu'elle n'est garnie de longs crins qu'au bout seulement; mais un point de forme qui distingue également le Zèbre du Cheval et de l'Ane, c'est l'espèce de fanon court produit sous sa gorge par un prolongement lâche de sa peau.

Nous avons vu à l'article du Couagga, que cet animal, qui partage jusqu'à un certain point la beauté de la robe du Zèbre, le surpasse par l'élégance des proportions, et ressemble davantage à nos plus jolis Chevaux. Au reste, la régularité et l'éclat des couleurs du Zèbre le dédommagent suffisamment, et le mettent peut-être au-dessus de tous les autres quadrupèdes. Rien n'égale l'élégance de leur arrangement, la grace de leurs contours, et la juste proportion de leurs largeurs et de leurs intervalles : la nature étonne d'autant plus ici, qu'elle semble s'être modelée sur les ouvrages de l'art; car ce n'est que dans nos plus belles étoffes rayées qu'on retrouve quelque chose de comparable au pelage du Zèbre.

L'individu que notre Ménagerie possède est une femelle âgée d'environ quatre ans. Elle a quatre pieds de hauteur au garrot, quatre pieds trois pouces à la croupe, cinq pieds de long de l'occiput à la racine de la queue; la tête longue de seize pouces, les oreilles de dix, et la queue de deux pieds.

Le mâle décrit par Daubenton avait quelques pouces de moins; ainsi il est à croire que notre individu n'est pas des plus petits de son espèce. Le fond de son pelage est partout d'un blanc légèrement teint de jaunâtre. Le tour du museau est tout entier d'un brun noirâtre; les lignes qui occupent le chanfrein sont rousses, et non pas noires, ainsi que celles des côtés de la bouche. Les premières sont étroites et longitudinales; celles des côtés de la tête sont transverses, excepté une qui se contourne autour de l'œil : l'oreille est rayée irrégulièrement de blanc et de noir à sa moitié inférieure; l'autre moitié est noire, excepté le petit bout qui est blanc. Toute la face concave est revêtue de poils gris-blancs.

Il y a huit rubans noirs sur le cou; deux sur l'épaule, qui s'écartent à la hauteur de l'aisselle, pour laisser place aux rubans de la jambe de devant, lesquels sont disposés en sens contraire. Le tronc porte douze rubans, dont les trois ou quatre derniers se joignent obliquement vers le bas, pour laisser place à ceux de la cuisse, aussi disposés dans le sens horizontal. Les lignes de la croupe vont en se raccourcissant, et forment ainsi un triangle allongé, dont les rubans de la racine de la queue font la continuation. Chaque cuisse porte quatre bandes plus larges que toutes les autres, et qui en dessinent très-bien la convexité. Les quatre jambes sont entourées de rubans transverses et irréguliers; le ventre et le haut de la face interne des cuisses sont blancs. Le tiers moyen de la queue est aussi blanc et sans bandes; les longs poils qui la terminent sont noirâtres. La crinière commence au sommet de la face antérieure du front, entre les deux oreilles, et se continue sur le cou; elle est partout courte et droite, et les endroits blancs et noirs sont la continuation des bandes contiguës du cou.

Telle est cette femelle. Le mâle décrit par Daubenton, et conservé dans le Cabinet, présente les mêmes couleurs, ainsi que deux autres que nous avons vus vivants, et nous ne savons pas comment Buffon a pu dire que le Zèbre mâle était rayé de jaune et de noir, et la femelle de blanc et de noir.

On a lieu d'être plus étonné encore de trouver dans son ouvrage, Supplém. III, pl. IV, une figure de Zèbre femelle dont les jambes et la croupe sont sans rubans, et dont la partie postérieure du dos est simplement mouchetée de noir. Le texte ne donne aucun éclaircissement à cet égard, et ne parle ni de la figure, ni de l'individu qu'elle représente. Mais en recourant aux sources, on trouve que c'est une copie d'une planche d'Edwards, glan. 223, qui porte le même titre de *Zèbre femelle.* On est assez d'accord aujourd'hui que cette planche représente un *Couagga :* il est vrai qu'elle diffère assez notablement de celle que nous avons donnée de ce dernier animal; mais nous savons aujourd'hui qu'il y a quelque variété pour les couleurs dans l'espèce du Couagga; nous en avons, au Cabinet, une peau où les bandes brunes et grises du tronc sont plus marquées, et où elles se prolongent obliquement sur la croupe, beaucoup plus loin que dans l'individu qui était vivant à la Ménagerie, et que nous avons fait représenter. Il n'y a pas d'ailleurs beaucoup de bonnes figures de Zèbre, si l'on excepte celles de Buffon, tome XII, pl. I et II, qui sont excellentes.

La plus ancienne, qui est, je crois, celle de Pigafetta, copiée par Aldrovande, Solid. p. 417, et par Jonston, Quad. pl. V, L. I, est fort grossière, et faite avec négligence, quoique le peintre ait l'air d'avoir eu l'animal sous les yeux. La figure II de la même planche de Jonston, et celle de Kolbe, III, p. 26 de l'édition française, sont faites uniquement d'idée. Celle de Knorr, Delic. II, tab. k. 8, est mal dessinée et peu exacte pour la distribution des bandes.

Il était naturel d'essayer l'union du Zèbre avec l'Ane et le Cheval, pour voir si elle serait féconde, et quelle serait la nature de ses produits.

Lord Clive ne put y réussir, au rapport d'Allamand, qu'en faisant peindre un Ane des couleurs du Zèbre; il obtint ainsi d'une femelle Zèbre, un petit que l'on dit avoir été en tout semblable à sa mère.

Cette expérience vient de se renouveler, sans que l'on ait eu besoin d'artifice, et M. Giorna en a publié le résultat dans les Mémoires de l'Académie de Turin, pour l'an 11.

Un homme dont le métier était de montrer des animaux, avait deux Zèbres, une femelle de six ans, et un mâle de quatre ans et demi. La femelle entra en chaleur le 27 floréal an 10; le Zèbre l'ayant recherchée sans succès pendant trois jours, on lui donna un Ane qui la saillit à diverses reprises pendant trois autres jours : il était noir, marqué de feu. Ce qui pouvait altérer beaucoup la certitude de l'expérience, c'est que le jeune Zèbre, animé peut-être par l'exemple de l'Ane, saillit à son tour sa femelle plusieurs fois quatre jours durant, après lequel temps elle cessa d'être en chaleur. Au bout d'un an et quelques jours, le 14 prairial an 11, elle mit bas un petit, qui fut trouvé mort, et que M. Giorna décrit.

Son pelage était d'un fauve châtain sur la tête et sur le dos, et allait en s'éclaircissant sur le ventre et le dehors des cuisses; celles-ci étaient blanches en dedans. La crinière s'étendait de la nuque jusqu'à la queue. Elle était mélangée de gris et de noir jusqu'au garrot; toute sa partie dorsale était noire.

Les raies noires du cou et du corps étaient fort étroites et en grand nombre; celle qui partait du garrot pour aller à l'épaule, était quatre fois plus large que les autres, et se partageait en trois à son extrémité inférieure. La croupe offrait plusieurs raies parallèles, confusément nuancées avec le fond : les raies des cuisses étaient plus nombreuses qu'au Zèbre, mais celles des jambes étaient semblables. Il y en avait quantité de petites sur la ganache; le chanfrein en avait de fines, grisâtres et parallèles, qui devenaient convergentes vers le front.

M. Giorna pense que ce petit était réellement un métis d'Ane et de Zèbre. Il ajoute aux preuves de bâtardise que fournit déjà la différence des couleurs, une touffe de longs poils sur le front comme aux Anons, et l'absence de peau lâche, ou de vestige de fanon sous le cou.

Cependant ce naturaliste aurait desiré, avec raison, connaître les petits Zèbres ordinaires; car il serait possible, dit-il, que ce que nous regardons comme des différences, fussent seulement les caractères de tous les Zèbres nouveau nés.

Nous avons heureusement les moyens de satisfaire à sa demande. Notre Cabinet possède un petit Zèbre de cet âge, et en a autrefois possédé un second qui a été donné.

Ils ne différaient l'un et l'autre de l'adulte, que par un poil plus crépu, comme est celui de tous les jeunes animaux, et parce que leurs bandes, au lieu d'être d'un brun noirâtre, étaient d'un fauve assez clair.

Il n'est donc pas douteux que le Zèbre ne puisse produire avec l'Ane; reste à savoir s'il produirait avec le Cheval, si ces deux produits seraient féconds ou stériles, et s'ils n'auraient point, comme le Mulet, quelques qualités précieuses qui pourraient engager à les multiplier.

Les Zèbres purs ont long-temps passé pour indomptables. Le fait annoncé par Buffon, que les Hollandais en avaient formé des attelages pour le Stathouder, s'est trouvé faux : nous ne savons si ce qu'on dit que la reine de Portugal en a aujourd'hui un attelage, est plus vrai; mais ce qui est certain, c'est que le Zèbre de notre Ménagerie est fort doux, et qu'il se laisse conduire, approcher et monter presque aussi facilement qu'un Cheval bien dressé.

Ce Zèbre, qui appartenait à M. Jansens, gouverneur de la Colonie Hollandaise du Cap, avait été pris jeune, et servait, dit-on, de monture ordinaire au fils de ce gouverneur. Lorsque le second navire de l'expédition du capitaine Baudin repassa au Cap, après avoir parcouru la mer des Indes, M. Jansens lui remit ce Zèbre, le Gnou et quelques autres animaux qu'il desirait offrir à S. M. l'Impératrice, et qui furent en effet conduits à Malmaison; mais Sa Majesté, qui, tout en ayant sans cesse le bien public en vue jusque dans les objets de ses amusements, ne balance point à se priver de ceux-ci, lorsqu'elle croit pouvoir leur donner une destination plus généralement utile, s'empressa d'envoyer au Muséum ceux des animaux qu'elle avait reçus, qui manquaient à la Ménagerie, afin qu'ils pussent être étudiés et observés plus facilement par les naturalistes. C'est un devoir pour les personnes attachées à l'établissement, de saisir toutes les occasions de témoigner à cette Princesse leur respectueuse reconnaissance pour la bienveillance constante et recherchée dont elle l'honore, et nous aurons encore bien des fois à l'exprimer dans le cours de cet ouvrage.

Ce n'est pas seulement au Cap qu'on trouve des Zèbres; il y en a dans beaucoup d'autres parties de l'Afrique, au Congo par exemple, où ils sont fort communs, et d'où leur nom de Zèbre ou Zebra est originaire; car au Cap on les nomme simplement *Anes sauvages.* Ils sont aussi fort communs en Abyssinie, à ce que dit Ludolphe, d'après Telles. Les Portugais les nommaient aussi Anes sauvages, lorsqu'ils étaient établis dans ce pays-là.

Il est assez singulier que les Romains, qui ont connu tant d'animaux rares d'Ethiopie, n'ayent point fait de mention détaillée de celui-ci. Je ne connais qu'un passage qui ait l'air de s'y rapporter. Il est de *Xiphilin*, dans son Abrégé de l'Histoire de *Dion-Cassius*, Lib. LXVII, article de *Caracalla.* Il dit que cet Empereur fit paraître et tuer dans le cirque, l'an de Rome 961, un Eléphant, un Rhinocéros, un Tigre et un *Hippo-Tigre.* Ce nom d'*Hippo-Tigre*, ou *Tigre-Cheval*, ne peut guère désigner que le Zèbre, qui joint à la forme du Cheval des raies transversales semblables à celles du Tigre; la comparaison de la couleur est si naturelle, que presque tous les Voyageurs l'ont saisie.

Peint par Maréchal. Gravé par Miger.

FELIS LEO — Cinquième de la Grandeur — LE LION.

Dédié au premier Consul

LE LION.

FELIS LEO MAS.

La figure de ce bel animal nous donne encore l'occasion de glaner, après les intéressants articles de Buffon et de Lacépède, en recueillant dans les anciens et dans les voyageurs, quelques faits que ces grands naturalistes ont négligés.

Un animal aussi majestueux et aussi terrible à la fois que le Lion, ne pouvait manquer d'attirer l'attention des voyageurs et des chasseurs, et de donner lieu à des récits exagérés ou fabuleux; ceux-ci ne pouvaient manquer de fournir des images aux poètes et aux orateurs, et il était bien difficile que ces fables, à force d'être répétées, ne se glissassent dans les ouvrages des naturalistes, et ne finissent par être données comme des faits réels, par ceux d'entre eux qui n'avaient ni l'occasion d'observer par eux-mêmes, ni assez de critique pour bien juger les assertions des autres: de là tous les contes populaires qui altèrent ce que les anciens on dit du Lion et dont quelques-uns se sont perpétués jusqu'à nos jours dans l'esprit du vulgaire, comme sa fièvre perpétuelle, sa crainte pour le chant du Coq, son sommeil les yeux ouverts, et les vertus merveilleuses de plusieurs de ses parties en médecine. Aristote qui avait déjà reconnu l'absurdité de plusieurs de ces fables, qui en a même expressément réfuté une partie, n'a pu s'exempter d'en rapporter sérieusement quelques-unes; les Lions, selon lui, n'ont qu'un seul os au cou, au lieu des vertèbres cervicales, et leurs os, s'ils ne sont pas entièrement solides et sans moëlle comme on le disait auparavant, en ont du moins très-peu en comparaison des animaux de la même taille.

Il ne faudrait cependant pas, d'après ces exemples, rejeter tous ceux des faits rapportés par les anciens touchant cet animal, qui n'ont pu être vérifiés par les modernes. Les anciens avaient beaucoup plus d'occasions que nous de l'observer, et ont pu apprendre à son sujet plusieurs choses qui nous ont échappé. D'abord il y avait des Lions dans beaucoup de lieux où il n'y en a plus aucuns aujourd'hui : chacun sait qu'ils sont extirpés de l'Europe; mais, du temps d'Aristote, il y en avait dans toutes les montagnes du nord de la Grèce, depuis le fleuve Nestus, près d'Abdère en Thrace, jusqu'à l'Achéloüs en Acarnanie. Selon Hérodote, les Chameaux qui portaient les bagages de l'armée de Xercès, furent attaqués par des Lions dans le pays des Pœoniens, l'un des peuples qui habitaient la Macédoine. Pausanias qui raconte le même fait, ajoute que ces Lions venaient souvent au Sud, jusqu'à l'Olympe, qui sépare la Macédoine de la Thessalie. Le Lion est aujourd'hui assez rare en Asie, si l'on en excepte quelques contrées entre l'Inde et la Perse, et quelques cantons de l'Arabie. Dans l'antiquité ils y étaient très-communs; outre ceux de Syrie dont nous venons de parler, Élien rapporte qu'aux Indes on en trouvait de noirs, les plus grands de tous, qui se laissaient assez apprivoiser pour être employés à la chasse. La Cilicie, l'Arménie, le pays des Parthes en étaient pleins, selon Oppien; Apollonius rencontra une Lionne près de Babylone, et un grand nombre de Lions entre l'Hiphasis et le Gange.

Enfin, dans les lieux mêmes où les Lions se conservent encore, leur nombre était infiniment plus grand du temps des anciens qu'il ne l'est de nos jours. On a peine à s'imaginer comment les Romains se procuraient la quantité prodigieuse de ces animaux qu'ils faisaient de temps en temps paraître dans leurs jeux; Pline nous a conservé à ce sujet des détails qui surpassent presque toute croyance. « *Quintus Scevola*, dit-il, fut » le premier qui en montra plusieurs à la fois dans le cirque, lorsqu'il fut Edile; Sylla, » pendant sa préture, en fit combattre cent à la fois, tous mâles; Pompée ensuite, six » cents, dont trois cent quinze mâles, et César quatre cents. » Sénèque nous apprend, il est vrai, que ceux de Sylla lui avaient été envoyés par le roi de Mauritanie, Bocchus; mais aujourd'hui les princes du même pays croyent faire un grand présent lorsqu'ils peuvent donner un ou deux de ces animaux. La même abondance continua pendant quelque temps sous les empereurs; mais il paraît qu'elle commença à diminuer vers le second siècle, puisqu'Eutrope regardait déjà comme une grande magnificence de la part de Marc-Aurèle d'avoir fait paraître cent Lions à la fois lorsqu'il triompha des Marcomans. On fut obligé de défendre la chasse des Lions aux particuliers, de crainte d'en voir manquer le cirque; mais cette loi ayant été abrogée sous Honorius, la destruction continua, et venant à être aidée du secours des armes à feu, elle a réduit enfin ces animaux à se retirer dans les déserts où ils sont confinés aujourd'hui.

Ce grand nombre de Lions donna lieu à en apprivoiser beaucoup, et à pousser leur éducation à un point qui peut encore nous étonner, quoique nous ayons vu de nos jours des Lions très-privés. Hannon, Carthaginois, fut le premier qui dompta un Lion, et ses concitoyens le condamnèrent à mort, disant que la république avait tout à craindre de celui qui avait su vaincre tant de férocité; un peu plus d'expérience leur eût appris qu'il n'est pas nécessaire de museler des Lions pour parvenir à enchaîner des hommes. Le triumvir Antoine se fit traîner publiquement par des Lions, ayant auprès de lui, sur son char, la comédienne Cythéride, excès prodigieux, dit Pline, et plus déplorable que toutes les horreurs de ce temps funeste.

Il n'est point étonnant que, vivant aussi rapprochés de ces animaux, les anciens les ayent mieux connus que nous à certains égards; aussi plusieurs faits qui nous ont surpris dans ces derniers temps ne leur avaient point échappé; telle est la facilité avec laquelle le Lion s'attache aux compagnons de sa captivité, même lorsqu'ils sont d'une espèce différente. Élien parle, d'après Eudémus, d'une amitié entre un Lion et un Chien, fort semblable à celle dont tout Paris a été témoin dans cette ménagerie, et dont M. Toscan a donné l'intéressante histoire. Un Lion, dit-il, un Chien et un Ours vivaient ensemble dans l'union la plus intime, chez un homme qui apprivoisait des animaux; les deux premiers surtout avaient l'un pour l'autre l'attachement le plus tendre; mais le Chien ayant blessé l'Ours en jouant, celui-ci reprit subitement son naturel féroce et déchira son faible compagnon; le Lion, irrité, se hâta de venger son ami, et fit périr l'Ours absolument par des blessures semblables à celles qu'avait reçues le Chien.

Les anciens n'ont pas ignoré non plus les circonstances de la naissance du Lion. Plutarque dit expressément que la Lionne est le seul carnassier dont les petits viènent au monde les yeux ouverts, et Élien nous apprend que Démocrite avait dit la même chose long-temps avant Plutarque. Ils ont connu, dans l'espèce du Lion, des variétés que nous n'avons pas vues dans les temps modernes, et d'autres qui n'ont été retrouvées que tout récemment; dans ce dernier ordre est le Lion sans crinière, dont parlent Solin et Oppien, et dont ils attribuaient mal à propos l'origine à l'accouplement de la Lionne et du Léopard. M. Olivier s'est assuré, dans son voyage de Perse, qu'il existe réellement une telle race aux environs de Bagdat. Les anciens ont aussi parlé de *Lions noirs.* Ceux des Indes étaient de cette couleur, selon Élien; ceux de Syrie selon Pline; ceux d'Éthiopie selon Oppien; il nous paraît qu'il y a dans tous les pays des Lions beaucoup plus bruns les uns que les autres, et dont plusieurs peuvent tirer sur le noirâtre. Celui que notre planche représente est beaucoup plus brun, et a les poils du dessous de son corps plus noirs que celui qui l'a précédé dans cette ménagerie.

Il est très-probable d'après cela qu'il a existé ou qu'il existe encore des Lions à crinière crépue, quoique les modernes n'en ayent point observés. Les anciens paraissent même avoir vu cette race plus fréquemment que l'autre, puisque c'est elle qu'ils ont représentée de préférence dans leurs statues et dans leurs bas-reliefs; aussi disent-ils que c'était la plus lâche des deux et la plus facile à vaincre. Sans cette circonstance positive, on pourrait croire, avec un de nos plus célèbres antiquaires, que ces Lions crépus étaient précisément ceux de la Thrace, qui sont aujourd'hui détruits; mais cette opinion serait contraire à ce que Pline assure, que ces Lions de Thrace étaient beaucoup plus forts que ceux d'Égypte et de Syrie. Nous ne révoquerons pas non plus entièrement en doute d'autres assertions opposées en apparence à ce que nous savons des animaux carnassiers en général, mais qui peuvent cependant avoir quelque fondement réel, et ne s'écarter du vrai que par quelque exagération, et surtout parce qu'on aura cherché des motifs relevés à des actions fort simples: là se rapportent tous les récits qu'on nous fait de la générosité du Lion, de ses égards pour la faiblesse, et surtout de sa mémoire et de sa reconnaissance; il n'attaque point lorsqu'il est rassasié et que la crainte ne le force pas à se défendre; de là son prétendu respect pour le sexe et pour l'enfance, rapporté par Pline et confirmé dans ces derniers temps par Misson: quelque Lion apprivoisé, échappé et repris, aura reconnu son ancien maître au moment où on voulait le lui faire déchirer, ou bien s'étant arrêté par une cause quelconque en face du criminel qu'on lui livrait, celui-ci aura espéré obtenir sa grace, en donnant de cet accident quelque raison romanesque; de là l'histoire si connue d'Androclès etc.

Il reste encore de nos jours plusieurs points douteux dans l'histoire du Lion; tel est le goût de sa chair, que Buffon et d'autres disent être désagréable et fort, et que le docteur Shaw assure, dans son voyage en Barbarie, ressembler à celle du Veau; c'est cette dernière comparaison qui est la vraie, ainsi que s'en est assuré un homme très-bizarre, qui a mangé de tous les animaux de cette ménagerie, et dont un savant naturaliste avait fait espérer de publier bientôt les observations.

On n'est pas non plus d'accord sur l'âge auquel le Lion peut atteindre: Buffon raisonnant d'après le temps qu'il lui faut pour prendre son accroissement complet, avait jugé que cet animal devait aller au plus à vingt-cinq ans; mais M. G. Shaw, auteur d'une nouvelle zoologie écrite en anglais, rapporte des exemples de Lions que l'on prétend avoir vécu à la tour de Londres, l'un soixante-trois et l'autre soixante-dix ans. Si ces faits sont vrais, ils sont au moins fort extraordinaires.

Le Lion dont nous donnons la figure est un des plus beaux qui ayent vécu en captivité. Il a été pris, il y a sept ans, entre Constantine et Bonne, dans l'état d'Alger, à environ trois journées de marche dans les terres; le Bey de Constantine en a fait présent à la république. Sa crinière n'a commencé à pousser qu'à trois ans et demi; elle croît tous les ans, ainsi que les poils de dessous le ventre; la couleur en devient aussi plus brune chaque année. Il n'avait guère qu'un an lorsqu'il fut pris; ses dents étaient dès lors toutes venues; c'est là l'époque de la vie la plus dangereuse pour les Lions, du moins dans l'état de captivité. Sur trois Lions et deux Lionnes nés dans cette ménagerie, il en est déjà mort quatre de la dentition; les trois Lions à treize mois et une femelle à dix; la seconde femelle, qui a à présent douze mois, a réussi à pousser ses canines et paraît devoir vivre.

Ce grand Lion mange chaque jour neuf à dix livres de viande, et boit un demi seau d'eau; ses excréments sont solides lorsqu'il mange des os, liquides quand il ne mange que de la viande, et en tout temps d'une odeur très-fétide et d'une couleur jaune. Il urine à chaque instant et toujours en arrière. M. Lacépède a déjà donné à l'article de la Lionne les détails nécessaires sur son rugissement.

Nous ajouterons à ces notes quelques faits que nous tenons du gardien Félix Cassal; bien loin que le Lion ait peur du chant du Coq, il prend le Coq lui-même, et on lui en a vu dévorer deux ou trois en quelques minutes. Il n'est pas effrayé davantage du cri du Cochon, et sa principale proie en Barbarie sont les Sangliers. Félix a vu emporter un Sanglier par un Lion, comme un Loup emporterait un Mouton; il a vu un autre Lion étrangler un Bœuf et le traîner à plus d'une lieue. On a observé en Barbarie que les Lionnes font leurs petits dans des lieux marécageux, pour pouvoir se saisir plus aisément des animaux qui vienent y boire. Le mâle l'aide à procurer la nourriture à ses petits, ce qui peut faire croire que ces animaux vivent en monogamie, conjecture confirmée par l'exemple de l'individu que nous possédons, et qui a refusé toutes les femelles qui lui ont été offertes, excepté celle à laquelle il s'est attaché, et qui va incessamment lui donner des petits pour la quatrième fois, en comptant son avortement.

Sa beauté extraordinaire a engagé M. Maréchal à le représenter dans un profil rigoureux, afin que les artistes puissent en saisir plus exactement les proportions

Au Jardin des Plantes, le 29 messidor an X.

Peint par Maréchal. Gravé par Miger.

FELIS LEO FŒMINA — LA LIONNE (5.me de la Grandeur des Individus)

Allaitant ses Lionceaux nés le 19 Brumaire An 9 dans la Menagerie du Museum et représentés à l'age d'un mois.

Dédiée au Citoyen Chaptal, Membre de l'Institut National, Ministre de l'Interieur Par le Citoyen Miger.

LA LIONNE.

FELIS LEO, FŒMINA.

Par LACÉPEDE.

Depuis que l'on a consacré des ménageries au progrès des sciences physiques, aucun de ces établissements n'a renfermé, je crois, un aussi grand nombre d'individus de l'espèce du Lion, que l'on en voyait, il y a très-peu de jours, dans la ménagerie du Muséum national d'histoire naturelle. On y comptait un Lion et quatre Lionnes adultes, trois Lionceaux mâles et deux Lionceaux femelles. Peu de temps auparavant, on y avait vu un autre Lion dont le citoyen Toscan, bibliothécaire du Muséum, a publié une histoire aussi instructive qu'intéressante et bien écrite, et qui était plus âgé que le Lion adulte qui vit maintenant dans cette même enceinte. Il n'est donc pas surprenant que l'on y ait recueilli sur l'espèce du Lion, les observations précieuses que nous allons présenter dans cet article. On a pu facilement, en examinant attentivement ces onze individus, ajouter des faits encore inconnus à ceux que les naturalistes avaient déjà rassemblés pour l'histoire de cet animal fameux, qui, doué de la grandeur, de la force et de la beauté, majestueux dans ses traits, superbe dans son attitude, rapide dans ses mouvements, ardent dans ses affections, terrible dans sa colère, bravant le pouvoir de l'homme, ayant lutté contre les demi-dieux des temps héroïques et rehaussé le triomphe des plus grands conquérants, chanté par les poëtes, divinisé par la mythologie, placé dans le ciel comme l'emblême de la puissance du soleil, a été, dans tous les temps et dans tous les lieux, recherché, représenté, célébré, redouté, et cependant chéri.

Buffon a peint le Lion: tâchons d'esquisser quelques traits de la Lionne.

Le Lion a, dans sa physionomie, un mélange de noblesse, d'assurance, de gravité et d'audace, qui décèle pour ainsi dire la supériorité de ses armes et l'énergie de ses muscles. La Lionne a la grace et la légèreté. Sa tête n'est point ornée de ces poils longs et touffus qui entourent la face du Lion, et se répandent sur son cou en flocons ondulés; elle a moins de parure; mais, douée des attributs distinctifs de son sexe, elle montre plus d'agrément dans ses attitudes, plus de souplesse dans ses mouvements. Plus petite que le Lion, elle a peut-être moins de force; mais elle compense par sa vitesse ce qui manque à sa masse. Comme le Lion, elle ne touche la terre que par l'extrémité de ses doigts (1); ses jambes élastiques et agiles paraissent, en quelque sorte, quatre ressorts toujours prêts à se débander pour la repousser loin du sol, et la lancer à de grandes

---

(1) Voilà pourquoi le Lion, ainsi que les autres *Felis*, est placé parmi les mammifères digitigrades. Voyez le tableau méthodique des mammifères, que nous avons publié dans le troisième volume des Mémoires de la classe des sciences physiques et mathématiques de l'Institut national, et d'après lequel nous avons fait disposer la collection des mammifères du Muséum d'histoire naturelle.

distances; elle saute, bondit, s'élance comme le mâle, franchit, comme lui, des intervalles de quatre ou cinq mètres; sa vivacité est même plus grande, sa sensibilité plus ardente, son desir plus véhément, son repos plus court, son départ plus brusque, son élan plus impétueux.

Elle a, de même que le Lion et les autres animaux de son genre, chacune de ses mâchoires armée de six incisives très-tranchantes, de deux crochets redoutables, et de molaires peu nombreuses, mais couronnées de pointes aiguës. Sa langue, ainsi que celle du mâle, est hérissée de piquants ou papilles dures qui déchirent aisément la peau qu'elle lèche; ses ongles longs, durs et crochus, ne s'étendent qu'à sa volonté, et, garantis de tout frottement par la position qu'elle leur donne lorsqu'elle n'a pas besoin de s'en servir, ils conservent long-temps leur pointe acérée.

Douée des six caractères remarquables que nous croyons devoir regarder comme les véritables signes distinctifs de son espèce, elle offre cette couleur uniforme et sans tache, dont la nuance rousse ou fauve suffirait pour faire reconnaître le Lion au milieu des autres carnassiers, et pour le séparer même du Cougar ou prétendu Lion d'Amérique; une houppe de poils alongés, placée à l'extrémité d'une queue longue, déliée, agitée fréquemment, et qui, frappant avec rapidité, renverse ou brise avec violence; des poils plus longs que les autres, au-dessous des oreilles et de la mâchoire inférieure; un cou très-gros; un museau et particulièrement un menton arrondis; et de telles dimensions dans les trois parties principales de la face, le front, le nez et la partie inférieure, que ces trois portions presque égales l'une à l'autre, et proportionnées à-peu-près comme les trois parties analogues de la figure humaine, donnent à l'ensemble de ses traits un air d'élévation, de majesté et d'empire.

Aussi courageuse que le Lion, elle attaque, lorsque la faim la presse, tous les animaux qu'elle peut atteindre. Mais aussi redoutée que lui, elle est souvent obligée d'avoir recours à la ruse, de cacher sa poursuite, de se coucher sur le ventre, au milieu de hautes herbes, et d'attendre que sa proie viène se livrer à ses armes. Elle se précipite alors sur sa victime, la saisit dès son premier bond, l'immole, brise ses os et déchire ses chairs. Dans les forêts africaines, et sur la lisière des deserts des contrées torrides qu'elle fréquente, elle se nourrit ordinairement de Gazelles et de Guenons, qui ne peuvent se dérober à sa dent meurtrière que par une fuite précipitée, mais presque toujours inutile. On a écrit que les Guenons et les autres quadrumanes africains qui ne se plaisent pour ainsi dire que sur le sommet des arbres, trouvaient au milieu de leurs rameaux touffus, un asyle assuré contre la griffe de la Lionne et du Lion, qui, malgré leur force, leur légéreté, leur souplesse et leurs ongles, ne pouvaient pas grimper sur les arbres comme les autres *Felis*, et particulièrement comme le Tigre, dont néanmoins le volume, le poids et la conformation sont presque semblables à ceux du Lion et de la Lionne. Nous doutons beaucoup de la vérité de cette assertion, et nous sommes très-portés à croire, d'après la forme et les attributs de l'espèce du Lion, ainsi que d'après les divers mouvements auxquels se livrent les Lions et les Lionnes du Muséum d'histoire naturelle, dans l'enceinte étroite qui les renferme encore, que ces animaux grimperaient sur des tiges élevées, au moins aussi facilement que le Tigre, et que les autres grands carnassiers du genre des *Felis*.

Quoi qu'il en soit, la Lionne ne se jète sur les cadavres, et sur-tout sur leurs débris infects, que lorsqu'elle y est contrainte par un besoin irrésistible. Elle préfère la chair des animaux qu'elle vient d'égorger. Cependant elle ne donne pas la mort à un aussi grand nombre de victimes que le Tigre et la Panthère, parce qu'elle n'est pas contrainte, comme ces *Felis*, de rechercher la nourriture la plus active et la plus substantielle, un sang pur, abondant et encore chaud; et voilà pourquoi on ne lui a pas attribué, non plus qu'au Lion, cette cruauté insatiable, cette ardeur pour le carnage, cette soif immodérée du sang, qui font de la Panthère et du Tigre, des objets d'horreur en même temps que d'effroi.

C'est principalement lorsqu'elle allaite ses petits qu'elle est terrible. Et comment serions-nous étonnés de ce redoublement d'audace, que nous retrouvons dans presque toutes les femelles pendant le temps où elles veillent sur les jours de leur jeune famille? Leur sensibilité plus exercée n'est-elle pas alors plus vive? Leur irritabilité n'est-elle pas plus grande? Leurs besoins ne sont-ils pas plus puissants? Leur existence étendue pour ainsi dire jusques dans leurs petits, et exposée par-là à plus d'ennemis, ne doit-elle pas, en éveillant plus de craintes, inspirer plus d'efforts pour écarter les dangers?

Aussi, lorsque la Lionne a de jeunes Lionceaux à nourrir ou à défendre, s'avance-t-elle avec fierté contre les seuls animaux qui puissent la combattre avec avantage. Le Tigre, l'Éléphant, le Rhinocéros, l'Hippopotame, lui opposent en vain et la masse, et la vîtesse, et l'adresse, et des armes. Elle les brave même lorsque ses affections de mère ne donnent point à son courage une nouvelle ardeur; et lorsque l'Homme parvient à la vaincre, ce n'est que par le fer dont son art a su faire des armes redoutables, par le feu qui brûle autour d'elle, des végétaux desséchés, ou lance au loin un plomb meurtrier et rapide, ou en réunissant les efforts d'un grand nombre de Chiens généreux et de Chevaux aguerris.

Mais cette intrépidité n'appartient plus à la Lionne, lorsque, habitant des forêts trop voisines des cités, elle a perdu, par une triste expérience, le sentiment de sa puissance et acquis celui de la supériorité de l'art de l'Homme.

Et ce n'est pas seulement la nature de ce noble et redoutable animal que l'Homme a modifiée. En se répandant sur la surface du globe, et en se rapprochant chaque jour davantage des tanières du Lion, il a ravi l'empire à cette espèce privilégiée; il l'a exilée loin de sa demeure; il l'a chassée par exemple de la Thessalie, de la Macédoine, de la Thrace et des autres contrées européennes où on la trouvait encore du temps d'Aristote; il l'a reléguée vers les pays les plus voisins des tropiques; il l'a contrainte de fuir sur les bords des deserts brûlants; et, la forçant à n'habiter que dans des endroits où le défaut fréquent d'eau, de pâture et de fruits, réduit à de petites troupes les Guenons, les Antilopes et les autres animaux frugivores dont elle aime à se nourrir, il a diminué le nombre des individus de cette espèce-roi, en même temps qu'il a rétréci le domaine qu'elle avait envahi.

Il ne faut pas croire néanmoins, avec plusieurs illustres naturalistes, que l'accroissement de la population de l'Homme, soit la seule cause de la diminution du nombre des Lions. On en trouve maintenant beaucoup moins qu'on n'en rencontrait, il y a une vingtaine de siècles, dans l'Asie méridionale, dans les montagnes de l'Atlas, dans les bois voisins du grand desert de Zaara, et dans les différents pays plus ou moins rapprochés du nord de l'Afrique. Et cependant tout le monde sait que ces contrées asiatiques et africaines étaient bien plus peuplées, il y a deux ou trois mille ans, et lorsqu'elles étaient habitées par des nations que leurs richesses, leur industrie et leur puissance ont rendues célèbres, qu'aujourd'hui où elles ne nourrissent que des peuples affaiblis, pauvres, ignorants et à demi barbares. On doit supposer que le climat a éprouvé, dans ces portions de l'Afrique et de l'Asie, des changements funestes à l'espèce du Lion. Des bois péris de vétusté et non renouvelés par la nature, les terres des hauteurs entraînées dans les plaines, les montagnes abaissées, les pluies devenues moins abondantes, les sources taries, la stérilité augmentée, ont diminué les asyles du Lion et les troupeaux d'animaux asiatiques ou africains dont il se nourrit. Et d'ailleurs, l'invention des armes à feu a centuplé la puissance de l'Homme son ennemi le plus dangereux.

Mais l'Homme a fait plus encore qu'écarter le Lion ou lui donner une mort assurée. Il l'a pris vivant, l'a dompté par la constance, l'a soumis par les soins, l'a radouci par les bienfaits, et, lui inspirant un attachement aussi vif que durable, a changé cet animal si terrible en ami généreux, en hôte volontaire, en habitant libre de sa demeure. On a vu il n'y a pas long-temps, à Constantinople, un des ministres de l'empereur des Turcs, avoir souvent auprès de lui un Lion qui jouissait dans son palais d'autant de liberté que l'animal domestique le plus pacifique et le plus fidèle. Et ce n'est pas seulement à l'Homme que le Lion, plus aimant qu'on ne l'a cru, s'attache avec force et avec constance. Nous avons été témoins de l'amitié touchante qui a lié pendant long-temps un jeune Chien et le Lion de la Ménagerie du Muséum, à l'histoire duquel le citoyen Toscan a su donner un si grand intérêt.

La Lionne peut éprouver une affection aussi profonde et aussi peu passagère. Dans le moment où nous écrivons, une des Lionnes de la ménagerie du Muséum, non seulement souffre sans peine un jeune Chien dans sa loge, mais elle paraît l'aimer beaucoup; elle se plaît à ses jeux; elle s'amuse de ses caprices; et sensible à ses caresses, attentive à ses besoins, satisfaite quand elle le voit auprès d'elle, triste lorsqu'on le lui ôte pendant quelques moments, c'est bien plus au sentiment mutuel que ces deux prisonniers se sont inspirés, qu'à sa douceur particulière, qu'elle doit la tranquillité avec laquelle elle supporte la perte de son indépendance.

Au reste, quel est l'animal qui, n'éprouvant ni souffrance, ni crainte, ne perdrait pas insensiblement sa férocité? Et n'est-ce pas sur-tout la terreur qui conduit à la cruauté sanguinaire?

Cependant la prudence ne doit jamais permettre d'oublier que, lorsqu'un animal très-fort a des appétits très-véhéments, des affections ardentes, des mouvements violents, des armes terribles, une impression soudaine et inattendue peut le ramener tout d'un coup vers le caractère naturel de son espèce; qu'il ne suffit pas de ne pas le laisser souffrir de la faim, et de ne pas risquer de l'irriter par de mauvais traitements, et qu'il faut de plus être toujours en garde contre un de ses retours brusques et imprévus vers le sentiment de sa supériorité, l'horreur de la contrainte et sa férocité originelle.

La Lionne dont on donne la figure dans cet ouvrage, est aussi douce que celle qui a un jeune Chien pour compagnon d'esclavage. Mais plus heureuse que cette dernière, elle a été, jusqu'à présent, préférée par le mâle. Elle n'est âgée que de sept ans ou environ; elle n'avait que dix-huit mois lorsqu'elle fut prise dans un piége à bascule, avec son mâle qui est du même âge qu'elle, et qui vraisemblablement est de la même portée. Ce rapport et l'habitude d'être ensemble dès le commencement de leur existence, n'ont pas peu contribué sans doute à l'affection qu'ils éprouvent l'un pour l'autre. C'est dans un bois voisin de Constantine, près de la côte septentrionale d'Afrique, que commença la captivité de ces deux Lions. Un an après, le citoyen Félix Cassal, l'un des gardiens de la ménagerie du Muséum, qui à cette époque voyageait en Barbarie, par ordre du gouvernement, pour y acheter des animaux rares et intéressants, parvint à les acquérir pour le Muséum, et avant peu de mois il les conduisit à Paris.

On savait depuis long-temps, par Gesner, qu'il était né des Lions dans la ménagerie de Florence; Willughby avait écrit qu'une Lionne renfermée à Naples avec un Lion, avait produit des petits; d'autres Lionceaux étaient nés en Angleterre; on espéra de voir les deux Lions amenés d'Afrique, s'accoupler et produire. Cette espérance ne fut pas vaine.

Lorsque la Lionne eut six ans, elle entra en chaleur. Les signes de cet état furent les mêmes que ceux de la chaleur de la Chatte, dont l'espèce est la seule parmi les *Felis* qu'on ait pu jusqu'à présent bien observer et bien connaître. Le mâle la couvrit; l'accouplement eut lieu de la même manière que parmi les Chats; et, comme les Chattes, la femelle jeta de grands cris.

La Lionne devint pleine; mais au bout de deux mois elle avorta, et mit bas deux fœtus qui n'avaient pas de poil.

Vingt et un jours après son avortement elle revint en chaleur, et, dans le même jour, reçut cinq fois le mâle. Son ventre devint assez gros pour qu'on pût s'appercevoir facilement qu'elle était pleine; et au bout de cent huit jours, dès sept heures du matin, ses douleurs commencèrent. Elle allait et venait d'une loge à l'autre, en se plaignant et en répandant par la vulve une liqueur blanche et claire. A cinq heures du soir, temps ordinaire de son repas, on lui présenta des aliments qu'elle s'efforçait en vain de manger; à chaque instant ses souffrances l'obligeaient à les délaisser. Son gardien, le citoyen Félix Cassal, entra dans sa loge et lui fit avaler de l'huile d'olive. Enfin, à dix heures, elle mit bas un petit Lion mâle et vivant. Elle le laissa enveloppé pendant dix minutes dans ses membranes qu'elle ouvrit ensuite, et qu'elle dévora avec le placenta. Un second Lionceau naquit à dix heures et demie, et un troisième à onze heures un quart. L'un de ces trois jeunes Lions avait, cinq jours après sa naissance:

324 millimètres	depuis le devant du front jusqu'à l'origine de la queue;
108	depuis le bout du museau jusqu'à l'occiput;
81	d'une oreille à l'autre;
122	depuis le coude jusqu'au bout des doigts de la patte de devant;
95	depuis la rotule jusqu'au talon;
88	depuis le talon jusqu'au bout des doigts de la patte de derrière;
162	depuis l'origine de la queue jusqu'à l'extrémité de cette partie.

Lorsque ces Lionceaux sont venus à la lumière, ils n'avaient pas de crinière. Et, en effet, nous savons maintenant qu'elle ne commence à paraître sur le cou et autour de la face des mâles, que lorsqu'ils ont déjà trois ans ou trois ans et demi, et qu'elle croît avec l'âge de l'animal. Mais, d'ailleurs, les trois jeunes Lions n'avaient pas au bout de la queue ce flocon qui appartient à la Lionne aussi bien qu'au Lion. Leur poil était laineux et n'offrait pas encore la couleur de leur père; il présentait, sur un fond mêlé de gris et de roux, un grand nombre de bandes petites et brunes, qui étaient sur-tout très-distinctes sur l'épine dorsale et vers l'origine de la queue, et qui étaient disposées transversalement de chaque côté d'une raie longitudinale, brune et étendue depuis le derrière de la tête jusqu'au bout de la queue.

Les Lionceaux ont donc une *livrée* ou des couleurs qui leur sont particulières; et il est possible que cette disposition de leurs nuances, qui forme des bandes et une raie, et qui montre leur parenté avec plusieurs autres *Felis* fascés et rayés, observée par des voyageurs sur de jeunes individus, et attribuée ensuite à des individus adultes, ait contribué à faire croire à quelques anciens observateurs, et à faire écrire par Ælien ainsi que par Oppien, qu'il y avait, dans les grandes Indes, une race de Lions rayés.

Les Lionceaux ne présentent donc, lorsqu'ils viènent à la lumière, que les trois derniers caractères des six que nous avons indiqués comme devant servir à distinguer véritablement leur espèce d'avec les autres *Felis;* mais à mesure qu'ils grandissent, les nuances de leurs couleurs ressemblent à celles des Lions adultes; leurs bandes et leur raie disparaissent, et les proportions de leurs différentes parties se rapprochent de celles de leur père ou de leur mère.

A l'âge d'un mois, les jeunes mâles nés dans la ménagerie du Muséum, avaient encore la raie longitudinale et les bandes transversales sur le dos, ainsi qu'on peut s'en assurer par la planche de cet ouvrage, qui les représente tels qu'on les voyait à cet âge. Leurs dimensions étaient alors cinq fois plus grandes que celles qui ont été données à leur figure par notre habile peintre le citoyen Maréchal.

C'est en brumaire de l'an neuf que ces Lionceaux sont nés; dans les premiers jours de germinal de la même année, leur mère a été couverte par le mâle; et le 26 messidor de l'an neuf elle a donné le jour à deux jeunes Lionnes. Elle a porté ces deux femelles pendant un temps égal, ou à peu près, à celui pendant lequel elle avait porté les trois Lionceaux mâles. Nous connaissons donc maintenant avec précision le véritable temps de la gestation de la Lionne. Ælien a écrit que ce temps était de deux mois. Philostrate, parmi les anciens, et Étienne Wuot, parmi les modernes, ont cru qu'il était beaucoup plus long et pouvait aller jusqu'à six mois. Buffon inclinait pour cette dernière opinion. Nous pouvons dire aujourd'hui, avec certitude, que la Lionne porte ses petits pendant cent huit jours, ou un peu plus de trois mois et demi. La Chatte porte les siens ordinairement pendant cinquante-cinq ou cinquante-six jours, et par conséquent la durée de sa gestation n'égale à très-peu près que la moitié de celle de la gestation de la Lionne.

Aristote croyait que la Lionne produit cinq ou six petits lors de sa première portée, quatre ou cinq à la seconde, trois ou quatre à la troisième, deux ou trois à la quatrième, un ou deux à la cinquième qu'il regardait comme devant être la dernière. Selon Willughby, la Lionne qui engendra dans la ménagerie de Naples, donna le jour à cinq Lionceaux d'une seule portée. Il paraît qu'Aristote a été mal informé, ainsi que Buffon l'a conjecturé, et que Willughby n'a pas été mieux instruit, puisque la Lionne de la ménagerie du Muséum a eu, ainsi que nous venons de le voir, deux Lionceaux à sa première portée, trois à la seconde et deux à la troisième.

Peut-être les naturalistes ont-ils été aussi dans l'erreur, lorsqu'ils ont dit que la Lionne ne mettait bas qu'une fois par an; cela n'est vrai du moins que dans l'état de nature, puisque dans l'état de domesticité, la Lionne du Muséum a donné le jour à trois mâles, en brumaire de l'an 9, et à deux femelles le 26 messidor de la même année.

Peu de temps avant la naissance de ces deux femelles, les trois Lionceaux étaient déjà devenus méchants. Un de ces jeunes Lions, qu'on avait coupé pour tâcher de savoir quel peut être l'effet de la castration sur des individus d'une espèce aussi terrible que celle du Lion, paraissait moins traitable que les autres. Un jour où le citoyen Félix Cassal avait voulu le faire marcher par force dans les jardins du Muséum, ce Lionceau s'était jeté avec colère sur son bras et avait déchiré son habit. Mais on ne pourra plus suivre que sur l'un de ces trois Lions, les progrès du développement du caractère. Deux sont déjà morts; et il paraît qu'ils ont succombé aux premiers effets de la dentition, de cette opération si souvent dangereuse pour les animaux qui vivent dans l'esclavage, et dont les mâchoires peu alongées opposent un grand obstacle au développement des dents. Le Lionceau coupé a péri, et il est mort le second.

Le père et la mère de ces jeunes *Felis* sont cependant très-attachés à leur gardien auquel ils obéissent avec une grande docilité. Ce n'est que dans le temps où la femelle est en chaleur, que le mâle est comme furieux, et ne permettrait pas, même à Cassal, de s'approcher de lui impunément.

La Lionne, son mâle et les autres Lionnes de la ménagerie, ne mangent qu'une fois en vingt-quatre heures. On leur donne à chacun quatre ou cinq kilogrammes de viande, et un litre et demi d'eau.

Le rugissement du Lion est composé de sons prolongés, assez graves, mêlés de sons aigus et d'une sorte de frémissement. Il varie et pour la durée et pour la force, et pour la hauteur et pour la gravité des tons, suivant l'âge de l'animal, les affections qu'il éprouve, les passions qui l'agitent, la colère qui l'anime, les besoins qui le pressent, la chaleur qui le pénètre, le froid qui l'incommode et les échos qui répètent ses cris retentissants.

Le mâle du Muséum commence de rugir à la pointe du jour: toutes les femelles l'imitent, et leurs rugissements durent à peu près pendant dix minutes. Ils recommencent, après leur repas, leur singulier concert, et on dirait que leurs cris sont, à ces deux époques, l'expression du plaisir qu'ils éprouvent lorsqu'ils ont appaisé leur faim ou lorsqu'ils revoient la lumière du jour. Ils ne rugissent d'ailleurs que dans les instants où le temps est près de changer, ou quand leur gardien est éloigné d'eux.

Dans l'état de nature, le Lion sort le plus souvent de sa tanière pendant la nuit, pour éviter les effets funestes de l'ardeur des rayons du soleil sur ses yeux délicats comme ceux des Chats, et de plus pour surprendre plus facilement sa proie, en lui dérobant son approche au milieu des ténèbres. C'est donc pendant le jour qu'il dort dans sa caverne. Mais dans l'état de domesticité, il n'erre pas pendant l'obscurité pour chercher sa nourriture; l'abri qu'on lui donne le préserve pendant le jour d'une lumière trop vive; et voilà pourquoi notre Lionne, son mâle et les autres Lionnes du Muséum dorment pendant toute la nuit.

Les excréments de ces animaux sont semblables à ceux du Chat et très-fétides. Le mâle ne se débarrasse des siens qu'une fois par jour. Son urine est aussi très-puante ainsi que celle des Lionnes. Mais leur haleine n'a pas l'odeur forte et très-désagréable que plusieurs auteurs ont attribuée à l'haleine des Lions.

Au reste, la Lionne dont nous écrivons l'histoire, a maintenant:

324	millimètres	depuis le bout du museau jusqu'à la nuque;
1430		depuis la nuque jusqu'à l'origine de la queue;
1027		depuis le sommet de la tête jusqu'au sol;
891		depuis le garrot jusqu'au sol;
189		de la base d'une oreille à la base de l'autre;
270		de l'extrémité supérieure de l'humérus au coude;
486		du coude au sol;
486		du dessus de la croupe à la rotule;
378		de la rotule au talon;
351		du talon au bout du pied;
810		de l'origine de la queue à l'extrémité de cette partie.

A côté de cette femelle assez douce, est une Lionne qui a été prise dans l'intérieur de l'Afrique, à une distance plus grande des contrées habitées par l'Homme, que les autres Lionnes de la ménagerie. Suivant le récit de Félix Cassal, elle vient des frontières du grand desert de *Sara* ou *Zaara*. Sa férocité est extrême. Jusqu'à présent rien n'a pu radoucir son naturel; et ce fait paraîtrait confirmer ce que Buffon et d'autres naturalistes ont écrit de la supériorité de force et de hardiesse, et du caractère formidable des Lions qui vivent loin de l'Homme, et sur les lisières brûlantes des immenses plaines de sable de l'Asie ou de l'Afrique.

Un grand nombre de naturalistes, depuis le temps d'Aristote jusqu'à nos jours, ont donné la figure du Lion ou de la Lionne; mais la Lionne et ses Lionceaux n'ont jamais été représentés avec cette ressemblance rigoureuse dans les traits et cette vérité dans l'expression, que l'on admire dans la peinture du citoyen Maréchal, d'après laquelle a été gravée la belle planche du citoyen Miger.

Le 24 Vendémiaire, an 10.

Peint par Maréchal — Gravé par Miger

FELIS TIGRIS Lin. LE TIGRE.

5.me de la Grandeur

LE TIGRE.

FELIS TIGRIS.

PAR LACÉPÈDE.

Buffon a donné l'histoire du Tigre, et Daubenton l'a décrit.

Ces deux grands naturalistes ont montré ce terrible animal.

On ne peut le voir sans une émotion profonde. On n'admire qu'en frémissant les bandes noires qui relèvent les nuances de ses poils inégaux en longueur, et dont les teintes sont ordinairement d'un blanc mêlé d'autant plus de jaunâtre ou de fauve, qu'ils sont plus alongés. C'est en vain que des touffes de poils deux fois plus longs que les autres, et placés au-dessous de chaque oreille, ajoutent à ses traits de ressemblance avec le Lion, et rappèlent une idée vague de cette crinière touffue qui embellit la face majestueuse du roi des animaux. Son corps trop alongé, ses jambes trop courtes, sa langue couleur de sang et que l'ardeur qui le dévore l'oblige à tenir très-souvent hors de sa gueule, sa tête trop petite, son museau très-court, ses oreilles très-séparées, ses arcades zygomatiques très-convexes, son occiput très-saillant en arrière, sa longue queue qu'il agite avec violence, ses formes, sa physionomie, ses mouvements, son allure, trahissent, pour ainsi dire, ses penchants irrésistibles et cruels.

Ses dents, semblables à celles du Lion, ses ongles très-durs, et d'autant plus aigus qu'il ne les tire que pour le combat de l'espèce d'étui qui les préserve d'un frottement inutile, sont des armes d'autant plus redoutables, qu'une grande force les met en mouvement. Les rugosités des os des jambes, sur lesquelles les muscles reçoivent des attaches qui augmentent leur vigueur, indiqueraient seules cette force indomptable qu'annoncent son poids de 200 kilogrammes, et sa longueur de cinq mètres.

Et d'ailleurs, n'est-elle pas évidemment manifestée par la facilité avec laquelle il emporte au loin, comme un léger fardeau, le Cheval et même le Bufle sur lequel il s'est précipité, par l'audace sanguinaire qui l'irrite quelquefois au point qu'il brave le Lion, et par la rage dont on l'a vu s'animer, quoique jeune, seul, captif et chargé de chaînes, en combattant contre trois Éléphants que des plastrons garantissaient cependant de ses griffes aiguës et de ses dents nombreuses, crochues et pressées?

On a écrit qu'il grimpait sur des arbres élevés; et nous ne voyons rien dans sa conformation qui empêche cet animal féroce de poursuivre ainsi ses malheureuses victimes jusques au haut des cimes où elles cherchent un asyle. Mais il paraît que du moins la fuite peut dérober à sa dent meurtrière celles dont la course est très-rapide. On sait depuis long-temps, sans doute, que plusieurs peuples de l'Orient ont employé le même nom pour désigner le Tigre, les fleuves les plus impétueux et la flèche qui fend l'air. Néanmoins la vitesse effrayante que l'on a supposée dans le Tigre, ne doit pas, ainsi que Buffon l'a très-bien observé, indiquer, dans sa marche ni dans sa course ordinaire, une promptitude incompatible avec la brièveté de ses jambes. Elle doit uniquement désigner la célérité prodigieuse avec laquelle il s'élance sur sa proie, et les bonds inattendus par lesquels partant comme l'éclair, franchissant plusieurs mètres, et portant des coups d'autant plus sûrs, que la vivacité du soleil des tropiques, la chaleur du sol qu'il habite, la sensibilité de sa rétine, et la contexture de son iris, lui font préférer les ténèbres pour la chasse de sa proie, il frappe, renverse, brise, et détruit comme la foudre.

Fallait-il qu'à une impétuosité imprévue, à une fureur inévitable, à des embuches perfides, à des armes funestes, à une vigueur extraordinaire, ce terrible animal réunît une organisation intérieure qui exigeant l'aliment le plus réparateur, le force à s'entourer de cadavres, le contraint, dans sa rage constante, à ne suspendre la destruction que lorsque les victimes lui manquent, l'enivre de carnage, et lui montre dans tout être vivant, dans ses petits, dans sa femelle même, une proie qu'il dévore de ses regards enflammés, à laquelle il présente une mort soudaine par ses grincements de dents, qu'il épouvante par son rugissement affreux, et dont il entr'ouvre en frémissant de férocité les flancs horriblement déchirés, pour chercher dans ses lambeaux encore palpitants tout le sang dont il est altéré ?

Ne craignant ni le fer ni le feu, et le plus dangereux des Mammifères, il est le fléau de l'Afrique intérieure, des grandes Indes et de la Chine. Il en infeste les bois touffus qui lui servent de repaire. Il s'y avance vers les fleuves dont ses griffes cruelles ensanglantent les rives, et dont l'eau lui est souvent nécessaire pour étancher l'ardeur dévorante qui le consume.

Il se montrait encore, il y a peu d'années, dans les forêts du Japon, comme pour y attester l'ancienne communication de ces îles avec le Continent de l'Asie.

Dans tous ces lieux funestes, le voyageur pâlit en entendant retentir de loin, au milieu d'une vaste solitude et de l'obscurité d'une nuit profonde, les cris affreux que la rage impuissante arrache à la Tigresse privée de ses petits par une audace téméraire.

Telle est l'espèce du Tigre. Buffon l'a peinte avec des couleurs impérissables.

L'image de l'espèce se compose des traits des individus ; mais pour que cette image soit ressemblante, il faut que ces individus soient libres et parvenus à leur entier développement. Nous avons à parler un moment d'un Tigre mâle et d'un Tigre femelle qui vivent dans la ménagerie du Muséum national d'histoire naturelle ; mais ces deux Tigres sont jeunes et captifs. Nous ne chercherons donc pas à faire un nouveau portrait de l'espèce. Nous avons dû avoir un autre dessein. Nous voulons montrer, non pas les formes constantes de l'espèce du Tigre, mais les accroissements qui se succèdent pour les produire ; non pas les habitudes de cet animal, mais ce qu'elles peuvent devenir par la crainte ; non pas ses propriétés permanentes, mais la profondeur des impressions qu'il peut recevoir. Nous voulons voir ce qui n'est pas encore développé, pour mieux mesurer ce qui l'est ; ce qui est altéré, pour mieux distinguer ce qui ne l'est pas ; les effets du pouvoir qui accroît, pour mieux juger du pouvoir qui conserve ; les efforts de la nature enchaînée, pour mieux connaître la force de la nature indépendante.

Vers le commencement de l'an 8 de l'ère française, le cit. Delaunay, bibliothécaire en second du Muséum d'Histoire naturelle, fut prié, par l'administration de cet établissement, d'acheter à Londres le Tigre et la Tigresse que l'on voit aujourd'hui dans la Ménagerie nationale.

Ces deux Tigres appartenaient à M. Pidcock, propriétaire d'un grand nombre d'animaux curieux ou utiles. Ils étaient encore jeunes, quoique M. Pidcock les eût acquis, deux ans auparavant, d'un capitaine marchand qui revenait de l'Inde sur un des bâtiments de la Compagnie anglaise. Ils arrivèrent à Paris, le 19 brumaire an 8.

Le mâle s'était accouplé à Londres avec une autre femelle que celle qui partage maintenant sa captivité. Leur union avait été féconde. Mais au lieu de donner le jour à quatre ou cinq petits, ainsi que plusieurs naturalistes, et particulièrement Buffon, l'ont dit de la Tigresse qui vit dans l'état de nature, et dans le climat le plus analogue à son tempérament, la femelle de Londres ne mit bas qu'un petit qui ne vécut que huit ou dix jours.

On a assuré au cit. Félix Cassal, l'un des gardiens des animaux du Muséum de Paris, qu'elle l'avait porté pendant trois mois et demi, ou à-peu-près, temps ordinaire de la gestation de la Lionne. Quoi qu'il en soit, le cit. Delaunay examina avec attention ce Tigre nouveau-né. Il remarqua que ses couleurs ne différaient de celles de ses père et mère, que par quelques nuances. Le blanc était mêlé de gris, le noir de brun, et le jaune d'une teinte un peu obscure. Ce très-jeune Tigre paraissait plus petit de la moitié qu'un chat; il était très-bas sur ses pattes, et sa tête, très-grosse à proportion de son corps, augmentait l'apparence de lourdeur que lui donnaient ses différentes dimensions.

Quelque temps après l'arrivée à Paris du Tigre mâle et du Tigre femelle que l'on nourrit dans la Ménagerie, le cit. Félix Cassal se donna beaucoup de soins pour porter ces deux individus à s'accoupler l'un avec l'autre. La loge du mâle ne fut séparée de celle de la femelle, que par une grille qui leur permettait de se voir. Au bout de huit jours, il crut s'appercevoir par l'agitation du mâle, par ses mouvements, par la vivacité avec laquelle il faisait passer ses pattes au travers des barreaux qui le retenaient, que le moment était venu de les laisser se réunir. Il supprima tout d'un coup la barrière. A l'instant le mâle se précipitant sur la Tigresse, s'abandonna au feu qu'elle avait allumé; mais au lieu de partager son ardeur, elle le combattit avec tant de force et d'acharnement, que le cit. Félix Cassal fut obligé de les arracher l'un à l'autre.

Il n'y parvint qu'avec une très-grande peine; il courut un grand danger; il craignit même de voir périr le mâle qui, uniquement occupé de l'objet de ses desirs violents, souffrait, sans se défendre, les cruelles morsures de sa femelle.

La Tigresse, néanmoins, paraît ordinairement un peu moins féroce que le mâle, un peu plus susceptible d'éprouver quelque crainte; mais la captivité leur est insupportable. On voit quelquefois le Lion et la Lionne oublier leurs fers, l'un auprès de l'autre, s'abandonner à leur bien-être, se livrer à une gaîté folâtre, jouer, se rouler et bondir. Le Tigre et sa femelle, isolés, tristes, ayant l'air de méditer sans cesse le carnage ou leur évasion, presque immobiles sur leurs pieds, ou couchés comme dans une sorte de contrainte pénible et de rêverie sinistre, ne sortent de cet état d'anxiété et de silence sombre, que pour ressentir une joie féroce à la vue des aliments qui leur sont destinés. On les leur apporte vers quatre ou cinq heures du soir. Alors ils deviènent furieux. Toute leur cruauté se réveille, ils se jètent sur ces aliments comme ils se jèteraient sur une proie vivante; et ne cessant jamais de craindre qu'on n'arrache cette nourriture à leur voracité sanguinaire, ils cherchent à écarter tout ennemi par un rugissement effrayant.

Ces aliments consistent dans quatre ou cinq kilogrammes de viande crue, et la chaleur intérieure qui les anime, les force à boire assez souvent, pour qu'ils ayent besoin de trois litres d'eau par jour.

Leur manière de boire est semblable à celle du Lion, et par conséquent à celle des Chats.

L'heure de leur repas étant réglée, celles de leurs déjections le sont aussi. Ils se débarrassent de leurs excréments deux fois par jour; le matin, immédiatement après leur réveil, et le soir, vers dix ou onze heures.

Leur urine est encore plus infecte que celle du Lion; et le cit. Félix Cassal a remarqué que le mâle avait l'habitude de la diriger vers un objet déterminé, et particulièrement vers les personnes qui s'avancent trop près des bords de sa loge.

Le rugissement du Tigre est très-fort, et soutenu pendant quatre ou cinq minutes; celui de la femelle est plus plaintif, plus entrecoupé, plus prolongé.

Ils font entendre ces sons terribles après avoir dévoré leur nourriture, ou rejeté leurs fétides excréments. Le tigre les fait encore entendre lorsque quelqu'un s'approche de lui. Il jète un cri soudain; et ne se souvenant pas que des grilles arrêtent les efforts de sa rage, il s'apprête à déchirer celui dont la présence l'importune. Quelquefois, cependant, plongé dans une sorte de morne tristesse, il ne fait aucune attention aux mouvements de ceux qui l'entourent; mais il sort bientôt de cette apathie pour reprendre ses habitudes farouches et son humeur sanguinaire.

L'esclavage a donc plié le caractère du Tigre sans pouvoir le rompre. Mais la solitude et la prison l'ont vicié. Elles lui ont donné l'habitude dépravée de satisfaire seul un penchant qui n'est pas partagé. Il s'acroupit alors, place ses organes de la génération entre ses deux pattes de derrière, agite sa croupe, répand en vain son sperme surabondant, et exprime, par un rugissement affreux, le tourment qui le presse et le desir qui le consume.

Quelque accoutumé que soit son gardien à maîtriser et même à radoucir les animaux carnassiers et féroces, il n'ose entrer ni dans la loge du mâle, ni dans celle de la femelle. Le cit. Félix Cassal est cependant parvenu à les faire obéir à quelques-uns de ses ordres. Il les force à se coucher quand ils sont debout, et à se lever quand ils sont couchés. Mais ils ne cèdent qu'en grondant, ils n'obéissent qu'avec lenteur; et pour leur imposer cette soumission involontaire, il faut qu'il grossisse sa voix, qu'il crie avec force, qu'il les menace d'un fouet redoutable.

Ainsi, parmi les animaux, comme dans l'espèce humaine, la crainte seule fait fléchir les tyrans.

Le 3 Fructidor an II.

FELIS PARDUS. Lin. LA PANTHÈRE (Mâle) (Cinquième de la grandeur)

Peinte sur Velin par Marechal. Gravée par Miger.

LA PANTHÈRE.

FELIS PARDUS.

L'HISTOIRE des grands Chats à peau tachetée, a été tellement embrouillée par les anciens et par les modernes, que les efforts successifs de Gessner, de Bochart et de Buffon, n'ont pu parvenir encore à y porter la lumière; en général, pour éclaircir une nomenclature, il faut commencer par déterminer positivement sur quelles espèces elle a pu porter, et c'est ce que peu de naturalistes sont en état de faire, faute de moyens d'observation; c'est là l'unique cause de cette confusion qui dégoûte les commençants de l'étude de la nature.

Les auteurs systématiques les plus récents, établissent cinq espèces de grands Chats à taches rondes; savoir: la Panthère, *Felis Pardus;* le Léopard, *Felis Leopardus;* l'Once, *Felis Uncia;* le Jaguar, *Felis Onza;* et le Guépard, *Felis Jubata;* ce sont là les seules qui puissent prêter à quelque ambiguïté, car le Tigre royal, *Felis Tigris,* se distingue facilement par ses bandes transversales, et tous les autres, ou par l'uniformité de leur couleur, comme les différents Couguars, *Felis concolor, discolor,* ou par leur petitesse, comme l'Ocelot, *Felis Pardalis,* le Serval, *Felis Serval,* ou par le peu de netteté de leurs taches, comme les différents Lynx, *Felis Lynx; Chaus, Rufa, Manul, Caracal,* etc.

Celle des cinq espèces qui a donné lieu à plus d'erreurs, est le Tigre d'Amérique, appelé, au Paraguay et au Brésil, *Jaguar* ou *Jaguareté;* c'est le plus grand et le plus féroce des animaux carnassiers du nouveau continent; et tous ceux qui l'ont observé dans le pays même, Bolivar, Ulloa, Estavan, la Condamine, Cattaneo, Sonnini et d'Azzara, le décrivent comme égalant presque en grandeur le Tigre proprement dit, ou Tigre royal. Margrave avait aussi entendu parler d'individus de cette grandeur, mais il n'en vit qu'un petit qu'il jugea être d'une seconde espèce, et c'est celui-là qu'il décrivit sous le nom Brasilien de *Jaguara,* en portugais *Onza.* On croit aussi au Paraguay, qu'il y a une espèce secondaire de Jaguareté qu'on nomme Onça. Buffon, que ses idées systématiques portaient à diminuer toutes les espèces américaines, adopta de préférence la description de Margrave, et sans faire attention à ce que celui-ci ne rapportait qu'en passant d'une espèce plus grande, il rejeta comme exagérée la description que Grégoire de Bolivar donne de cette dernière. Ayant reçu d'Amérique un Ocelot mal conservé, il le crut un Jaguar, et le fit décrire et dessiner sous ce nom, tom. 9 pl. 18; il répète la même faute une seconde fois en faisant représenter un autre Ocelot, suppl. tom. 3 pl. 39, sous le nom de Jaguar de la Nouvelle Espagne.

Cette erreur avait été commise avant lui par les éditeurs d'Hernandès; Recchi ayant recueilli, pour l'ouvrage de ce célèbre espagnol, deux figures enluminées des deux sexes de l'Ocelot, dont l'une portait pour titre *Tlatlauqui-Ocelotl,* et l'autre *Tlaco-Ocelotl,* Faber et Columna crurent qu'elles représentaient des animaux différents, et comme elles n'étaient accompagnées d'aucune indication écrite, Faber rédigea ses descriptions d'après ces figures grossières, et Columna appliqua à la première la description verbale que lui fit le capucin Bolivar, des mœurs du *grand Tigre d'Amérique*, qui n'est autre que le *Jaguar*, et à la seconde, l'histoire de ce que ce même Bolivar nommait *Panthère d'Amérique* et qui est le véritable *Ocelot.*

Il est résulté de cette confusion que nous n'avons encore de description du Jaguar, suffisante pour un naturaliste, que celle d'Azzara, et que nous n'en avons aucune bonne figure; car quoique d'Azzara juge que celle envoyée par Collinson à Buffon, et insérée par celui-ci dans son supplément, tom. 3, est faite d'après un Jaguar, il est facile de voir, en la comparant avec la description d'Azzara, qu'elle n'est point exacte, et Pennant la regarde comme celle de son Léopard à crinière. Autant qu'on peut se représenter un animal d'après une simple description, il résulterait de celle d'Azzara, que le vrai Jaguar ne diffère de la Panthère que par une taille plus considérable et des taches annulaires plus grandes sur les côtés.

Cette ressemblance et l'idée trop restreinte que donnait de la taille du Jaguar la description de Buffon, excusent Pennant d'avoir cru que la Panthère d'Afrique existe aussi dans l'Amérique. Il n'y existe certainement point d'autre grand Tigre que le Jaguar. Mais nos naturalistes en placent encore quatre dans l'ancien : c'est ceux-ci que nous allons à présent discuter, en distinguant soigneusement les faits isolés d'observation, qui peuvent être tous vrais, d'avec les rapprochements partiels qu'on en fait et les conclusions forcées qu'on en tire, sources de presque toutes les erreurs des livres.

Plusieurs voyageurs rapportent qu'on emploie en Orient, pour la chasse, un animal du genre des Chats, qu'ils nomment Panthère, Léopard, ou petite Panthère. Albert-le-Grand fait déjà mention de cet usage, et dit que les Italiens nommaient, de son temps, ce Léopard-chasseur, *Leunza.* Gessner dérive ce mot de Lynx, quoiqu'on ait pu aussi bien le dériver de *Leo*, ou du mot latin *Uncus;* de là est sans doute venu le mot d'*Uncia* employé par Isidore et par Caïus, et celui d'*Onza* appliqué au Jaguar, par les Portugais du Brésil. Tavernier et Chardin appèlent aussi Once le Léopard-chasseur des Persans, que ceux-ci nomment Youzze. Dans la foule de témoignages qui parlent de cette coutume, il ne se trouve aucune bonne description de l'animal; on s'accorde seulement à dire qu'il est plus petit que la Panthère.

Buffon ayant trouvé, chez les fourreurs, des peaux nommées de Tigres d'Afrique, dont le fond était plus blanc que celui des peaux de Panthères ordinaires, les taches plus grandes, moins régulières, et le poil plus long et moins égal, il jugea qu'elles devaient provenir de l'Once, et c'est seulement d'après ses inductions que cette espèce a été placée dans la liste des animaux; et comme les auteurs arabes et les voyageurs modernes qui ont été en Barbarie, parlent de deux animaux tigrés habitants en ce pays, un grand nommé Nemer, et un petit nommé Feed, Buffon a conclu que ce dernier devait être l'Once: tandis que la même différence de grandeur ayant été indiquée pour les animaux tigrés de Guinée, il a établi pour ce pays-là une troisième espèce qu'il a nommée Léopard.

Cependant, les lambeaux de descriptions que quelques voyageurs nous donnent de leur Tigre-chasseur, ou des synonymes qui lui sont attribués, ne s'accordent pas tous avec les peaux que Buffon a cru lui appartenir. Schaw dit que le Faadh a la peau plus obscure que la Panthère, et Prosper Alpin décrit son animal chasseur comme ayant sur tout le corps de petites taches rondes. De plus, Pennant rapporte tout ce que Tavernier et Bernier ont dit des Tigres-chasseurs de l'Inde, à une autre espèce à poil brunâtre, un peu plus long sur la nuque que sur le reste du corps, à taches noires, rondes et pleines, dont il donne une très-mauvaise figure, en en citant une de Schreber qui ne vaut pas mieux, et en y rapportant la fig. 39 du suppl. tom. 3 de Buffon, que d'Azzara croit un Jaguar, et qui n'a point de long poil sur la nuque; il y rapporte encore le Guépard, dont la peau a été aussi trouvée chez les fourreurs et bien décrite par Buffon, d'après la description duquel les deux dessins ci-dessus paraissent avoir été imaginés; mais ce Guépard est de la taille d'un Lynx, et Buffon le croit le même que le Loup tigré de Kolbe, qui n'est autre que l'Hyène tachetée; d'ailleurs, d'où Pennant a-t-il tiré ces détails sur sa patrie et sur l'emploi qu'on en fait à la chasse? Ce naturaliste anglais n'en admet pas moins que l'Once existe dans tout le nord de l'Afrique et tout le milieu de l'Asie, et qu'on l'emploie, dans toutes ces contrées, à la chasse.

Nous avouons que ces divers résultats ne nous ont point semblé pouvoir satisfaire une critique éclairée, et qu'ils contredisent en quelques points ce que nous avons observé nous-mêmes, tant sur un assez grand nombre d'animaux entiers, soit vivants, soit empaillés, que sur une multitude de peaux que nous nous sommes fait représenter chez les marchands. D'abord, la nomenclature que ceux-ci employaient du temps de Buffon, n'est plus la même aujourd'hui; aucun d'eux ne connaît le mot de Guépard, quoique quelques-uns ayent vu le Lynx à crinière; ensuite ils ne distinguent point le Léopard de l'Once; mais tout ce qui n'a pas des taches œillées porte le nom de Tigre, et tout ce qui a ces taches œillées celui de Panthère: or, il y a tant de variétés dans ces peaux, depuis les taches composées d'un cercle entier avec un point au milieu, jusqu'à celles dont le cercle extérieur est plus ou moins interrompu, et à celles qui ne représentent que des roses ou des amas irréguliers, qu'il est impossible de savoir ou s'arrêter; Buffon lui-même ne donne de taches œillées, dans ses figures, qu'à la Panthère femelle: le mâle n'a que des taches en roses; le fond de la couleur ne varie pas moins que les taches; il passe par nuances insensibles du fauve au jaune doré, au jaune pâle et au blanchâtre. Qui ne verrait que deux peaux extrêmes, établirait des espèces; mais en voyant les intermédiaires, il les effacerait.

Les taches œillées ne se trouvent d'ordinaire que sur les plus grandes peaux, et pourraient bien être le caractère de l'état adulte; les Panthères ordinaires des ménageries n'en ont presque jamais qui soient parfaitement telles. Le citoyen Desfontaines a rapporté de Barbarie, sous le nom de Panthère, une peau qui se rapproche tellement de celles que Buffon attribue à l'Once, qu'on aurait peine à l'en distinguer. Ce savant n'a point entendu dire qu'on se serve de cet animal à la chasse dans ce pays; et le citoyen Olivier qui a vu en Perse l'espèce qu'on y emploie, la décrit comme plus petite que le Lynx. Ludolphe place en Abyssinie deux animaux tigrés; l'un à grandes taches noires; l'autre à petites taches disposées en roses: c'est ce dernier qu'il nomme Panthère; il appèle le premier Tigre, mais il n'établit entre eux aucune différence de grandeur. Presque tous ceux qui ont été dans le midi de l'Afrique, décrivent aussi deux ou trois animaux tigrés, dont ils nomment l'un Tigre et l'autre Panthère, mais il est facile de voir que leurs Tigres sont toujours les mêmes que nos Panthères actuelles, et que leurs Panthères sont des espèces secondaires beaucoup plus petites, comme le Serval ou autres. Bosman avoue qu'il n'a pu reconnaître parmi les Tigres de Guinée aucunes différences fixes.

Au milieu de ces incertitudes et de ces contradictions, nous n'avons qu'un parti à prendre, c'est de décrire exactement et successivement ce qui s'offrira à nous, comme si rien n'eût été fait. C'est là le but principal d'une ménagerie, et nous espérons que l'ouvrage actuel atteindra ce but, autant qu'il sera possible, avec nos moyens.

L'animal que nous allons décrire est celui que les marchands d'animaux nomment ordinairement Panthère; il nous est apporté d'ordinaire des côtes de Barbarie, et se prend dans les forêts du Mont Atlas. Nous en avons eu quatre individus à la ménagerie; deux sont encore vivants: c'est le plus jeune des quatre, mort il y a deux ans, qui a servi d'original à cette gravure. Celui que je prends pour sujet de ma description, est le plus grand des deux qui vivent aujourd'hui: il a le fond du poil d'un fauve clair, sur le dessus et les côtés du corps, et sur la face externe des membres; leur face interne et tout le dessous du corps sont d'un blanc un peu tirant sur le cendré; toutes les parties sont couvertes de taches, excepté le nez qui est d'un gris-fauve uniforme; les taches de la tête, du cou, du haut des épaules et des quatre jambes, sont pleines, petites et ne forment ni anneaux ni roses; elles sont plus grandes sur les jambes de derrière qu'ailleurs; celles des parties postérieures du dos sont en forme d'anneaux noirs, interrompus, et dont le milieu est un peu plus foncé que le reste du poil; celles des côtés du corps forment des anneaux plus petits et plus interrompus que les précédents. Tout le dessous du corps et le dedans des membres ont de grosses taches noires, simples et irrégulières; elles forment sous le cou deux ou trois bandes noires, interrompues. Les taches du bout de la queue sont plus grandes que les autres et placées sur un fond plus pâle. La mâchoire inférieure est blanche, avec une grande tache noire sur chaque côté qui contribue beaucoup à donner du caractère à la physionomie; la mâchoire supérieure est fauve, et a des lignes de points noirs disposés très-régulièrement.

L'autre individu vivant diffère de celui-là, en ce qu'il est un peu plus petit, que son pelage est plus gris, ses anneaux plus interrompus, leur milieu plus pâle, et en ce que les taches en anneaux se portent plus avant sur le cou et plus bas sur les cuisses. Sa tête paraît un peu plus fine et ses pieds de devant un peu plus larges. Le jeune individu qui a servi de modèle à la figure, avait les taches et anneaux plus larges, les taches pleines des cuisses beaucoup plus grandes, et celles de la queue plus petites. Le fond de son pelage était d'un fauve plus vif.

La peau rapportée par le citoyen Desfontaines a en général plus de noir, et les taches du milieu du dos sont si rapprochées qu'elles semblent faire une bande noire qui suit la direction de l'épine. Le fond de cette peau est plus pâle que celui des nôtres.

Ces peaux à fond pâle, mais dont les taches sont larges et espacées comme celles de l'individu gravé, se trouvent chez les fourreurs: ils recherchent de préférence cette variété pour les couvertures de chevaux, et c'est sans doute celle dont Buffon aura fait son Once, tandis que les peaux à fond fauve auront été regardées par lui comme appartenant à son Léopard: nous sommes persuadés qu'elles viènent toutes de la même espèce.

Nous avons hésité quelque temps à prononcer affirmativement sur la grande Panthère des fourreurs, à taches parfaitement œillées; est-ce l'animal que nous venons de décrire, parvenu à un âge avancé? Est-ce sa femelle qui, au rapport des anciens, est toujours plus grande que le mâle? Est-ce une espèce différente? On ne pourra décider les deux premières questions que lorsqu'on aura vu l'animal entier vivant et son squélette, ou lorsque les voyageurs ne se contenteront plus d'indiquer d'une manière vague les animaux à peau tigrée, mais qu'ils en donneront de bonnes figures et des descriptions exactes, toutes les fois qu'ils le pourront. Quant à la dernière question, nous croyons pouvoir la nier, parce que nous avons vu depuis peu, au cabinet de l'école vétérinaire d'Alfort, deux Panthères de même grandeur, et prises dans le même pays, dont l'une a des taches en forme d'yeux, et l'autre de simples anneaux interrompus. Nous pensons donc qu'il faut effacer l'Once et le Léopard de la liste des quadrupèdes, pour n'y laisser que la Panthère.

Les Grecs ont connu la Panthère sous le nom de *Pardalis*; Xénophon en décrit la chasse; Aristote indique avec exactitude plusieurs traits de son organisation, et Oppien en donne une description assez reconnaissable; il en indique même de deux grandeurs différentes, dans lesquelles on a voulu reconnaître la grande Panthère et l'Once, quoiqu'il dise que sa petite espèce est la même que le Lynx.

Les Romains donnèrent au Pardalis le nom de *Panthéra*, qu'ils tirèrent d'un mot grec qui désigne un tout autre animal. On voit, par la description qu'en donne Pline, que c'était sur-tout la variété à fond blanchâtre qu'ils désignaient par ce nom. Jamais aucun peuple ne vit autant de Panthères que celui de Rome. Scaurus en montra cent cinquante à la fois à ses jeux, Pompée quatre cent-dix, Auguste quatre cent-vingt. Elles étaient alors plus communes et plus répandues qu'aujourd'hui; l'Asie mineure en était pleine: Cœlius écrivait à son ami Cicéron qui gouvernait la Cilicie : « Si je ne montre » pas dans mes jeux des troupeaux de Panthères, on vous en attribuera la faute. » Xénophon en place même en Europe, sur le mont Pangée en Thrace, et au nord de la Macédoine; mais peu de temps après Aristote assure qu'il n'y en avait plus qu'en Asie et en Afrique.

Le mot *Pardus* a été employé par les Romains, d'abord sans doute pour exprimer quelque variété de couleur, qu'ils ont cru ensuite devoir attribuer au sexe, et enfin ce mot a été regardé comme synonyme de celui de *Panthéra*; quant à *Léopardus*, il a désigné dans son origine un produit supposé du Lion et de la Panthère, que l'on disait être un Lion sans crinière; on l'a employé depuis Jules-Capitolin, pour désigner la Panthère elle-même.

Aujourd'hui la Panthère et ses variétés sont communes dans toutes les parties de l'Afrique, depuis la Barbarie jusqu'au Cap. Les plus belles viènent de Maroc et de Constantine. Si le Tigre-chasseur des Persans n'était pas une sorte de Lynx, comme je le crois, il faudrait admettre que la Panthère ou sa variété blanchâtre, l'Once, s'étendent fort avant dans la haute Asie, et qu'il y en a jusque sur les frontières de la Tartarie Chinoise. On assure même que la Chine fournit à la Russie des peaux tigrées toutes semblables à celles d'Once.

La force de la Panthère, les grands sauts qu'elle peut exécuter, ses canines aiguës, ses ongles tranchants, en font un animal très-dangereux; sa manière de chasser consiste à se tenir en embuscade dans un buisson et à s'élancer sur la proie qui vient à passer; elle détruit beaucoup de Singes, d'Antilopes, de Bufles, et l'Homme n'est pas toujours à l'abri de ses attaques, mais seulement, au rapport de Léon l'Africain, lorsqu'elle le rencontre dans quelque chemin étroit. Sa proie favorite est le Chien, mais elle ne recherche pas beaucoup les Moutons, *Léon afr.*, p. 381. Il paraît qu'en Abyssinie sa férocité augmente dans la même proportion que celle de l'Hyène, car Ludolphe assure qu'en ce pays elle n'épargne jamais l'Homme.

On ne sait rien de positif sur sa génération; dans l'état de captivité elle ne s'adoucit que médiocrement; cependant, tant qu'elle est jeune, elle aime à jouer avec son maître et imite parfaitement les mouvements d'un jeune Chat. Elle mange cinq à six livres de viande par jour, rend des excréments très-liquides, à moins qu'on ne lui ait donné des os, urine en arrière, et se plaît à lancer son urine contre ceux qui la regardent.

Nous ne connaissons de bonnes figures de la Panthère que celles de Buffon copiées par Schreber.

CANIS HYÆNA — L'HIÈNE (6ème de la Grandeur)

Peinte sur Velin par Maréchal, Gravée par Miger.

L'HYÈNE.

CANIS HYÆNA. LINN.

LA description qu'Aristote donne de cet animal, prouve qu'il l'a parfaitement connu; il lui attribue la grandeur et la couleur du Loup, avec une crinière semblable à celle du Cheval, mais qui s'étend tout le long du dos, *hist.* VI. 32; il attaque l'Homme, ajoute-t-il, et recherche la chair humaine jusque dans les tombeaux, *Ibid.* VIII. 5. Ce grand naturaliste réfute ensuite en détail l'erreur déjà répandue de son temps, que l'Hyène réunissait les deux sexes; il montre que cette erreur vient de la fente sans issue située sous sa queue, qu'on avait prise pour l'organe du sexe féminin, et de ce que les femelles sont plus rares que les mâles, et qu'on en prend à peine une sur six individus. *Hist.* VI. 32; *de Generat*, III. 6. Mais ces idées raisonnables furent bientôt étouffées par des fables absurdes. Les Romains n'ayant vu d'Hyène que fort tard, sous Gordien qui en fit voir dix, n'en parlèrent long-temps que sur les rapports des voyageurs, et d'après les récits toujours merveilleux des Orientaux. L'Hyène, pour eux et pour les Grecs qui ont écrit sous leur domination, n'est plus simplement hermaphrodite; elle change de sexe tous les ans, *Pline* VIII. 30, et devient alternativement mâle et femelle; elle ne se borne plus à attirer les Chiens en imitant le vomissement, elle contrefait la voix humaine et appèle les Hommes par leur nom pour les égarer; son ombre ôte aux Chiens le sens et la voix, *id. ib: Ælien* VI. 1er. et III. 7; son seul regard rend les animaux immobiles; son pied gauche assoupit sur le champ tout ce qu'il touche, *Ælien* VI. 14, et comme un être aussi extraordinaire ne pouvait manquer d'être doué de propriétés miraculeuses, la liste des remèdes magiques ou bizarres que fournissent toutes les parties de son corps est presque interminable. *Pline* XXVIII. 8.

On en avait aussi singulièrement altéré la description; son cou n'était point composé de vertèbres, mais formé d'un seul os attaché fixement à l'épine; et sa bouche dépourvue de gencives, n'avait aussi qu'un seul os continu au lieu de dents.

Oppien avait ajouté un trait précieux à la description d'Aristote; l'Hyène, avait-il dit, a le pelage varié de lignes transversales noires; mais ce fait était comme enfoui dans cette quantité de fables, et les premiers naturalistes modernes furent très-embarrassés pour retrouver l'Hyène des anciens. Pierre Bélon imagina que c'était la Civette; cet animal, par un singulier hazard, porte aussi tous les caractères de forme et de couleur assignés à l'Hyène par les anciens; une crinière le long du dos, une poche sous la queue, des raies transversales noires sur le corps; mais sa taille est beaucoup moindre, et son odeur n'aurait pas manqué d'être remarquée. Cependant Bélon avait été dans les pays qu'habite l'Hyène, et il en possédait, sans le savoir, une figure assez exacte; mais celui qui la lui avait donnée l'avait intitulée *Loup-Marin*, sans autre désignation; et Bélon la confondant avec le *Phoque* de la mer du Nord, qui porte aussi dans quelques pays le nom de *Loup-Marin*, transforma un quadrupède des déserts de Syrie et d'Afrique, en un amphibie des côtes d'Angleterre. Son erreur a passé dans Gessner, dans Aldrovande et dans Jonston.

Le premier qui reconnut la véritable Hyène, fut le célèbre *Auger de Busbec*, ambassadeur de l'Empereur près de Soliman II, qui vit deux de ces animaux à Constantinople; ce qui est singulier, c'est qu'il les reconnut par un caractère faux; la rigidité de leur cou lui fit croire qu'elles n'y avaient point de vertèbres. Kœmpfer ayant vu ensuite l'Hyène en Perse, la décrivit sans équivoque, et dès-lors les opinions des naturalistes n'ont plus varié à son sujet.

L'Hyène ne peut rester dans le genre du Chien, où l'a placée Linnæus; ses mâchoires plus courtes et plus fortes, armées de quatre dents de moins, la rapprochent des Tigres, ainsi que les piquants qui garnissent le milieu et l'extrémité de sa langue. Ce dernier caractère lui est aussi commun avec les Civettes, dont elle se rapproche encore par la poche qu'elle a sous la queue. Enfin le nombre de ses doigts, qui est de quatre seulement à chaque pied, suffirait seul pour la distinguer de tous les autres grands carnassiers. Ses intestins diffèrent peu de ceux des Tigres; on remarque dans son squélette la brièveté des lombes, composés de quatre vertèbres seulement, et le petit os qui tient lieu de pouce, mais qui reste caché sous la peau. La poche qu'elle a sous la queue, est le réceptacle d'une humeur onctueuse et fétide, fournie par plusieurs glandes particulières.

L'aspect de l'Hyène a quelque chose de bizarre et d'effrayant; son museau court et tronqué, sa gueule fendue, ses grandes oreilles nues, la crinière qu'elle relève, la férocité continuelle de ses menaces, affectent désagréablement; mais ce qui surprend le plus en elle, c'est sa démarche; elle tient son train de derrière toujours beaucoup plus bas que celui de devant, non qu'il soit tel par la proportion des os qui le composent, mais parce qu'elle en plie fortement toutes les articulations, et cette habitude lui donne l'air de boiter lorsqu'elle commence à marcher. Les auteurs Arabes ont observé ce boitement; Bruce et Skioldebrand l'ont confirmé, et l'Hyène de la ménagerie le montre d'une manière très-marquée.

L'individu que nous décrivons, et qui a été acheté en Angleterre pour la ménagerie, mais dont on ignore le pays natal, a tout le poil d'un gris-blanc, un peu tirant sur le jaunâtre; des bandes transversales irrégulières, d'un brun noir, occupent les côtés du cou, ceux du corps et les membres; la crinière et la queue sont toutes grises, le dessous du corps blanchâtre, la gorge et le dessous du cou d'un brun noir, le front et les joues d'un gris fauve, le museau presque nud d'un brun foncé, ainsi que la face externe des oreilles qui est aussi presque nue; leur face interne est garnie de poils gris. Les deux Hyènes décrites par Buffon avaient à peu près les mêmes couleurs, mais on rencontre aussi quelques variétés à cet égard. Un individu conservé dans le cabinet, a tout le fond du poil d'un jaune-roussâtre pâle, et les taches d'un fauve-roussâtre un peu foncé. Un autre individu également conservé au cabinet, est presque entièrement d'un brun noirâtre; quelques taches grisâtres annoncent à peine la direction des bandes qu'on voit sur les deux premiers. Celui-ci est probablement de la variété observée par Bruce en Nubie et en Abyssinie.

L'Hyène vivante n'a pu être mesurée à cause de sa férocité; elle paraît avoir trois pieds et demi de longueur; l'individu jaunâtre a trois pieds six pouces, et le brun, trois pieds dix pouces. Buffon en a observé une de trois pieds neuf pouces, et une autre de trois pieds deux pouces; mais il y en a de beaucoup plus grandes. Félix Cassal en a vu, en Barbarie, de près de cinq pieds, et celle d'Abyssinie, décrite par Bruce, avait cinq pieds neuf pouces anglais.

L'Hyène est très-forte; celles qu'on a fait combattre en Europe, se sont rendues maîtresses des plus grands chiens; elles commencent toujours par leur couper les jambes, avec les dents, avant de les étrangler. Kœmpfer raconte qu'elle a fait quelquefois fuir des lions; et en effet, lorsque l'on considère la grandeur de ses dents et l'épaisseur des muscles de ses mâchoires, on juge que sa morsure doit être terrible. Elle emporte, dit-on, le corps d'un homme dans ses dents sans le laisser toucher à terre. Elle joint à sa force une insatiable voracité; toutes les nuits elle vient dans les villes pour y ramasser les immondices, les charognes et les restes des bêtes tuées aux boucheries; en Abyssinie, où une coutume horrible laisse épars dans les rues les cadavres des personnes exécutées, des troupeaux d'Hyènes descendent chaque nuit des montagnes pour s'en repaître; les passants en sont quelquefois poursuivis; elles s'introduisent même dans les maisons où elles dévorent jusqu'aux suifs et aux pelleteries; elles rodent autour des troupeaux, suivent sans relâche les caravannes, non seulement pour dévorer les cadavres des animaux et des hommes qui meurent en route, mais pour attaquer tout ce qui s'écarte; elles se jètent plutôt sur les mulets et sur les ânes que sur les cavaliers; mais la chair qu'elles aiment le mieux, est celle des chiens qu'elles poursuivent et qu'elles combattent partout avec une espèce de fureur: ce fait avait déjà été remarqué dans la Bible. Les pierres et les épines dont les Mahométans ont soin de garnir leurs tombeaux, n'empêchent pas les Hyènes de venir les violer et d'en enlever les corps. Cependant cet animal peut aussi prendre des nourritures végétales; en Barbarie et en Syrie il recherche avec avidité les oignons et les racines charnues des diverses plantes, et creuse la terre pour les trouver. Félix Cassal, gardien de la ménagerie, en a long-temps possédé une qu'il nourrissait avec du pain et du lait.

En général, lorsque l'Hyène a saisi quelque chose avec les dents, elle ne lâche prise qu'avec la vie. Les Maures lui donnent à prendre un des bouts d'un grand sac fait exprès, et une fois qu'elle le tient dans sa gueule, elle se laisse traîner et même percer de coups plutôt que de l'abandonner, (*Skioldebrand, narratio de Hyæna, nov. act. Ups.* vol. 1, p. 80); aussi a-t-elle fait proverbe, et pour désigner un opiniâtre, on dit: il a une tête d'Hyène. En Barbarie, cet animal est craintif le jour; on peut enfermer alors avec lui des animaux faibles sans qu'il y touche, tandis que la nuit il les dévorerait sans pitié. Lorsque les chasseurs pénètrent dans sa caverne avec des flambeaux, ils le saisissent sans qu'il fasse de résistance et le traînent dehors avec un lacet; mais Bruce dit qu'en Abyssinie, où les Hyènes sont plus grandes et habituées à la chair humaine, elles ont plus de courage, chassent en plein jour les animaux et attaquent l'homme toutes les fois qu'elles sont en force. Ludolphe dit aussi qu'en Abyssinie l'Hyène attaque l'homme et vient forcer les portes des étables en plein jour. Une Hyène de Barbarie, qui avait été prise au piége, eut la force de se couper elle-même la jambe pour s'échapper; Félix a été témoin de ce fait auprès de la Calle.

L'opinion générale est que l'Hyène ne s'apprivoise pas; celle de la ménagerie est encore absolument féroce; elle semble haïr son gardien plus encore que toute autre personne, et il suffit qu'elle l'apperçoive pour qu'elle entre en fureur. Cependant ce même gardien en avait autrefois une si douce qu'il la laissait libre dans sa chambre, et il s'y fiait si bien qu'il lui nettoyait lui-même les dents lorsqu'elle avait dévoré quelque animal. Buffon parle aussi dans son supplément, d'une Hyène qui connaissait son maître et qui lui obéissait avec docilité. Pennant en cite une troisième, et il pense qu'elles arriveraient toutes à cet état si on les prenait jeunes, et surtout si leurs maîtres n'entretenaient pas continuellement leur mauvaise humeur par des provocations réitérées.

L'Hyène de la ménagerie ne mange que cinq à six livres de chair par jour; elle ne marche que le jour et dort toute la nuit; et c'est une chose remarquable, que les animaux enfermés observent tous ce genre de vie, même quand leur naturel les porte à en suivre un tout contraire dans l'état sauvage. Ses excréments sont solides, durs, globuleux, jaunâtres et fétides; elle urine peu et en s'accroupissant à demi sans lever la cuisse. Elle ne crie jamais que quand on l'irrite, et rend alors un cri de colère assez semblable à celui des autres carnassiers dans le même cas. La voix naturelle de l'espèce est comparée, par quelques naturalistes, au bruit que fait un homme qui vomit avec effort. On est dans une ignorance absolue sur tout ce qui a rapport à la propagation de l'Hyène; seulement la forme de la verge du mâle fait croire que les deux sexes ne restent pas attachés comme les chiens dans l'accouplement, et comme la femelle n'a que quatre mamelles, il est probable que ses portées ne sont pas nombreuses.

Le climat natal de l'Hyène comprend presque tous les pays que nous appelons communément le Levant, c'est-à-dire la Perse, l'Arabie, une partie de l'Asie mineure, la Syrie et l'Égypte; elle s'étend encore dans toute la Barbarie. La seconde espèce de ce genre, ou *l'Hyène tachetée*, qui se trouve aussi, quoique plus rarement, en Barbarie, paraît occuper seule les contrées au sud du Sénégal jusqu'au cap de Bonne-Espérance. L'Hyène d'Abyssinie et de Nubie, que Bruce a voulu distinguer de celle de Syrie et de Barbarie, n'en diffère en rien d'essentiel. Nous ne savons pas jusqu'où cet animal s'est porté du côté de l'Orient; mais comme il est très-commun en Perse, il peut bien y en avoir dans quelques parties des Indes. Je ne trouve cependant à cet égard d'autre témoignage que celui de Porphyre, qui ne peut aujourd'hui faire foi en histoire naturelle.

Les bonnes figures de l'Hyène ne sont pas nombreuses; Buffon en a donné deux dont la seconde est meilleure que l'autre, sans être absolument parfaite; il y en a une troisième assez exacte, quoique peu pittoresque, dans le voyage de Bruce. Celle du Loup marin de Bélon, copiée par Gessner, Aldrovande et Jonston, est reconnaissable quoique grossière. Celle de Riedinger, copiée par Schreber, n'est pas dans cette attitude tranquille que demandent les naturalistes.

FELIS SERVAL — LE SERVAL.

LE SERVAL.

FELIS SERVAL. LINN.

On sait très-peu de chose touchant l'animal qui fait l'objet de cet article, et ce qu'on croit en savoir n'est pas même bien certain; il n'a été clairement décrit avant nous que par deux naturalistes, Perrault et Buffon, qui ont été copiés par tous ceux qui en ont parlé après eux: or, ils n'avaient vu, comme nous, cet animal que dans des ménageries, où l'on n'avait point de renseignements authentiques sur son pays natal et sur ses habitudes dans l'état sauvage. Comme on donnait à l'individu que Perrault décrivit, le nom de *Chat-pard*, il supposa que « cet animal était du nombre de ceux qui » sont engendrés par le mélange de deux différentes espèces, et qu'il devait être mis » au nombre des nouveautés que l'Afrique produit tous les jours, suivant le sentiment » d'Aristote et de Pline qui, rendant raison de la fécondité que l'Afrique a pour les » monstres, disent que la sécheresse de ses déserts oblige les bêtes sauvages à s'assem- » bler aux lieux où il y a de l'eau, et que cette rencontre donne occasion à des » animaux de différentes espèces de s'accoupler et d'engendrer des espèces nouvelles, » lorsqu'il arrive qu'ils sont égaux en grandeur, et que le temps qu'ils ont accoutumé » de porter leurs petits n'est pas beaucoup différent. »

Perrault raisonne suivant cette hypothèse dans tout le reste de son article, et quoiqu'il ne dise pas positivement qu'il y ajoute foi, on peut dire aussi qu'il ne prend pas la peine de la réfuter assez.

Buffon avait reçu son individu sous le nom de *Chat-tigre*, et il a regardé comme identiques avec lui, tous ceux que les voyageurs ont nommés ainsi, et particulièrement le *Chat-tigre du Cap*, de Kolbe, celui *du Gange*, de Luillier, et le *Serval* ou *Maraputé du Malabar*, du père Vincent-Marie; c'est même de ce dernier qu'il a emprunté le nom de Serval pour le donner à son animal.

Il nous semble que ces différentes descriptions ne s'accordent ni entre elles, ni avec l'espèce de Buffon. *Luillier* dit que son Chat-tigre est grand comme un Mouton, et *Vincent-Marie* fait le sien plus petit que la Civette. Ni l'une ni l'autre taille ne se rapporte avec celle de notre animal. Quant au *Chat-tigre* du cap de Bonne-Espérance, il est bien connu aujourd'hui par la description qu'en a donnée Forster, dans les transactions philosophiques, tom. LXXI, et il est aisé de voir que ce n'est point le Serval; il ressemble même tellement à la Genette du Cap, de Buffon et de Sonnerat, (*vivena malaccensis.* Gmel.) que la seule raison qui nous fasse hésiter à le regarder comme de la même espèce, est que Forster ne fait mention d'aucune odeur dans la description de son Chat-tigre.

Nous n'avons rien à dire non plus de certain sur la vraie patrie du Serval. Celui qui a vécu dans cette ménagerie, avait été acheté originairement au Havre, avec un roi des Vautours et un Papion, d'un capitaine américain; mais celui qui a vendu ensuite ces animaux au Muséum, n'a pu dire si le Serval venait du pays du Vautour, qui est l'Amérique, ou de celui du Papion, qui est l'Afrique. Quelques marchands d'animaux, que nous avons consultés, ont prétendu que les Chats-tigres viènent tous d'Amérique; mais ces gens là confondent sous le nom de Chats-tigres, les Ocelots et d'autres espèces, et nous ne trouvons d'ailleurs, dans aucun des auteurs qui ont décrit les animaux d'Amérique, rien qui se rapporte à notre espèce actuelle.

L'individu représenté sur la planche, a passé six ans en France, dont trois à la ménagerie du Muséum, sans avoir éprouvé de changement notable dans la taille et dans les couleurs. Il était mâle, et avait, du bout du museau à la racine de la queue, vingt-quatre pouces; depuis le sol jusqu'au garrot, un pied; longueur de la tête, quatre pouces; largeur, deux pouces onze lignes; longueur de la queue, neuf pouces.

Un Lynx qui a également vécu dans cette ménagerie, comparé au Serval dans ses principales dimensions, s'est trouvé les avoir d'un quart plus considérables; mais la queue du Serval est d'un tiers plus longue que celle du Lynx. Quant aux formes, il n'y a de différence qu'en ce que la tête du Lynx est un peu plus bombée, et son museau un peu plus large que dans le Serval. Le poil du Serval est épais, assez long et très-doux. Celui du ventre est plus long et plus laineux que celui des autres parties; il n'y en a pas de bouquets à la pointe des oreilles comme dans les différentes espèces de Lynx. Le fond de la couleur est d'un jaune fauve-clair, tirant un peu sur le gris, qui pâlit à la partie inférieure; la gorge, c'est-à-dire le dessous de la mâchoire inférieure, est blanche, et séparée du reste par quelques taches noires; deux lignes noires étroites règnent le long du dos; deux autres plus larges, interrompues d'espace en espace, s'étendent obliquement sur les côtés, et une troisième encore plus oblique et plus divisée, occupe la partie supérieure de l'épaule seulement : tout le reste du corps est parsemé de petites taches irrégulières, inégales, pleines, d'un noir foncé; celles qui sont sur les jambes y forment des espèces de rubans transverses : la queue descend jusqu'au jarret, et est marquée dans toute sa longueur d'anneaux noirs sur un fond fauve.

Buffon rapporte que le Serval qui était de son temps à la ménagerie de Versailles, n'avait jamais pu être dompté ni adouci, et qu'il semblait toujours sur le point de s'élancer contre ceux qui l'approchaient. Le nôtre ne s'est pas montré moins farouche; les gardiens qui en avaient soin, les mêmes qui sont parvenus à apprivoiser le grand Tigre du Bengale, au point de s'en faire flatter et obéir comme d'un Chien, n'ont eu aucun succès avec le Serval : jamais il ne s'est laissé caresser par eux, et il ne les recevait qu'avec des coups de patte terribles. Il joignait à sa férocité une agilité fort extraordinaire; il n'était pas un instant en repos et faisait sans cesse des sauts prodigieux; c'est en se frappant ainsi contre le plafond de sa loge qu'il s'est tué. La planche représente la manière particulière dont il se balançait lorsqu'il ne sautait pas : il ne dormait que la nuit, couché sur le côté.

Il ne vivait que de chair. Lorsqu'on lui donnait un oiseau ou un rat vivant, il jouait long-temps avec avant de les tuer. Il préférait le cœur de Bœuf à toute autre viande; il en mangeait chaque jour la moitié d'un; il buvait fort peu; à peine consommait-il un verre d'eau en trois jours. Ses excréments étaient de petites boules sèches et noires; il n'en faisait de liquides que lorsqu'on lui donnait du foie ou du lait. Il rendait son urine jaune et puante en arrière et très-fréquemment. Du reste, c'était un animal très-propre comme tous ceux du genre des Chats. Sa voix ressemblait au miaulement d'un Chat; elle était seulement un peu plus forte.

La figure que Buffon a donnée du Serval ne représente pas bien l'inégalité et la différence de direction dans les taches; elle a été copiée par Schreber et par Shaw, mais assez mal enluminée d'après les descriptions. Celle de Perrault rend mieux les taches; mais elle est faite d'après un individu excessivement engraissé dans une ménagerie.

Peint par Maréchal. — *Gravé par Miger.*

VIVERRA CIVETTA — LA CIVETTE.

Quart de la Grandeur

LA CIVETTE.

VIVERRA CIVETTA.

On trouve dans les pays chauds de notre continent, quelques quadrupèdes qui, en même temps qu'ils se rapprochent des Martes, par la forme alongée de leurs corps, ressemblent un peu aux Chats, par les épines qui revêtent leur langue, et par leurs ongles à demi redressés lors de la marche, et conservant ainsi une partie de leur tranchant et de leur pointe. La plupart de ces quadrupèdes se font encore remarquer par une odeur agréable qu'ils doivent à une sorte de pommade produite par des glandes situées au-dessous de leur anus, et plus ou moins développées selon les espèces.

Linnæus les avait d'abord rapprochés du *Blaireau*; il en a fait ensuite, avec raison, un genre particulier, sous le nom de *Viverra*; mais il leur a depuis associé des animaux différents, comme la Mangouste et les Mouffettes, et son nouvel éditeur ayant porté cet abus encore plus loin, il est arrivé que ce genre *Viverra*, sans parler des espèces purement imaginaires qu'on y a fait entrer, ne répond presque plus au type primitif d'après lequel il avait été formé; c'est pourquoi nous croyons devoir le restreindre aux espèces qui réunissent les caractères indiqués ci-dessus.

Leur pelage est varié et leur taille médiocre; elles vivent de chair, d'œufs, de sang et de toutes sortes de matières sucrées; elles ont toutes cinq doigts à chaque pied, le museau assez pointu, les dents incisives au nombre de six, tant en haut qu'en bas, et rangées également, sans qu'il y en ait de rentrées en dedans comme dans les Martes: leurs molaires sont aussi au nombre de six de chaque côté, tant en haut qu'en bas, et sur les vingt-quatre, il y en a en arrière huit qui sont plates plutôt que tranchantes, ce qui permet à ces animaux de mélanger leurs aliments de quelques matières végétales. Leurs intestins présentent peu de différence entre la partie qu'on nomme *grêle* et celle qu'on nomme *grosse*; il y a cependant sur les limites de ces deux parties un petit cœcum, en quoi ces animaux diffèrent essentiellement des Martes.

Il y a des espèces dans lesquelles on observe sous l'anus une poche profonde, où les glandes déposent leur pommade odorante en assez grande quantité; ce sont les *Civettes* proprement dites; dans d'autres, on ne voit au lieu de poche qu'un léger sillon qui ne contient que quelques parcelles de cette substance; elles ne répandent qu'une odeur faible: on les nomme *Genettes*.

Ce nom de *Civette* était inconnu des anciens; il vient, dit-on, d'un mot arabe qui signifie *parfum*, et son premier emploi parmi nous a été en effet de désigner la pommade et non l'animal.

Cette substance a été long-temps un objet de commerce considérable; on la vantait beaucoup en médecine, et il a été à la mode, pour les gens qui se piquaient d'élégance, d'en porter dans leurs vêtements, comme on y a porté depuis du musc et ensuite de l'ambre. Elle entre encore aujourd'hui dans la composition de quelques médicaments et de quelques parfums; mais la consommation en est prodigieusement diminuée. On l'apportait des Indes et de l'Afrique, en Europe, par la voie d'Alexandrie et de Venise, et quelquefois on fit venir aussi, par curiosité, les animaux qui la produisaient. Cardan, Scaliger, en virent en Italie; Agricola, Kentmann, en Allemagne, et Cajus, en Angleterre. Bélon en observa un à Alexandrie, et depuis que le goût de l'histoire naturelle est devenu plus général, on en a eu dans beaucoup de ménageries. Les académiciens de Paris en disséquèrent cinq; *Blasius, Swammerdam, Morand* et *la Peyronie*, chacun un; plusieurs autres naturalistes eurent le même avantage. Cependant aucun de ces observateurs ne s'apperçut qu'ils confondaient deux espèces ou variétés différentes, dont ils mêlaient les descriptions; et *Buffon* fut le premier qui les distingua: il fit remarquer que dans les unes la queue était plus longue et nettement marquée d'anneaux blancs et noirs, tandis que dans les autres elle était plus courte et moins variée en couleur; que celles-ci avaient de plus une crinière susceptible de se redresser, qui manquait aux premières, et que leur museau était moins aigu; il réserva le nom de *Civette* à cette espèce à crinière, et donna celui de *Zibeth* à celle à queue longue et bien annelée. Mais Buffon voulut en même temps établir entre les deux espèces une distinction de climat qu'il n'est pas possible d'admettre; il est bien vrai que la Civette se trouve en Afrique; mais il n'est pas prouvé qu'elle n'existe que là, ni qu'elle y existe seule; on pourrait même douter qu'il y ait aucune preuve certaine que le Zibeth vient d'Asie. L'animal de Cajus, dans Gessner, venait d'Afrique, et était pourtant un vrai Zibeth; et celui de la Peyronie, que Buffon lui-même regarde comme un Zibeth, venait du Sénégal. La figure de Bélon elle-même, ressemble plus au Zibeth qu'à la Civette.

Il est assez singulier qu'un animal si remarquable n'ait pas été indiqué par les anciens, qui en ont connu de beaucoup plus éloignés d'eux par le climat: cependant c'est un fait certain, quoique Gyllius ait cru que la Civette était le *Pardalis*, et que Bélon ait voulu y retrouver l'*Hyæna.*

Nous avons vu à l'article de la véritable *Hyène*, ce qui a trompé Bélon; quant à Gyllius, il se fondait sur ce que disent quelques anciens, que le *Pardalis* attirait les autres animaux par une odeur agréable; mais outre que ces termes sont fort équivoques, et n'indiquent pas positivement que cette odeur plaisait aussi à l'homme, il y a des preuves positives que le *Pardalis* est notre *Panthère.* Quoi qu'il en soit de ces disputes, c'est de la Civette proprement dite que nous avons à traiter dans cet article.

Ce quadrupède a environ deux pieds trois ou quatre pouces de long, sans compter la queue, sur dix à douze pouces de hauteur au garrot. Son museau est un peu moins pointu que celui du Renard, mais il l'est un peu plus que celui de la Marte; ses oreilles sont arrondies et courtes; de longues moustaches garnissent ses lèvres; les pouces, et surtout ceux de derrière, sont plus courts que les autres doigts. Le poil qui recouvre son corps est assez long et un peu grossier; celui surtout qui règne sur le milieu du cou et du dos, forme une espèce de crinière que l'animal redresse lorsqu'on l'irrite; les poils de la queue sont touffus, et ceux de sa partie supérieure se relèvent comme ceux du dos. La couleur générale de cet animal, est un gris-brun assez foncé, varié de taches et de bandes d'un brun-noirâtre; une bande de cette dernière couleur règne depuis la nuque jusqu'au bout de la queue; les côtés du corps sont parsemés de taches irrégulières, qui deviennent plus grandes sur la croupe et sur les cuisses. Les quatre jambes sont d'un brun-noirâtre uniforme, ainsi que la moitié postérieure de la queue; à la base de cette queue sont trois ou quatre anneaux de la même couleur. La tête est blanchâtre; mais une large bande brune, après avoir entouré l'œil, descend sur la joue et sous le menton; le dessous de la gorge est brun, et des lignes de cette couleur remontent obliquement sur les côtés du cou.

L'article le plus remarquable de son anatomie, c'est l'organisation de sa bourse; elle s'ouvre au dehors par une fente longue, située entre l'anus et les parties de la génération, et pareille dans l'un et l'autre sexe, ce qui fait qu'il est assez difficile de les distinguer. Cette fente conduit dans deux cavités pouvant contenir chacune une amande; leur paroi interne est légèrement velue, et percée de plusieurs trous qui conduisent chacun dans un follicule ovale, profond de quelques lignes, et dont la surface concave est elle-même percée de beaucoup de pores; c'est de ces pores que naît la substance odoriférante; elle remplit le follicule, et lorsque celui-ci est comprimé, elle en sort sous forme de *vermicelli*, pour pénétrer dans la grande bourse. Tous ces follicules sont enveloppés par une tunique membraneuse qui reçoit beaucoup de vaisseaux sanguins, et cette tunique est à son tour recouverte par un muscle qui vient du pubis, et qui peut comprimer tous les follicules, et avec eux la bourse entière à laquelle ils s'attachent: c'est par cette compression que l'animal se débarrasse du superflu de son parfum. On a remarqué qu'outre la matière odorante, il s'en produit une autre qui prend la forme de soies roides et qui se mêle à la première. La Civette a de plus, de chaque côté de l'anus, un petit trou d'où découle une liqueur noirâtre et très-puante.

On n'a point de détails sur le genre de vie des Civettes, sur leur génération, sur le nombre de leurs petits, l'époque de leur naissance, le terme de leur accroissement et celui de leur vie, ni sur les ressources que peut leur avoir données la nature pour se nourrir et pour se défendre: on sait seulement que quand elles ne sont pas apprivoisées dès leur jeunesse, elles montrent un caractère farouche et même une sorte de férocité; la moindre nouveauté excite leur colère, qu'elles marquent surtout en criant et en hérissant les poils de leur crinière: c'est dans cette attitude que le citoyen Maréchal s'est plu à représenter la nôtre, parce que c'est en effet ainsi qu'on la voyait le plus souvent: mais lorsqu'on s'y prend de bonne heure, on les rend aussi douces et aussi familières que les Chats les mieux privés. Bélon, Scaliger en ont vu qui suivaient leurs maîtres partout, et qui se laissaient manier par tout le monde. Il paraît même que presque tout le parfum de Civette qui est dans le commerce, vient d'animaux élevés en esclavage.

On dit encore que les Civettes recherchent les terrains arides et sablonneux, et qu'on n'en voit point dans les lieux humides et ombragés; les pays chauds sont les seuls qui leur conviènent; portées dans nos climats, elles ne laissent pas de produire leur parfum, mais elles ne multiplient point.

Le pays natal de la Civette proprement dite, paraît être la partie moyenne de l'Afrique, encore n'y est-elle pas également répandue partout: elle est fort abondante en Guinée; il en vient quelquefois en Égypte, des pays situés au Sud-Ouest et habités par des Nègres; ceux-ci les regardent cependant comme une rareté. Quant à l'Asie, il est presque impossible de distinguer, dans les relations des voyageurs, les pays qui produisent le Zibeth, d'avec ceux où se trouve la Civette; et on est obligé de dire en général que l'une ou l'autre espèce habite dans toute la région chaude de cette partie du monde, depuis l'Arabie jusqu'à la Nouvelle Guinée, si même plusieurs de ces voyageurs n'ont pas pris pour elles l'espèce beaucoup plus petite et à taches plus distinctes, décrite par Sonnerat, sous le nom de *Civette de Malacca*, et par Buffon, sous celui de *Genette du Cap* (1).

On a cru long-temps, sur la foi des éditeurs d'Hernandès, que la Civette habitait aussi en Amérique; en effet, Recchi avait laissé une figure assez exacte du Zibeth, sous le nom d'*animal Zibethicum Americanum;* et le capucin Bolivar avait raconté à Faber, que cet animal se trouvait dans toute l'Amérique méridionale comme en Afrique, et même qu'on faisait au Brésil un grand commerce de son parfum; mais Buffon, et d'après lui Zimmermann, observent que Fernandès dit positivement qu'il n'y a de Civettes en Amérique que celles qu'on y apporte des Philippines: il est vrai que M. d'Azzara cherche à excuser Bolivar, en disant qu'il a pu prendre le *Viverra vittata* du Brésil pour une Civette, parce qu'il sent le musc quand on l'irrite; mais il faudra toujours que ce religieux ait manqué de mémoire, lorsqu'il a avancé que les Brésiliens en recueillaient et en vendaient le parfum.

Cette substance se prend sur des Civettes domestiques et vivantes, ou bien elle se recueille sur les rochers et sur les arbustes où les Civettes sauvages s'en sont débarrassées, car elle les incommode lorsqu'elle est trop abondante. On s'apperçoit de cette abondance à l'inquiétude que ces animaux manifestent, et aux mouvements qui les agitent, et on les en délivre en les saisissant par les pieds et par la tête, et en introduisant une petite cuillère dans la bourse qui recèle la pommade odorante. Leur sueur répand aussi une odeur de musc; mais l'opinion de ceux qui prétendent qu'on mêle cette sueur à la vraie Civette pour en augmenter la quantité, n'en est pas moins très-invraisemblable. Comment la recueillerait-on, et à quoi monterait-elle quand elle serait desséchée? Il faut tenir ces animaux sèchement et proprement, et les bien nourrir; mieux ils le sont, plus leur parfum est abondant. Les mâles donnent plus de pommade que les femelles; mais l'odeur de celles-ci est du double plus forte, selon quelques auteurs. Cette odeur est d'une force insupportable lorsque la matière est fraîche; ce n'est qu'après un certain temps qu'elle s'affaiblit assez pour devenir agréable. Les Civettes aiment le sucre, les œufs, les petits oiseaux et surtout le poisson. Quelque cher que soit leur entretien, il paraît qu'on trouve encore un assez grand profit dans la vente de leur parfum. Il y en avait autrefois à Lisbonne qui étaient d'un grand revenu pour leurs propriétaires. Buffon dit qu'on en élève encore à Amsterdam pour en recueillir la Civette.

Pendant que les Français occupaient l'Égypte, le roi nègre du Darfouhr envoya quatre Civettes à leurs principaux généraux. On apprit à cette occasion quelques détails qui m'ont été communiqués par mon savant ami, le professeur Geoffroy; les

(1) On ne sait pourquoi la note manuscrite de Sonnerat, d'après laquelle Buffon a rédigé l'article de cette Genette du Cap, n'est pas d'accord avec ce que le même Sonnerat dit, dans son voyage, de la Civette de Malacca; mais il suffit de comparer les deux figures pour voir qu'elles appartiennent au même animal.

Darfouriens ont peu de Civettes; elles leur viènent de régions encore plus éloignées; mais voici comment ils s'y prènent pour en augmenter le produit : on place dans la poche à musc un petit morceau de beurre ou d'autre corps gras; on agite alors l'animal en le secouant avec force par les pieds, et même en le frappant de façon à le mettre dans une sorte de fureur; cette pression accélère la sécrétion de la matière odorante, et le corps gras s'en pénètre tellement, qu'il a presque autant d'effet que la pommade elle-même : les femmes du Darfouhr employent ce beurre imprégné de Civette pour huiler leurs cheveux. C'est sans doute au traitement barbare que les Civettes ont éprouvé dans ce pays-là, qu'elles doivent en grande partie la férocité qu'elles nous montrent.

L'individu que notre planche représente, avait été acheté à Nantes, d'un capitaine qui revenait de la traite des Nègres, et qui assura que cette Civette était âgée de deux ans. Elle en a vécu cinq à la ménagerie, ne s'y nourrissant que de chair, dont elle mangeait environ deux livres par jour; elle buvait un ou deux verres d'eau. Ses excréments étaient fort durs, et semblables, pour la grosseur et pour la couleur, à des grains de café : elle urinait en arrière, très-peu à la fois, et son urine était très-infecte.

Son odeur musquée était continuelle; mais elle devenait plus forte qu'à l'ordinaire, lorsqu'on irritait l'animal : dans ces moments-là il tombait de sa poche de petits grumeaux de matière odoriférante; lorsqu'on le laissait tranquille, il en tombait aussi, mais de loin en loin, et seulement tous les quinze ou vingt jours.

Cette Civette passait presque tout le jour et toute la nuit à dormir, se tenant roulée en rond et la tête entre les jambes; il fallait la menacer ou la frapper pour qu'elle se relevât.

La meilleure figure de la Civette, avant celle que nous publions, est celle de Perrault; vient ensuite celle de Buffon; celles de Jonhston et de Blasius peuvent passer pour médiocres, et les autres pour mauvaises.

Dessiné par Marechal. Gravé par Miger.

URSUS MARITIMUS. L'OURS POLAIRE. (Sixième de la Grandeur)

Dédié au Citoyen Faujas-S.t-Fond, Professeur de Géologie au Museum National d'histoire Naturelle, Inspecteur des Mines de France &c. par le Citoyen Miger.

L'OURS POLAIRE,

OU

MARITIME.

URSUS MARITIMUS.

Cet animal, célèbre depuis long-temps par les récits exagérés de sa férocité, était mal connu des naturalistes avant Pallas, et il n'en existait point de bonne figure avant celle que nous présentons au public. Il paraît qu'il devient plus grand que l'*Ours commun*. Les Hollandais de la troisième expédition pour la recherche d'un passage aux Indes par le nord, qui passèrent un hiver à la Nouvelle-Zemble, et qui furent cruellement tourmentés par les animaux de cette espèce, prétendent en avoir tué un dont la peau avait treize pieds de longueur. (C'est sans doute par une faute d'impression qu'on trouve dans une autre relation du même voyage, que cette peau en avait vingt-trois.) Celui dont nous donnons la figure, et qui était mâle, n'avait, quoiqu'adulte, en ligne droite que cinq pieds sept pouces depuis le bout du museau jusqu'à l'anus. Il est vrai qu'il avait été tenu en captivité depuis les premiers mois de sa vie. Pallas a mesuré une femelle d'environ un an, et qui n'avait que trois pieds dix pouces; une femelle brune du même âge n'avait que six pouces de moins. La peau d'une femelle adulte d'Ours blanc sauvage, mesurée par le même, se trouva longue de six pieds, et un mâle tué par les gens du capitaine Phips, dans son voyage au pôle boréal, avait sept pieds un pouce mesure anglaise, qui reviennent à six pieds sept pouces de France.

Son corps, et sur-tout son cou, sont plus alongés à proportion, et sa tête plus mince et plus plate que dans l'Ours commun. C'est pour n'avoir vu qu'un jeune individu que Pallas dit le contraire. Son front n'ayant point la convexité qu'on remarque dans l'Ours brun, est presque en ligne droite avec le nez, et comme il est aussi plus étroit à proportion, tandis que le museau est plus gros, la tête paraît toute d'une venue. Les oreilles sont beaucoup plus courtes et plus arrondies; mais le caractère spécifique le plus frappant consiste dans la longueur proportionnelle de la main et du pied, qui est beaucoup plus considérable que dans l'Ours brun. Le pied de derrière de celui-ci fait à peine le dixième de la longueur de son corps, tandis que dans l'Ours blanc il en fait le sixième. Cette différence vient en partie de ce que l'Ours brun n'appuie pas aussi complètement le talon à terre que le blanc.

Le poil de l'Ours blanc est plus fin, plus doux, plus laineux que celui de l'Ours brun; il est aussi plus court à la tête et à la partie supérieure du corps, mais celui du ventre et des jambes devient fort long. Ce poil est d'un assez beau blanc en toute saison; mais cette différence seule ne suffirait pas pour distinguer cet Ours : car l'espèce de l'Ours brun a aussi plusieurs individus blanchâtres, ou même entièrement blancs: on en trouve sur-tout de tels dans les pays du nord pendant l'hiver.

Le bout du nez, les ongles et les bords des paupières sont d'un noir foncé; les lèvres tirent sur le violet, et l'intérieur de la bouche est d'un violet pâle. Les dents ne diffèrent pas beaucoup de celles de l'Ours brun; l'un et l'autre a quatre molaires de chaque côté, en haut et en bas, dont les quatre antérieures sont fort petites, et dont les douze autres ont des couronnes plates, très-légèrement tuberculées. En haut, c'est la dernière qui est la plus longue; en bas, c'est la pénultième. Il y a de plus, tant en haut qu'en bas, derrière chaque canine, une très-petite dent séparée de la première molaire par un espace vide.

Les viscères et les muscles de l'Ours blanc ne m'ont présenté aucune différence notable d'avec ceux de l'Ours brun.

Son odorat est beaucoup meilleur que sa vue. Il nage bien et plonge long-temps. Sa démarche ressemble à celle de l'Ours brun; il sait s'élever sur ses pieds de derrière et rester assez long-temps dans cette situation. Sa course est assez rapide lorsqu'il est nécessaire.

Dans l'état du repos, son attitude ordinaire est d'être assis sur ses jambes postérieures, de tenir les antérieures droites et la tête pendante au bout de son long cou. Ceux que nous avons observés vivants ont un mouvement singulier et perpétuel de la tête et du cou de haut en bas et de bas en haut. On croit qu'ils ont pris cette habitude parce que la cage où ils ont passé leurs premières années était trop étroite.

C'est peut-être, de tous les quadrupèdes, celui qui craint le plus la chaleur. L'individu que Pallas a observé ne pouvait souffrir de demeurer dans la maison, même en hiver, quoique ce fût à Krasnojarsk en Sibérie, où le climat est assez rude. Il prenait le plus grand plaisir à se rouler dans la neige. Celui de la ménagerie du Muséum souffre aussi beaucoup en été. On est obligé de lui jeter chaque jour, hiver et été, soixante ou quatre-vingts seaux d'eau sur le corps pour le rafraîchir; cependant sa chaleur naturelle ne s'élève pas sensiblement au-dessus de celle des autres carnassiers.

Cet Ours polaire n'est nourri que de pain; il en mange six livres seulement, et cependant il est fort gras. Un autre qui était avec lui, et qui est mort il y a deux ans, après en avoir subsisté cinq au même régime, s'est aussi trouvé extrêmement gras. On ne peut donc pas dire que cette espèce soit très-vorace.

La mer, dont ces Ours habitent les bords, leur fournit une nourriture abondante, par les cadavres de cétacés et de poissons qu'elle rejète. Ils vont aussi attaquer les phoques aux trous de la glace où ces amphibies sont forcés de venir de temps en temps prendre leur respiration. On dit même qu'ils osent attaquer les morses ou vaches marines, lorsqu'elles sont à terre; ils n'oseraient pas le faire dans l'eau, où les morses ont toute liberté dans leurs mouvements; et même lorsque les Ours sont parvenus à les vaincre, ils trouvent encore beaucoup de peine à les dépecer à cause de la dureté de leur peau.

Les Ours se jètent en troupes sur les colonnes de poissons qui arrivent à certaines époques dans les différents golfes, et c'est alors qu'ils font la meilleure chère.

Ils n'aiment pas beaucoup la chair des quadrupèdes terrestres, et on en a vu assez souvent en Sibérie passer près des troupeaux sans leur faire de mal; mais lorsque la faim les presse, ils mangent de tout; et ceux qui viènent en Islande y attaquent quelquefois le bétail.

C'est sur-tout au sortir de leur retraite d'hiver qu'ils sont cruels, parce qu'ils sont affamés; alors ils attaquent l'homme; mais en tout autre temps, sans être lâches, ils ne sont point dangereux, à moins qu'ils n'ayent à défendre leurs petits, ce qu'ils font avec beaucoup d'audace. Il ne faut qu'un peu d'adresse pour en venir à bout. Lorsqu'ils sont élancés, il suffit de se détourner un peu et de les percer par le flanc. Les peuples de Sibérie, quoique mal armés, sont sûrs de les vaincre de cette manière: mais si on les attaque en face, comme ils sont très-vigoureux et qu'ils combattent sur leurs pieds de derrière, ils ont beaucoup d'avantage. Ce qu'ils craignent le plus, sont les coups sur le museau, qui paraît être très-sensible; ils se laissent aussi facilement effrayer par le bruit des trompettes, des armes à feu, par les clameurs des hommes, et sur-tout, selon les chasseurs, par la vue de leur propre sang sortant de leurs blessures.

Tandis que l'Ours terrestre aime les forêts, ne se montre pas volontiers dans les lieux découverts, et n'entre dans l'eau que lorsqu'il est forcé de fuir, l'Ours polaire habite plus sur la glace et dans l'eau qu'à terre, et c'est sur-tout en nageant qu'il cherche sa proie. Il ne fréquente guère que les côtes de l'océan glacial, et ne descend pas même sur les côtes orientales de la Sibérie, ni au Kamschatka: et quoiqu'on le trouve sur la côte septentrionale de l'Amérique et à la baie de Hudson, il n'habite point les îles situées entre l'Amérique et la Sibérie. Il y en a beaucoup dans le Spitzberg, et il en vient quelquefois, portés par les glaces, sur les côtes d'Islande et de Norvège, mais c'est un malheur pour eux; les habitants font une garde exacte, et ont grand soin de les détruire aussitôt qu'ils les apperçoivent. Pendant les longues nuits du commencement et de la fin de l'hiver, ils s'écartent quelquefois des rivages; mais jamais ils ne passent l'été dans les terres, et ils n'arrivent jamais jusqu'aux régions boisées situées au sud du cercle arctique, tandis que l'Ours brun craint de s'élever au nord de ce cercle. La partie de la Sibérie où l'on trouve le plus d'Ours blancs, est celle qui est située entre les embouchures de la Léna et du Jénissea. Il y en a moins entre ce dernier fleuve et l'Obi, et entre l'Obi et la mer Blanche, parce que la Nouvelle-Zemble leur offrant un asyle commode, ils ne viènent guère jusqu'au continent. On n'en voit point sur les côtes de la Laponie.

C'est au mois de septembre que l'Ours blanc, surchargé de graisse, cherche un asyle pour passer l'hiver. Il se contente pour cela de quelque fente pratiquée dans les rochers, ou même dans les amas de glaces; et sans s'y préparer aucun lit, il s'y couche et s'y laisse ensévelir sous d'énormes masses de neige. Il y passe les mois de janvier et février dans une véritable léthargie. Les mâles quittent leurs demeures à la fin de mars; les femelles n'en sortent qu'au mois d'avril: quoiqu'ils ayent été au moins cinq mois sans aucune nourriture, ils sont encore passablement gras après ce long jeûne.

Ceux qu'on tient en domesticité ne sont point sujets à ce sommeil d'hiver: les Ours blancs et bruns de la Ménagerie ne changent rien à leur manière de vivre dans cette saison.

C'est dans leur asyle d'hiver, et au mois de mars, que les femelles mettent bas. Elles portent par conséquent au moins six ou sept mois. Le nombre de leurs petits est ordinairement de deux; ils suivent leur mère par-tout, et vivent de son lait jusqu'à l'hiver qui suit leur naissance; on dit même que la mère les porte sur son dos lorsqu'elle nage. A cet âge le poil est plus fin et plus blanc. Il jaunit toujours plus ou moins dans les adultes.

On ne sait point jusqu'à quel âge cet animal peut pousser sa vie. La Ménagerie possède, depuis sept ans, un individu qui avait toute sa taille lorsqu'il y a été amené; il est vrai qu'il est devenu aveugle, et qu'il paraît avoir encore d'autres infirmités.

La chair de l'Ours polaire est mangeable; mais sa graisse a une odeur fétide de poisson. Les Hollandais cités plus haut, prétendent avoir éprouvé des effets pernicieux de son foie; mais Pallas assure qu'on n'a rien observé de semblable en Sibérie. Au contraire, on attribue des vertus médicales à ce foie, et sur-tout à sa bile, que l'on emploie pour l'angine et le mal vénérien, et que l'on prétend avoir sauvé quelquefois des agonisants, en excitant en eux une sueur salutaire. Sa graisse sert comme topique, et sa fourure est plus estimée que celle de l'Ours brun.

Nous avons dit qu'il n'existe point de bonnes figures de l'Ours blanc. En effet, celle d'Ellis (*Voyage à la baie d'Hudson*) a la tête trop courte. Celle envoyée par *Collinson* à *Buffon*, et insérée par celui-ci dans son supplément tome III in-4°., l'a beaucoup trop mince et trop pointue. On a un peu corrigé ce défaut dans celle de Pennant (*Syn. of. quadr.* p. 288), qui n'est pour le reste qu'une copie de la précédente. Celle de Pallas (*Spicil. zool. fasc.* XIV, tab. 1.) a la tête deux fois trop grosse et les pieds mal faits.

Cet animal n'était pas inconnu aux anciens : il est parlé dans le livre *de Mirabilibus*, attribué à Aristote, d'Ours de couleur blanche que produisait la *Mysie* : peut-être étaient-ce seulement des Ours terrestres; mais le grand Ours blanc que Ptolomée-Philadelphe fit voir à Alexandrie, selon Calixène le Rhodien, cité par Athénée, était probablement notre Ours polaire. Comme les environs de la mer Noire et de la mer Caspienne étaient alors beaucoup plus froids qu'aujourd'hui, il n'est pas impossible qu'on y ait rencontré quelquefois de ces animaux, et Ptolomée s'en sera aisément procuré par le commerce dont ses états étaient le centre.

Albert le Grand, Agricola et Olaüs sont les premiers modernes qui ayent parlé de l'Ours blanc maritime.

URSUS ARCTOS. L'OURS BRUN (Sixième de la Grandeur)

Peint sur Vélin par Maréchal. Gravé par Miger.

L'OURS BRUN.

URSUS ARCTOS.

Divers naturalistes ont étendu le nom d'*Ours* à des espèces plus ou moins nombreuses de quadrupèdes, selon que leurs systêmes le comportaient; nous le restreindrons ici à son acception primitive et vulgaire, c'est-à-dire que nous ne l'emploierons que pour désigner de grands quadrupèdes à corps épais, à queue courte, qui appuient la plante presque entière sur la terre en marchant, et dont tous les pieds ont cinq doigts presque égaux, armés d'ongles aigus, longs et recourbés.

Ils ont six dents incisives à chaque mâchoire, dont les secondes d'en bas sont un peu rentrées; une grande canine de chaque côté, et derrière elle une ou plusieurs petites dents séparées des molaires proprement dites, par un espace vide. Ces molaires ne sont point tranchantes comme celles des animaux carnassiers ordinaires; leur couronne est plate et relevée de quelques tubercules, structure qui rapproche les Ours de l'Homme et des autres animaux omnivores, et qui leur donne la faculté de se nourrir également bien de fruits, de chair et d'autres substances variées. Leur estomac est de grandeur médiocre; leur canal intestinal conserve à peu près la même grosseur dans toute son étendue et n'a point de cœcum; les reins sont composés de plusieurs lobes distincts; la langue est douce, et la verge contient un grand os recourbé en forme d'*S* italique.

Ce genre des Ours est ainsi déterminé sans aucune équivoque; mais les espèces qui le composent sont difficiles à nettement caractériser: nous avons vu que l'*Ours polaire* ou *maritime* est une espèce bien distincte de toutes les autres, qui a cependant été long-temps confondue avec elles. Il en existe une seconde dont la différence a été encore plus long-temps méconnue; c'est l'*Ours noir d'Amérique*. Sa tête est plus égale que celle de notre Ours d'Europe, plus semblable à celle d'un Chien; son poil est droit, noir est lustré; celui de l'Ours d'Europe est toujours plus ou moins laineux; sur son museau se voyent quelques taches rousses; enfin les petites dents situées derrière la canine, sont au nombre de deux ou trois; cette espèce paraît exister seule dans tout le continent de l'Amérique; elle aboye presque comme un Chien, se nourrit de préférence de fruits sauvages, et lorsqu'il n'y en a point, d'insectes et de poissons; elle n'attaque les quadrupèdes que quand elle est affamée. Sa chair et sa graisse sont excellentes à manger, dans le temps des fruits. Mais après avoir séparé et distingué l'Ours maritime et l'Ours américain, il reste encore plusieurs animaux confondus sous le nom commun d'Ours, et que les auteurs ont regardés comme de simples variétés, quoiqu'ils paraissent si peu les connaître, qu'ils ne s'accordent nullement ni sur le nombre de ces variétés, ni sur les traits qui les distinguent.

Buffon n'en établit que deux, l'*Ours brun* et l'*Ours noir*; mais tout ce qu'il dit de ce dernier appartient, non pas à l'Ours noir d'Europe qu'on donne comme une variété, mais bien à celui d'Amérique, qui est certainement une espèce.

Klein, *Raczinski*, *Blumenbach*, veulent qu'il y en ait trois; une très-grande, noire, qui est féroce et qui attaque les fourmilières; une moindre, rougeâtre, plus commune; et une très-petite, mêlée de taches blanchâtres.

Wormius, *Leske*, *Gmelin* et *Pennant*, en font aussi trois; mais c'est la variété rousse qui est la plus grande selon eux, et la noire la plus petite : quant aux qualités, Wormius assure que c'est la noire qui est carnassière; Pennant, que c'est la rousse, en quoi il est aussi d'accord avec Buffon. Selon Wormius, c'est la plus petite des trois qui recherche les fourmis; quant à la grande variété rousse, elle est, dit-il, innocente et ne se nourrit que de végétaux.

Pontoppidan n'établit que deux variétés, une grande et une petite; c'est cette dernière qu'il nomme *Ours des fourmis; Gadd* ajoute que la grande variété est noire, et il en fait une troisième de l'*Ours à collier*, que nous verrons n'être qu'un jeune Ours brun. *Gessner* ne distinguait les Ours que par la grandeur, et quoiqu'il en connût de bruns et de noirâtres, il ne regardait point ces couleurs comme des signes de variétés permanentes. *Riedinger* et d'après lui *Pallas*, vont même jusqu'à croire que ces différences de grandeur ne proviènent que de l'âge plus ou moins avancé.

Nous ne parlons point des variétés individuelles qui ne constituent point des races, comme les *Ours dorés*, les *Ours pies*, etc.

Il est aisé de voir qu'une pareille diversité d'opinions ne peut venir que d'observations faites avec peu de soin, sur des individus d'âge, de sexe et de climats différents, ou n'est peut-être fondée que sur de simples récits populaires; le parti le plus sage, pour porter quelque lumière dans cette obscurité, nous paraît être celui de décrire soigneusement la race la plus connue, l'Ours brun des Alpes, et d'attendre que des naturalistes éclairés ayent occasion de constater s'il y en a réellement d'autres en Europe, et sur-tout si cet Ours noir, qu'on prétend exister dans le Nord, est une variété du brun, ou s'il est le même que celui d'Amérique, ou enfin s'il forme une quatrième espèce distincte de ces deux là et de celle de l'Ours polaire.

La physionomie de cet Ours brun est très-frappante; son front forme une saillie convexe au-dessus des yeux, et le museau diminue d'une manière brusque, qui lui donne quelque rapport avec le grouin d'un Cochon. Le principal mouvement qu'il donne à son nez est d'avancer sa lèvre supérieure au-delà des narines, en lui faisant faire avec elles un angle rentrant. Ses yeux sont extrêmement petits, et n'ont pas une troisième paupière plus grande que celle des quadrupèdes ordinaires. Le poil qui recouvre tout son corps est fort long, doux, un peu laineux vers l'extrémité; il est plus long autour de la gorge que par-tout ailleurs. C'est sur les jambes qu'il est le plus brun; sur le reste du corps il est, dans les individus que nous possédons, plus ou moins mêlé de grisâtre, et sur-tout de jaunâtre et de fauve. Un Ours brun de quatre pieds deux pouces de longueur totale, avait deux pieds cinq pouces de haut au train de devant, et la tête longue de onze pouces et demi; son pied de devant avait huit pouces de long, et celui de derrière neuf pouces et demi, à compter du poignet et du talon, jusqu'au bout des ongles. Au moyen de ces proportions on pourra comparer exactement les autres Ours à celui-ci et arriver à quelque certitude. Nous croyons cependant prévoir que l'opinion de Pallas se justifiera, et que ces variétés de couleur, de grandeur et de régime, se trouveront n'être dues qu'à l'âge seulement.

Déjà Blumenbach assure que l'Ours se contente de matières végétales, dans sa jeunesse, et qu'il devient plus carnassier lorsqu'il passe trois ans. Il est certain qu'on peut le nourrir de pain seulement; ceux de notre ménagerie ne mangent pas autre chose, et quoiqu'ils n'en reçoivent que six livres par jour, ils se portent très-bien; l'un d'eux a même vécu 47 ans à ce régime, dans les fossés de Berne où il était né. Ils mangent aussi volontiers des légumes, des racines, des raisins: ce qu'ils aiment le mieux, c'est le miel; ils renversent les ruches, grimpent dans les arbres creux et s'exposent à la piqûre des abeilles pour s'en rassasier. Ils recherchent les fourmis, sans doute à cause de leur acidité, car ils aiment tous les fruits acides, et sur-tout les baies d'épine-vinette et de sorbier; c'est même lorsqu'ils en ont beaucoup mangé qu'ils sont le plus à craindre, parce qu'un instinct naturel leur fait alors rechercher la chair. Les anciens ont écrit que c'était comme remède que les Ours mangeaient des fourmis. Lorsque la faim les presse, ils dévorent les cadavres et les voiries les plus infectes. Les nôtres boivent chacun un demi seau d'eau par jour; ils la hument à peu près comme le Cochon. Leurs excréments sont jaunâtres et très-liquides; ils urinent en avant et sans lever la cuisse.

L'Ours n'attaque jamais l'Homme, mais quand on le provoque il est fort dangereux; la femelle sur-tout défend ses petits avec fureur; cet animal cherche à écraser son ennemi avec ses pattes ou à l'étouffer entre ses bras; il emploie aussi ses ongles avec avantage, mais il se sert peu de ses dents, soit à cause de leur faiblesse, soit parce qu'il craint pour son museau qui est fort faible. Il attaque les quadrupèdes en leur sautant sur le dos, et il paraît que les Chevaux et les Taureaux même ne sont pas toujours en sûreté devant lui.

Sa démarche ordinaire est lente et traînante; il ne court jamais bien et ne peut nager long-temps; mais il grimpe aisément aux arbres, et peut se tenir debout sur les larges plantes de ses pieds, ce qui lui donne beaucoup d'avantage dans le combat : il descend à reculon, tant des arbres que des montagnes un peu rapides.

L'Ours est naturellemeut triste et sauvage; il mène une vie silencieuse et solitaire, et ne se rapproche de sa femelle que dans la saison de l'amour. Lorsqu'on le prend jeune, on le dresse par force à se tenir sur ses jambes de derrière et à exécuter ainsi quelques mouvements grotesques, mais il ne paraît point qu'il s'attache à son maître, ni qu'il soit sensible aux bons traitements. Les nôtres passent presque tout le jour couchés et dorment toute la nuit. Ils ne crient point à moins qu'on ne les irrite, et quoiqu'ils connaissent leur maître, ils ne lui donnent point de grandes marques d'attachement. Il commence à engendrer dès l'âge de cinq ans et entre en chaleur au mois de juin; l'accouplement dure fort long-temps et se fait par des mouvements très-vifs avec des intervalles de repos. Après avoir fini, le mâle se baigne tout le corps. Ce qu'on a dit de la fureur amoureuse de la femelle, de ses avortements volontaires, de sa position renversée dans l'accouplement, sont autant de fables. Cette femelle porte sept mois, et non pas trente jours comme le croyait Aristote; elle met bas dans sa retraite d'hiver, et fait depuis un jusqu'à trois petits; leur poil court et lustré les fait paraître beaucoup plus jolis que les adultes, ce qui réfute la fable adoptée par les anciens, que ces petits naissent informes, et ne prènent la figure de leur espèce qu'à force d'être léchés par leur mère. Ils sont bruns et ont un collier blanc sur le cou; leur longueur est à peine de huit pouces, mais ils croissent encore de sept ou huit pouces pendant les trois premiers mois. Ils restent un mois les yeux fermés, et la mère les allaite pendant plus de trois. Un Ours femelle a encore mis bas à plus de trente-un ans. Toutes ces observations ont été faites sur nos Ours pendant qu'ils étaient dans les fossés de Berne; on sait qu'on les y élevait, parce que le mot *baer* et *baeren* au pluriel, signifie Ours en allemand, et parce que la ville avait la figure de cet animal dans ses armoiries.

J'ai vu un Ours de plus de trois pieds de longueur, qui avait conservé le collier qui fait la livrée du premier âge; seulement il était devenu un peu jaune: une femelle de quinze ans, actuellement dans notre ménagerie, en a encore des vestiges sur les côtés du cou.

L'Ours ne dort pas toujours dans sa retraite d'hiver; mais la quantité de graisse qu'il a accumulée pendant la belle saison, lui rend l'abstinence possible et même nécessaire. Cette retraite commence et finit avec les grandes gelées; elle dure donc d'autant moins que le pays est plus doux; l'Ours choisit un tronc d'arbre creux, ou un antre souterrain, ou quelque trou de roche, et lorsqu'il ne trouve aucune cavité naturelle, il se fait une hutte avec des branches et des feuillages, qu'il garnit soigneusement de mousse en dedans. Les deux sexes ne se réunissent pas; au contraire, la femelle semble craindre le mâle; non seulement elle vit très-retirée dès l'instant qu'elle a conçu, mais elle reste dans sa tanière beaucoup plus tard que le mâle dans la sienne, et autant de temps qu'il en faut pour que ses petits puissent la suivre. Elle dévore son arrière-faix, ce qui sert à la soutenir plus long-temps dans cette retraite: c'est sans doute pour l'avoir vue enlevant avec sa gueule cette enveloppe à ses petits, qu'on aura dit qu'elle ne met bas que des masses d'une chair informe qu'elle façonne en les léchant. Les deux sexes tirent aussi, dit-on, quelque nourriture en suçant leurs pieds; ce qu'il y a de sûr, c'est que le jeune Ours dont j'ai parlé plus haut, suçait perpétuellement son pied de devant comme s'il eut tèté. Les anciens ont écrit que l'Ours, au sortir de sa retraite, mange de la plante nommée *arum* ou *pied de veau*, apparemment pour réveiller, par ce remède âcre, ses intestins si longtemps inactifs.

L'Ours brun est un animal propre aux régions montagneuses et boisées des climats froids et tempérés de l'ancien monde. Il y en avait, du temps des Romains, dans tout l'Appennin; aujourd'hui ils ne se trouvent plus que dans ses parties les plus désertes: ils sont assez communs dans toute la chaîne des Alpes et dans les Pyrénées; il s'en égare encore quelquefois de Suisse dans les départements limitrophes de la France. La Savoye en a toujours eu, ainsi que les montagnes de Bohême, de Hongrie, de Thrace, et les grandes forêts de Pologne et de Russie. Ils sont aussi très-nombreux dans les montagnes et les grandes forêts du nord de la Scandinavie. L'Angleterre, d'où les Romains en tiraient autrefois, n'en possède plus aucuns, non plus que l'intérieur de la France, de l'Allemagne et de l'Espagne. La Crète n'en a jamais eu. Ce même Ours brun se trouve en Sibérie comme en Russie; Gmelin en a vu à Tomsc et près de Iakutsk; ainsi cette espèce a bien pu se porter sur les montagnes du nord de la Chine, où les missionnaires disent qu'elle existe, et sur celles du Thibet et du nord de l'Indostan. On peut encore croire *Kæmpfer* lorsqu'il assure qu'il y en a au Japon; mais *Turpin* qui en place à Siam, *Legentil* qui en met à Java, et *Knoxe* qui en donne à l'île de Ceylan, méritent-ils la même confiance? Et s'il y a des Ours dans des régions dont toutes les parties sont si chaudes, peuvent-ils être de la même espèce que les nôtres? Zimmermann remarque déjà que s'il y avait eu des Ours à Java, Bontius n'aurait pas manqué de l'annoncer. L'existence de l'Ours brun en Afrique nous paraît encore plus douteuse: Pline ayant trouvé, dans les annales romaines, que sous le consulat de Pison et de Messala, c'est-à-dire 61 ans avant J. C., l'édile curule *Domitius Ahénobarbus*, avait montré dans le cirque cent Ours de Numidie, conduits par autant de chasseurs nègres, rapporte ce fait avec surprise: « Je m'étonne, dit-il, » qu'on ait employé l'adjectif *numidiques*, car il est certain que l'Afrique ne produit » point d'Ours. » *Ursinus*, *Lipse* et *Vossius* ont pensé que par ces mots, *Ours de Numidie*, l'annaliste avait voulu désigner des Lions, comme les Éléphants furent appelés d'abord *Bœufs de Lucanie*, et ils ont rapporté des médailles de cet Ahénobarbus, où le revers présente un Homme combattant contre un Lion. Mais comment les Romains, qui, selon ce même Pline, avaient déjà vu plusieurs fois de nombreuses troupes de Lions, auraient-ils pu nommer cet animal d'une manière si détournée? Comment sur-tout Pline aurait-il ignoré cette synonimie qui devait être encore en usage de son temps? car on retrouve l'épithète d'*Ours de Lybie* dans des auteurs ses contemporains; Juvénal, Martial, et Virgile l'avaient employée long-temps avant eux. *Solin*, et parmi les modernes, *Crinitus*, *Saumaise*, *Aldrovande* et *Zimmermann* ont donc pris le parti de l'annaliste, et ont soutenu que l'Ours existe en Afrique quoique rarement. *Solin* dit même qu'il y est plus beau et revêtu de poils plus longs; mais le témoignage de cet auteur, ainsi que celui de *Strabon* qui donne aussi des Ours à l'Arabie, aurait besoin d'être confirmé par celui de quelque voyageur moderne, digne de foi sur cette matière. Or, je ne trouve que *Shaw* qui place des Ours en Barbarie, et il le fait dans une simple énumération, sans en rien dire de particulier et sans qu'il paraisse les avoir vus; et le citoyen Desfontaines, ce savant et courageux naturaliste, qui a fait un long séjour à Alger, et qui a soigneusement visité l'Atlas, n'y a jamais apperçu et n'a point entendu parler d'Ours, quoiqu'il se soit exactement informé de tous les quadrupèdes qu'on y trouve. *Poncet* dit bien qu'une de ses mules fut blessée en Nubie par un Ours; mais *Bruce* observe qu'il aura confondu le mot arabe *Dubbah*, qui signifie une *Hyène*, avec *Dubb*, qui signifie un *Ours*. Bruce assure même positivement à cette occasion, qu'il n'y a d'Ours dans aucune partie de l'Afrique. Je ne fais pas mention de *Dapper* qui place des Ours au Congo. Aucun autre témoignage ne confirme le sien, et il était trop ignorant en histoire naturelle pour que son rapport isolé puisse mériter quelque créance.

La peau de l'Ours est utile comme fourure grossière mais chaude: le vulgaire croit sa graisse plus propre que toute autre à guérir les rhumatismes et autres maladies locales; la chair des jeunes est mangeable, mais on ne sert guère sur les bonnes tables que les pieds salés et fumés; enfin l'Ours lui-même, comme destructeur des ruches et des troupeaux, est un animal très-nuisible: voilà plus de motifs qu'il n'en faut pour lui donner la chasse: on les tire à l'affut, ou on les poursuit avec des Chiens, ou on met le feu aux arbres dans lesquels ils se retirent, et on les tue ou les prend lorsqu'ils en sortent, ou on mêle, pour les enivrer, de l'eau-de-vie au miel qu'ils aiment avec passion; enfin, dit-on, les habitants de quelques pays du Nord les combattent corps à corps, en plaçant avec adresse un stylet vertical dans la gueule de l'Ours, lorsque cet animal se lève pour les saisir, et en le gouvernant avec ce stylet.

Buffon a donné une bonne figure de l'Ours brun; il ne lui manque que d'exprimer suffisamment la convexité du front. Les deux figures de *Riedinger,* copiées dans *Schreber,* sont dans des attidudes forcées pour des figures d'histoire naturelle. *Jonston* a assez bien rendu l'Ours debout, mais il a masqué sa figure en y plaçant une muselière. Les autres gravures des ouvrages d'histoire naturelle, qui représentent l'Ours, sont généralement grossières; celle de *Gessner,* copiée par *Aldrovande,* par *Schott* et par d'autres, a sur-tout ce defaut là. Celle de *Perrault* ne rend point du tout la physionomie de l'animal.

Peint par de Wailly. Gravé par Miger.

URSUS AMERICANUS L'OURS NOIR DE L'AMÉRIQUE

Septième de la Grandeur.

L'OURS NOIR D'AMÉRIQUE.

URSUS AMERICANUS.

Nous avons déjà parlé de cet animal à l'article de l'Ours brun, et nous avons cherché à en établir les différences d'après ce que Pallas en avait dit, et par des observations faites sur un individu empaillé.

Nous n'espérions pas alors avoir sitôt l'occasion de voir l'animal vivant, et surtout de le voir à côté des autres espèces, comme il est aujourd'hui dans la Ménagerie, où deux jeunes Ours noirs d'Amérique, un grand Ours brun de Pologne, et un Ours blanc du Groënland, peuvent être apperçus et comparés d'un seul point de vue.

Il n'est personne qui considérant avec un peu d'attention ces trois animaux, ne conviène avec Pallas que l'Ours noir diffère du commun autant et plus que celui-ci ne diffère du blanc; et qui ne juge par conséquent que l'histoire des Ours, ne doive être pleine de confusion dans les ouvrages où les espèces n'en ont pas été distinguées comme elles devaient l'être.

Buffon par exemple a attribué indistinctement à l'Ours d'Europe, ce qui a réellement été observé à son égard en Suisse, en Savoie et en Pologne, et ce que les voyageurs ont dit des Ours de la Louisiane, du Canada, etc.; quoique les mœurs de ces derniers soient presque entièrement opposées à celles des autres.

De là tous ces doutes, ces contradictions même, sur le naturel de l'Ours, sur ses aliments, sur les habitudes de sa vie, etc.

Nous sommes donc heureux de pouvoir continuer ici le travail que nous avons commencé à l'article de l'Ours brun, en distinguant avec une critique sévère ce qui appartient à chaque espèce.

La tête de l'Ours noir a des formes toutes différentes de celles du brun; l'intervalle des oreilles est plus grand à proportion; les oreilles elles-mêmes plus grandes et dépassant davantage les lignes latérales du crâne. Celles-ci sont moins arrondies; le front moins bombé audessus du nez, et presque en ligne droite; le museau convexe plutôt que concave, et faisant une partie plus considérable de la tête.

Tout ce museau est garni d'un poil ras, d'un gris-fauve sur les côtés, et d'un gris-roux en dessus. Audessus de chaque œil est une tache fauve, comme aux chiens nommés *Pyrames*. Le reste du poil est plus luisant, plus roide, plus hérissé, et accusant moins les formes, que dans l'Ours brun. Sa couleur est un brun-noirâtre uniforme, sans aucun mélange de laineux, et sans aucune de ces teintes grises ou brunes-pâles qu'on remarque dans l'Ours commun.

Voilà ce que nous ont offert les deux individus de notre Ménagerie. Le cabinet du Muséum en possède un plus grand, qui a vécu dans la Ménagerie de Chantilly, et qui avait été préparé pour le cabinet du prince de Condé. Il a cinq pieds du bout du museau à la racine de la queue.

Il y a dans le pays des individus beaucoup plus grands; Bartram parle d'une femelle de sept pieds de long, et qui pesait quatre cents livres.

Nous sommes aussi en état de donner quelques détails sur l'ostéologie de l'Ours noir, en ayant disséqué un jeune que madame la princesse Borghese, sœur du premier Consul, avait ramené d'Amérique à Marseille, et dont elle avait fait présent au Général Cervoni, commandant de la division militaire, qui le mit à notre disposition.

Il n'y a de différences bien sensibles que dans la forme de la tête, et ces différences sont toutes correspondantes à celles que l'on voit au travers de la peau ; ainsi le front est presque aussi applati que dans l'Ours blanc ; mais la ligne inférieure de la mâchoire y est beaucoup moins droite, et se rapproche de celle de l'Ours brun.

Ce jeune Ours nous a encore donné à connaître un fait intéressant pour l'histoire de son espèce ; c'est que dans le premier âge elle ne porte point ce collier qui distingue les jeunes Ours bruns. Notre individu avait absolument les mêmes couleurs que les adultes.

L'Ours noir n'habite que l'Amérique septentrionale, et pour en avoir l'histoire pure et sans mélange, il ne faut consulter que ceux qui ont voyagé dans ce pays-là, comme Charlevoix, Duprats, Lawson, Brickel, Catesby, Hearne et Mackensie. Il ne paraît point qu'il ait passé dans l'Amérique méridionale ; M. d'Azzara n'en parle point dans son Histoire des Animaux du Paraguay, ni Molina dans celle du Chili ; et dans les nombreux envois de peaux d'animaux qui se font de la Guyane à notre Muséum, celle de l'Ours noir ne s'est jamais trouvée.

Les premiers colons de la Virginie, et de la Caroline, en rencontrèrent beaucoup; mais ils se sont éloignés des côtes à mesure que la population a augmenté.

Ils se portent au nord jusqu'à la baie d'Hudson, et à la mer glaciale; et l'on dit qu'il en passe au travers des iles Aleutiennes et des détroits qui les séparent, jusqu'au Kamschatka, aux îles Kouriles, et peut-être jusqu'au Japon ; mais ils ne viènent dans la Louisiane que vers le commencement de l'hiver, et il faut qu'il soit de bonne heure très-rude, pour qu'il y en descende beaucoup.

Ils sont maigres quand ils y arrivent, parce qu'ils ne quittent le Nord qu'à regret, et quand la disette les y force : au reste. ils finissent par se cabaner dans ce pays-là, tout comme dans ceux plus au nord. C'est dans des troncs d'arbres creux qu'ils se retirent, quelquefois à une assez grande hauteur. Vers les bords de la baie d'Hudson, ils se font leur tanière dans la neige. Il faut que la femelle y mette bas comme celles des autres Ours, et qu'elle se cache même avec plus de soin que les mâles ; car on assure qu'on n'en a jamais trouvé avec ses petits. Sur cinq cents Ours qui furent tués dans la Virginie, dans un seul hiver, il n'y en eut que deux de femelles, et elles n'étaient pas pleines.

Excepté ceux qui peuvent se trouver vers la côte nord-est d'Asie, nous ignorons encore si les prétendus Ours noirs d'Europe sont les mêmes que ceux d'Amérique, et par conséquent si ceux-ci habitent réellement dans l'ancien continent; mais il paraît certain qu'ils ne sont pas les seuls qu'on voye dans le nouveau. Les voyageurs parlent encore d'Ours bruns et d'Ours gris, dans le nord de l'Amérique, et Pennant cite des petites peaux venues de la baie d'Hudson, qui étaient brunes, avec un collier pâle, comme celles de nos jeunes Ours communs.

Tout le monde convient que l'Ours noir d'Amérique n'est pas proprement carnassier. Duprats assure que, dans un hiver très-rude, les Ours étant venus en très-grand nombre à la Louisiane, et s'étant affamés réciproquement, entrèrent dans les habitations; qu'ils y mangèrent des grains et des fruits, mais qu'ils ne touchèrent pas à la viande de boucherie; et il rapporte un fait qui prouve que lorsque l'Ours irrité par quelque blessure peut atteindre le Chasseur, il le tue sans le dévorer.

Cependant Lawson, et, après lui, Brickel, assure qu'il attaque les Cochons, et qu'il en détruit beaucoup dans les bois, surtout lorsque d'autres aliments lui manquent.

Nous avons aussi essayé de donner de la viande aux nôtres, et ils l'ont très-bien mangée, non en la mâchant avec leurs molaires, comme les carnassiers proprement dits, mais en la découpant avec leurs incisives, comme le font au reste tous les autres Ours, dont les molaires plates ne peuvent servir commodément à diviser les fibres de la viande.

Sa nourriture principale consiste dans toutes sortes de fruits sauvages; il dévaste souvent les cannes à sucre et les champs de maïs; il arrache et écrase dix fois plus qu'il ne mange. Il aime aussi beaucoup les pommes de terre, qu'il arrache avec adresse au moyen de ses griffes, et il en a retourné un champ plus vîte encore que nos Sangliers d'Europe ne peuvent le faire.

Ils ne sont pas moins adroits à prendre des poissons; et, au printemps, lorsque les harengs remontent dans les criques et les ruisseaux de la côte, il y descend beaucoup d'Ours, qui en dévorent une quantité énorme. Pierre Martyr dit même qu'ils attaquent souvent de très-grands poissons, et leur livrent des combats à outrance.

Les Ours suivent toujours les mêmes sentiers pour se rendre aux rivières, et ils les frayent tellement, qu'on serait tenté d'y voir les traces d'une grande multitude d'hommes.

Nous ne donnons à nos individus que du pain, des fruits et des herbes tendres, comme des laitues, etc. Ils se trouvent très-bien de ce régime.

La chair de l'Ours est de mauvais goût lorsqu'il mange du poisson, mais en tout autre temps, elle passe pour excellente. Son goût tient le milieu entre celui du Porc et celui du Bœuf. On en fait des jambons préférables à ceux de Porc. La graisse en est abondante, douce et blanche comme la neige, et les voyageurs prétendent qu'elle ne fait jamais mal à l'estomac, même quand on la boirait pure. On l'emploie surtout pour frire le poisson.

On sait que la graisse d'Ours est en grande réputation, comme topique, et il y a à Londres des apothicaires qui élèvent des Ours exprès pour les engraisser.

La langue et les pattes passent pour les meilleurs morceaux, mais on rejète la tête, sans savoir pourquoi, à ce que dit Lawson, à quoi Brickel ajoute qu'on croit la cervelle venimeuse : opinion évidemment erronée.

On prépare avec sa graisse une huile bonne à manger et à brûler, que l'on transporte dans des outres faites avec sa peau. Celle-ci a les mêmes usages que les peaux d'Ours ordinaires.

Pallas avait déjà remarqué que la voix de l'Ours noir est assez différente de celle de l'Ours brun, et qu'elle ressemble à des pleurs ou des hurlements aigus ; nous avons trouvé cette observation très-vraie.

Nous ne connaissons aucune autre figure de l'Ours noir, que celle que nous donnons aujourd'hui au Public.

SIMIA PETAURISTA (Moitié de Grandeur.) LE BLANC-NEZ

Peint sur Velin par Maréchal, Gravé par Miger.

LE BLANC-NEZ.

SIMIA PETAURISTA.

Le plus grand nombre des Singes de l'ancien continent ont les fesses calleuses, la queue longue, non prenante, et des abajoues, c'est-à-dire des sacs aux côtés de la bouche, dans lesquels ils placent les débris de leurs repas; il ne faut en excepter que les *Orangs-Outangs* qui n'ont aucuns de ces trois caractères; les *Gibbons*, qui n'ont que celui des fesses calleuses; les *Magots*, qui y réunissent aussi les abajoues, mais qui manquent de queue comme les *Orangs* et les *Gibbons*; les *Mandrils*, qui ont une queue courte; enfin le *Douc* et le *Nasique*, qui ont une queue, des abajoues, mais point de callosités sur les fesses. Les Singes qui suivent la règle et n'entrent dans aucuns de ces quatre ordres d'exception, forment encore près de vingt espèces, toutes extrêmement variées en grandeur, en formes et en couleurs, et qui sont connues des naturalistes sous le nom de *Guenons*.

Les plus petites de ces espèces, sont aussi les plus jolies, par la figure, et par les nuances et les oppositions de leurs couleurs; leur museau moins proéminent, leurs dents canines moins longues que celles des grandes Guenons, leur donnent une physionomie plus semblable à celle de l'Homme, et leur douceur, la docilité de leur caractère, répondent assez à ces dehors avantageux.

De leur nombre est l'animal qui fait l'objet de cet article.

Sa hauteur est de treize pouces, sans la queue qui en a douze; tout le dessus du corps et la queue sont d'un brun tirant sur l'olivâtre; tout le dessous et la face interne des membres, d'un gris assez foncé; leur face interne est d'un brun noir. Une barbe grisâtre entoure le menton, et une touffe de poils blancs est placée au-devant de chaque oreille.

La peau de toute la face est bleue; mais elle ne paraît telle qu'autour des yeux où elle est nue; par-tout ailleurs elle est garnie de courts poils noirs, excepté sur le nez, où il n'y en a au contraire que d'un blanc éclatant, ce qui forme une tache très-remarquable, par l'opposition de sa couleur avec celles des parties qui l'entourent.

L'individu qui a servi de modèle à cette planche, est le même qu'Audebert a décrit et figuré sous le nom d'*Ascagne*; mais il n'est pas difficile de voir que cette dénomination nouvelle n'était pas nécessaire, et que ce Singe est de l'espèce nommée *Blanc-nez* par Allamand, et *Petaurista* par Schreber et par Linnæus. La description d'Allamand ne diffère de la nôtre que parce que les poils blancs voisins de l'oreille ne formaient point une touffe aussi grande dans son individu que dans celui-ci, et parce que la peau n'était pas bleue autour des yeux, différences qui ne nous paraissent pas suffisantes pour établir une espèce : le citoyen Latreille n'a aussi admis qu'avec doute l'espèce d'Audebert.

Cette Guenon, qui avait été achetée à Marseille, n'a vécu à la ménagerie qu'un petit nombre de jours, et il n'a pas été possible d'en observer exactement les habitudes;

cependant elle a paru douce et caressante. Allamand dit les mêmes choses de la sienne: c'était un animal aimable, familier avec tout le monde, dont les mouvements étaient pleins de grace et de vivacité. On le nourrissait de pommes, de carottes et d'autres substances semblables.

Cette espèce est originaire de Guinée, comme la plupart des jolies Guenons, la Diane, le Moustac, etc.; elle est rare en Europe, parce qu'elle supporte difficilement notre climat.

Le dessin que le citoyen Maréchal a fait de ce Singe, a déjà été gravé, mais d'une manière très-médiocre, dans l'édition de Buffon, par Sonnini, Latreille, etc. La figure d'Audebert est différente et fort bonne. Ce sont, avec celles de la variété sans touffes, donnée par Allamand et copiée par Schreber, les seules que nous connaissions de cette espèce.

Peint par Maréchal. Gravé par Miger.

SIMIA SABÆA LE CALLITRICHE.

Tiers de la Grandeur

LE CALLITRICHE.

SIMIA SABÆA.

C'EST encore ici un Singe de la famille des Guenons, c'est-à-dire pourvu d'abajoues, ou de sacs dans les côtés de la bouche, d'une queue longue et non prenante, et de callosités sur les fesses. A l'égard de la forme de la tête, comme à l'égard de la taille, le Callitriche semble tenir le milieu entre les grandes et les petites Guenons; son museau, un peu plus saillant que dans celles-ci, l'est un peu moins que dans celles-là; la crête de ses sourcils surtout n'est pas aussi forte que dans les grandes Guenons, ce qui rend sa physionomie plus douce que la leur. La longueur de son corps, sans la queue, est d'un pied trois ou quatre pouces; la queue n'a guère moins de deux pieds. Quant à la couleur du poil, ce Singe peut être mis au rang des plus beaux. Sa tête, son cou, son dos, ses flancs, les parties extérieures de ses membres, et les deux tiers de la longueur de sa queue, sont revêtus de poils colorés d'anneaux alternatifs noirs et jaunes, dont le mélange vu à une certaine distance, paraît comme un vert assez vif. Le bout de sa queue est d'un beau jaune doré; les jambes et les avant-bras tirent sur le gris brun; la gorge, tout le dessous du corps et la face interne des membres sont blanchâtres; les mains et la face sont revêtues d'une peau noire, et sur les sourcils est une bande étroite de longs poils de cette couleur.

C'est à cause de cette teinte verte, si rare parmi les quadrupèdes, que Buffon a appliqué à cette espèce la dénomination de *Callithrix*, qui signifie *beau poil*, et qui avait été employée par les poètes grecs comme une simple épithète. Les Latins se sont, il est vrai, servi de ce mot pour désigner un Singe; mais il est facile de voir, par ce qu'en rapportent Pline et son copiste Solin, que ce Callitriche des Latins est fort différent de celui de Buffon. « *Les Callitriches*, disent ces auteurs, » *sont des Singes d'un aspect tout particulier; leur face est entourée d'une barbe* » *et leur queue s'élargit à son extrémité. On assure qu'ils ne peuvent vivre que* » *dans leur pays natal qui est l'Éthiopie.* » Nous connaissons plusieurs espèces de Singes, auxquelles cette description convient, et nous en décrirons une qui a aussi vécu dans notre ménagerie; mais il est clair que celle de cet article n'est pas du nombre.

Prosper Alpin, dans son histoire naturelle d'Égypte, donne ce nom à plusieurs Guenons barbues; et Buffon en cite une comme pouvant être la même que son Callitriche; mais on voit aisément par la description de ce voyageur, que c'est du *Patas* ou *Guenon rouge*, (*Simia rubra*) qu'il a voulu parler.

Le Callitriche de Buffon est nommé *Singe vert* par presque tous les voyageurs. C'est sous ce nom qu'en ont parlé *Adanson*, *Brisson* et *Pennant*. Celui de *Simia Sabæa* que lui a donné Linnæus, n'est pas aussi facile à justifier; il semble indiquer que ce Singe vient d'Arabie, tandis que tous les auteurs s'accordent à le représenter comme africain. Adanson l'a observé au Sénégal, et en a rapporté diverses parties encore aujourd'hui déposées au Muséum d'histoire naturelle; celui qu'Edwards a représenté venait de San-Jago, l'une des îles du Cap Vert: il n'y a que Pennant qui dise qu'il y en a un des Indes orientales dans le cabinet de S. Ashton-Lever; mais les possesseurs de cabinets sont si sujets à être trompés sur la patrie des productions naturelles qu'ils achètent, que leur autorité n'est pas suffisante pour fixer les idées à cet égard.

Nous ne savons, touchant les mœurs de ces Singes dans l'état sauvage, que ce qu'en rapporte Adanson. Ils se tiènent en troupes dans les bois, presque toujours sur les arbres, gardant le silence, et ne se faisant remarquer que par les branches qu'ils cassent et laissent tomber. Dans les lieux où l'Homme ne va pas souvent les poursuivre, ils ne le craignent point, et si on en tue quelques-uns à coup d'armes à feu, on ne fait pas fuir les autres pour cela.

Ceux qu'on tient en esclavage ne s'apprivoisent pas aisément; l'individu que nous représentons, et qui avait vécu deux ans dans la ménagerie, est toujours resté féroce; il s'irritait contre tous les hommes et mordait souvent ses gardiens. Les femmes lui causaient une fureur d'une autre espèce, qu'il témoignait de la manière la plus brutale; sa voix était une sorte de grognement, commençant par un ton grave et finissant par un plus aigu; elle ressemblait assez à celle des Cynocéphales, mais était un peu moins forte. Sa nourriture consistait, comme celle des autres Singes, en pain, en fruits et en racines. Il se tenait le plus souvent assis et les yeux fermés.

On ignorait son pays natal. Il pouvait avoir cinq ans lorsqu'il est mort. Sa couleur devenait plus foncée en hiver; pendant l'été son ventre et sa poitrine perdaient presque tous leurs poils.

La figure qu'Édwards a donnée de ce Singe, et que Schreber a copiée, est beaucoup moins bonne que celle de Buffon. Celle-ci n'a d'autre défaut que de représenter les poils trop longs, et la face trop aiguë par en bas.

Peint par Maréchal. Gravé par Miger.

SIMIA { Maimon / Mormon } Lin.

LE MANDRILL.

Quart de la Grandeur.

LE MANDRILL.

SIMIA MAIMON, ET *SIMIA MORMON*. LINN.

Il serait difficile de se figurer un être plus hideux que le Mandrill, et les formes humaines ne sont nulle part alliées avec celles des brutes de manière à produire un composé plus répugnant. Sous un front étroit sont situés profondément deux petits yeux vifs et dorés, si rapprochés l'un de l'autre, que leur seule position donne à la physionomie un air de fureur; un énorme museau, emblême de toutes les passions brutales, se termine par un aplatissement arrondi d'un rouge de feu, sans cesse sali par une humeur dégoûtante; les joues très-bombées et sillonnées de rides longitudinales, sont d'un bleu changeant en violet livide; un ruban étroit de couleur de sang, couvrant toute la longueur du nez les sépare l'une de l'autre, et achève de faire croire que toute la face est meurtrie ou écorchée. La partie postérieure du corps n'est ni moins extraordinaire, ni moins révoltante. Sous une courte queue sans cesse relevée, est un anus entouré dun gros bourrelet écarlate; de larges fesses nues, que l'animal semble montrer sans cesse avec autant de lasciveté que d'impudence, sont colorées d'un rose vif, nuancé sur les côtés de lilas et de bleu; les parties génitales enfin sont d'un rouge de feu, d'autant plus tranché, qu'elles sont absolument nues, et qu'elles viènent à la suite d'un abdomen revêtu de poils blancs. Que l'on joigne à tous ces traits un pelage brun et hérissé, surtout au tour de la tête, une barbe pointue et d'un jaune clair, des canines aiguës et sortant de la bouche, un corps trapu, des membres musculeux, une taille approchant de celle de l'homme et une force de corps incomparablement plus grande, on aura une idée de cet horrible animal dans son état de plein accroissement, et tel qu'était celui que nous représentons.

Jamais le naturel n'a mieux répondu à la physionomie; aucun des moyens qui servent à apprivoiser les autres animaux ne réussissent avec ceux-ci; ils sont toujours d'une férocité extraordinaire, et c'est d'eux que les gardiens de ménageries ont le plus à craindre; leurs regards, leurs cris, leurs gestes annoncent en même temps l'impudence la plus brutale, les desirs les plus lubriques, et ils les satisfont par les excès les plus honteux: la nature semble en un mot avoir voulu en faire l'image du vice dans toute sa laideur.

Mais le Mandrill n'a pas à tout âge cet excès de difformité et de malice; la proportion alongée de sa tête, les saillies de ses joues, ne se prononcent que quand ses canines se développent entièrement; ce n'est aussi qu'alors que son nez prend cette couleur rouge qui tranche si fort avec le bleu des joues, que ses poils s'alongent et se hérissent, et que son corps grossit au point de le distinguer si fort des autres Singes par ses proportions trapues: les jeunes Mandrills et les femelles ont le museau plus court et d'un bleu uniforme; mais comme ces animaux, ainsi que la plupart de ceux qui nous viènent de la Zone torride, et notamment le Lion, ont beaucoup de peine à achever leur dentition dans notre climat, il est arrivé très-rarement qu'on y ait vu de vieux mâles, et ceux qu'on a décrits ont passé pour appartenir à une espèce différente. Heureusement plusieurs de ces Mandrills ayant vécu ensemble ou successivement dans cette ménagerie, M. Geoffroy est parvenu à suivre assez leur développement pour s'assurer que cette différence ne tient qu'à l'âge. Les observations de ce savant naturaliste, déjà consignées dans l'histoire des Singes d'Audebert, sont confirmées par le témoignage de tous les marchands d'animaux; les Mandrills de l'un et de l'autre sexe, disent-ils, ont la face toute noire dans leur première jeunesse; à deux ans les canines commencent à pousser, et à trois ils prènent du bleu; ce n'est qu'à cinq ans qu'il vient du rouge aux mâles, lorsque leurs canines achèvent de prendre leur accroissement; ces couleurs vives, qui tiènent à l'abondance du sang dans les vaisseaux de la peau, ainsi qu'il est aisé de s'en appercevoir lorsqu'on observe cette peau à la loupe, paraissent donc dépendre originairement de l'irritation que l'accroissement des dents produit sur le nerf maxillaire. Les femelles ne prènent jamais de rouge décidé; seulement le bout du nez devient un peu rougeâtre dans le temps de leur écoulement périodique. Ce dernier état leur arrive assez régulièrement chaque mois et dure quinze jours; il est accompagné d'un gonflement bien singulier des parties qui environnent l'anus; il s'y forme alors une protubérance inégale, rouge et comme enflammée, de la grosseur d'une tête d'enfant ou plus forte encore; en même temps ces femelles répandent beaucoup de sang et quelquefois une liqueur blanche: c'est au commencement et à la fin de cet état qu'elles sont le plus portées à l'amour; les mâles y sont extraordinairement ardents en tout temps et s'épuisent souvent à force d'excès; leur semence a cela de particulier, qu'à l'instant où elle tombe à terre, elle s'y fige et s'y durcit comme ferait de la cire liquide.

Nous avons déjà eu occasion de parler de l'amour des Singes pour les femmes; aucune espèce n'en donne des marques plus vives que celle-ci; l'individu que nous décrivons entrait dans des accès de frénésie à l'aspect de quelques-unes; mais il s'en fallait bien que toutes eussent le pouvoir de l'exciter à ce point; on voyait clairement qu'il choisissait celles sur lesquelles il voulait porter son imagination, et il ne manquait pas de donner la préférence aux plus jeunes. Il les distinguait dans la foule; il les appelait de la voix et du geste, et on ne pouvait douter que, s'il eût été libre, il ne se fût porté à des violences. Ces faits bien constatés, observés par mille témoins éclairés, rendent très-digne de foi tout ce que les voyageurs rapportent sur les dangers que les Négresses courent de la part des grands Singes qui habitent leur pays. On a attribué à l'Orang-Outang, ou plutôt au Chimpansé, plusieurs traits de ce genre qui appartenaient vraisemblablement au Mandrill. Il est clair par exemple que le Barris de Gassendi est beaucoup plutôt un Mandrill qu'un Chimpansé; et ce qui paraîtra peut-être singulier, il n'est pas sûr que le nom même de Mandrill n'appartiène pas en revanche au Chimpansé plutôt qu'à l'animal que nous décrivons aujourd'hui; il paraît du moins certain, ainsi que l'a déjà observé Audebert, que Smith, dont Buffon a emprunté ce nom, a réellement voulu parler du Chimpansé; aussi étions-nous presque tentés d'ôter à cet animal-ci le nom de Mandrill, si l'erreur n'avait tellement prévalu, que c'est aujourd'hui celui sous lequel il est connu de tous les naturalistes dans l'état où ils le voyent le plus souvent, c'est-à-dire dans sa jeunesse. C'est dans cet état que Linnæus le nomme *Simia Maimon*; il a fait, d'après Alstrœmer, une seconde espèce du vieux mâle, sous le nom de *Simia Mormon*. Buffon parle aussi de ce vieux mâle, dans son supplément posthume, sous le nom de *Choras*, Pennant sous celui de *grand Babouin*, et Shaw sous celui de *Babouin varié*. Il n'y a dans toutes les figures de ces auteurs, que celle de Buffon qui soit bonne. La plus mauvaise, quoique la plus nouvelle, est celle de Shaw. Pennant pense que la figure donnée par Gessner, et nommée par celui-ci *Papio*, dont Linnæus a fait son *Simia Sphinx*, n'est autre que notre animal. Cela paraîtrait vrai, si l'on en jugeait par la queue; mais la tête est plutôt celle du *Papion* de Buffon, que nous nommons grand Cynocéphale, et dont nous donnerons aussi une histoire particulière. La figure d'Audebert, bonne d'ailleurs, est faite d'après un mâle qui n'était pas encore entièrement adulte.

Voici quelques détails à ajouter à la description qui commence cet article. Le poil du corps est coloré par anneaux de noir et de jaune, d'où résulte un brun verdâtre commun à plusieurs Singes, mais plus foncé dans le Mandrill que dans la plupart des autres. Au-dessus des oreilles est un bandeau blanchâtre, interrompu sur le sommet de la tête; la barbe est d'un jaune citron, et les poils des côtés de la bouche d'un blanc sale; la même couleur occupe le bas-ventre. Le reste du dessous du corps est brunâtre. La peau du tour des yeux est d'un violet brun; l'iris des yeux est noisette. Les poils des côtés de la tête se joignent à ceux du sommet pour former une sorte de toupet dont le milieu s'élève quelquefois en aigrette pointue.

L'individu que nous décrivons est mort à douze ans, d'accident; il était dans la plénitude de sa force, ainsi qu'on a pu en juger par la beauté extraordinaire de ses muscles; il avait un peu plus de quatre pieds lorsqu'il se tenait debout. Félix en avait eu un auparavant, de quatre pieds et demi, dont deux hommes ne pouvaient se rendre maîtres.

Ce que l'anatomie du nôtre a présenté de plus remarquable, est la poche membraneuse qui communique avec le larynx, et qui éteint presque la voix. Elle a été bien décrite par Camper et par Viq-d'Azir.

La voix ordinaire de ces animaux est un petit son, *aou, aou* prononcé de la gorge; quand on les irrite, ils râlent un peu de la gorge, mais jamais bien haut; et Buffon a mal saisi le sens de Pennant, lorsqu'il rapporte, d'après ce dernier, que la voix du Choras ressemblait par la force au mugissement du Lion; ce n'est que pour le timbre et le ton.

Ces animaux vivent de fruits, de carottes, de pain; il leur en faut environ deux ou trois livres par jour et une bouteille d'eau. Leurs excréments ressemblent à ceux de l'Homme et sont très-fétides; le mucus des narines coule souvent sur l'aplatissement du bout du museau, et ils l'y essuyent avec la main.

Les Mandrills nous viènent tous de la côte d'Or, ou des autres parties de la Guinée, et c'est à tort qu'on a supposé que les individus à nez rouge étaient originaires des Indes. Les anciens ne doivent donc guère les avoir connus; et en effet, quoique plusieurs modernes ayent cru que c'étaient les Satyres de Pline, d'Élien et de Gallien, il suffit de lire les passages de ces derniers pour s'appercevoir qu'ils ne contiènent rien qui indique plutôt le Mandrill que d'autres grands Singes. M. Lichtenstein rapporte aussi au Mandrill ces vers de Juvénal, sat. X, v. 193 et suiv.

. . . . *Adspice rugas*
Quales, umbriferos ubi pandit tabraca saltus,
In vetula scalpit jam mater simia bucca.

Mais quoique les rides de cette espèce soient plus prononcées, on en trouve assez dans presque tous les Singes pour qu'ils ayent pu aussi servir d'objet de comparaison.

Peint par Maréchal. *Gravé par Miger.*

SIMIA APELLA LE SAJOU.

Moitié de Grandeur.

Peint par Maréchal. Gravé par Miger.

SIMIA APELLA Fœmina. LE SAJOU Femelle.

Moitié de Grandeur.

LE SAJOU.

SIMIA APELLA. LINN.

Le nouveau continent produit un assez grand nombre d'animaux qui ont beaucoup de rapports avec ceux qu'on appèle dans l'ancien Guenons ou Singes à longues queues. Leur figure plus ou moins grotesquement ressemblante à celle de l'homme, les pouces séparés aux quatre pieds, le nombre des incisives et des canines, sont les principaux traits de conformité de ces deux genres; mais il y a d'autres traits qui les distinguent constamment : le pouce des mains est plus court à proportion dans les Singes du nouveau continent que dans ceux de l'ancien. Les narines des premiers sont percées sur les côtés du nez, et sont par conséquent séparées l'une de l'autre par un espace assez large, tandis qu'il n'y a entre les narines des Singes de l'ancien continent qu'une cloison mince. Les premiers ont vingt-quatre molaires, et trente-six dents en tout; les autres n'ont, comme l'homme, que trente-deux dents, dont vingt molaires. On n'observe point sur les fesses des Singes d'Amérique ces proéminences nues et calleuses que portent presque tous ceux de l'ancien monde, et, d'un autre côté, ces derniers n'ont jamais la queue prenante, comme elle l'est dans un grand nombre des Singes d'Amérique. On nomme queues prenantes, celles qui peuvent se rouler sur elles-mêmes, et saisir les corps avec assez de force pour que l'animal puisse les emporter, ou pour qu'il puisse s'y suspendre. Le mécanisme de ces sortes de queues n'est pas essentiellement différent de celui des queues ordinaires : elles contiènent les mêmes os et les mêmes muscles; mais ceux-ci sont plus vigoureux dans les queues prenantes, et les apophyses de ceux-là, quoiqu'en même nombre, y sont beaucoup plus saillantes. Ce dernier caractère suffit pour faire distinguer dans le squelette la queue prenante de celle qui ne l'est point. A l'extérieur la queue prenante se reconnait à ce que son extrémité est plus ou moins dégarnie de poils en dessous, et qu'il y a, à cet endroit, une peau plus ou moins ressemblante à celle qui revêt les doigts. La queue prenante est en effet un véritable membre qui concourt, avec les quatre autres, à la perfection des moyens que la nature a donnés aux Singes pour se tenir constamment sur les arbres. Tous les Singes d'Amérique ne jouissent pas de cet avantage particulier. Buffon s'est servi de leur différence, à cet égard, pour les diviser en deux genres, et il a donné le nom de *Sapajou* à ceux qui ont la queue prenante, et celui de *Sagouins* à ceux qui ne l'ont pas.

Un examen attentif a montré depuis qu'il s'en faut bien qu'ils se ressemblent d'ailleurs assez pour qu'on n'ait pas besoin de les subdiviser encore : on remarque surtout une grande différence par rapport à la forme de la tête. Le grand nombre des Sapajous a le visage plat, presque autant que l'Orang-outang; leur crâne est applati et se prolonge en arrière; leur mâchoire inférieure n'a que les proportions les plus ordinaires dans les Singes; mais dans quelques espèces la face descend beaucoup plus bas que le crâne; la mâchoire inférieure a surtout ses branches montantes extrêmement hautes et larges, et la tête, au lieu de se prolonger en arrière, prend la forme d'une pyramide. Cette forme de tête tient à une structure particulière des organes de la voix. Nous donnons aux espèces qui en sont douées le nom générique d'Allouate, et nous réservons celui de Sapajou à ceux qui ne l'ont pas. On pourrait encore séparer des Sapajous proprement dits, le *Coaïta*, qui approche un peu des Allouates par ses mâchoires et par ses organes de la voix, mais qui se distingue éminemment de tous les Singes connus, parce que les pouces de ses mains sont d'une petitesse extraordinaire et presque entièrement cachés sous la peau. Toutes ces séparations faites, il reste encore assez d'espèces de Sapajous pour que la nomenclature en soit fort embrouillée; et il est d'autant plus difficile de les caractériser, qu'avec une certaine ressemblance générale entre les espèces, il y a, dans chacune, des variétés nombreuses pour les teintes du poil. Au lieu donc de suivre aveuglément, ou de vouloir réformer trop tôt ce qui a été fait à cet égard jusqu'à présent, il faut tâcher de décrire et de comparer rigoureusement les individus qu'on aura occasion de voir vivants, et engager les Voyageurs à publier avec détail ce qu'ils observeront dans le pays natal de ces animaux. On peut remarquer surtout l'insuffisance des descriptions actuelles dans ce qui concerne le Sajou et le Saï.

Buffon en établit d'abord deux espèces, le Sajou et le Saï, auxquelles il a depuis ajouté le Sajou cornu; Linnæus en fait cinq, *Simia Apella*, *Capucina*, *Trepida*, *Fatuellus* et *Morta*. La nomenclature de ces deux Auteurs n'est pas même facile à accorder. Pennant ne rapporte pas les noms de Linnæus aux mêmes espèces de Buffon que Gmelin. Au moins une des espèces ajoutées par Linnæus, la dernière, était un individu non adulte. D'Azzara semble ne vouloir faire de tous les Sajous et de tous les Saïs qu'une seule et même espèce.

Jusqu'à présent, l'opinion de Buffon, qu'il n'y a que deux espèces principales, le Sajou et le Saï, nous paraît la plus plausible; et voici à peu près comment nous croyons pouvoir en déterminer les caractères.

Le Sajou a le visage pâle, entouré d'un cercle de poils bruns, étroit par en bas; le Saï a le front et tout le tour du visage garni de poils pâles: hors ce premier point, il est difficile de rien trouver de fixe.

Les Sajous les plus communs sont d'un brun-fauve; le sommet de leur tête, leur nuque, le cercle du tour du visage, les avant-bras, les cuisses, les jambes et les quatre mains sont d'un brun-foncé; la queue est presque noire; l'épaule et la face extérieure du bras sont d'un jaune-pâle; le visage a quelques poils d'un gris-pâle. On en conserve au Muséum deux individus conformes à cette description.

On y en conserve un troisième plus petit, qui a la poitrine jaunâtre, toutes ses teintes en général plus pâles, et les bras, en particulier, presque blanchâtres.

Celui que notre Planche représente n'avait pas même les cuisses brunes; elles étaient du même fauve que le dos.

Un individu femelle, qui a vécu à la Ménagerie en même temps que le précédent, était presque entièrement d'une teinte brun-fauve uniforme; à peine voyait-on un peu plus de brun aux endroits ordinairement bruns-noirâtres.

D'autres individus, au contraire, s'écartent du type primitif, parce qu'ils ont beaucoup plus de brun. On en conserve un au Muséum qui a été décrit par Buffon sous le nom de Sajou gris; il est tout entier d'un brun-foncé, mêlé de grisâtre; sa calotte et le tour de son visage sont encore un peu plus foncés que le reste. Il n'a rien de jaune aux épaules ni aux bras; son visage est gris-pâle.

Le *Sajou cornu* a les mêmes teintes que le Sajou ordinaire, la même taille, la même figure; seulement le jaune de son épaule s'étend sur le derrière de l'oreille et sur la poitrine; les poils de son front forment une petite aigrette au devant de chaque oreille. Ces aigrettes sont un peu exagérées dans la figure de Buffon.

Les *Saïs* les plus communs sont bruns-foncés, mêlés d'un peu de grisâtre; le sommet de la tête est plus foncé. Le front, le tour du visage, l'épaule, le dehors du bras, est gris-pâle; il n'y a point de cercle brun autour de la face.

Audebert représente un Sapajou qui a le tour du visage gris-pâle comme les *Saïs;* le pelage gris-brun, les épaules et les bras jaunâtres comme les *Sajous;* la poitrine rousse.

D'Azzara semble indiquer un Saï, quand il parle du front pâle; et un Sajou, quand il décrit la ligne brune qui descend sous la gorge.

Le *Saï à gorge blanche*, de Buffon, encore aujourd'hui conservé au Muséum, est d'un brun très-foncé; son front, le tour de sa tête, son col (la nuque exceptée), ses épaules, le dehors de ses bras et sa poitrine sont d'un blanc assez beau. d'Azzara croit que cet état n'est qu'un degré de la maladie albine.

On voit donc beaucoup de variétés de couleurs et des nuances intermédiaires très-embarrassantes. Aucune des phrases de Linnæus ne peut servir de caractère. Si l'on compare même celles de son *Apella* et de son *Capucina*, on verra qu'elles ne diffèrent que par l'arrangement de mots, hors la calotte noire qu'il donne de plus à son *Capucina*, mais qui convient presque également bien à tous nos individus. Pennant et Shaw n'ont rien d'original.

Ce serait en vain qu'on voudrait employer la patrie, les mœurs et la voix pour distinguer mieux ces Sapajous. Ils viènent tous également de la Guyane, ou du Brésil; ils ont tous la même voix, c'est-à-dire, dans l'état ordinaire un petit sifflement, et lorsqu'on les tourmente, des pleurs semblables à ceux d'un enfant. Ils sont tous adroits, agiles, très-agréables à voir sauter et gesticuler, susceptibles de docilité et d'attachement. L'individu représenté sur la Planche, chérissait son maître, et le reconnut parfaitement après en avoir été séparé pendant trois mois.

M. Moreau de St.-Merry rapporte, dans l'ouvrage de d'Azzara, T. II, p. 257, l'histoire d'un Sajou qui s'était attaché à lui, et qui le défendait comme un chien aurait pu le faire.

Dans l'état de nature, ces animaux vivent par paires dans les bois; la femelle ne fait ordinairement qu'un petit, qui naît en novembre; elle le porte par-tout sur son dos. Ils mangent de tout, et même de leurs excréments, lorsqu'ils ont faim. Les graines, les noix, les fruits doux, sont cependant ce qu'ils aiment le mieux; mais ils ne refusent pas les insectes, les vers, ni même la viande. Ils ont quelquefois produit dans notre climat. Buffon en rapporte des exemples; cependant, les deux individus de notre Ménagerie ne s'y sont pas même accouplés, quoique tous les autres Singes qui y sont le fassent sans cesse. On mange leur chair à la Guyane.

Le nom commun de tous ces animaux, en langue Brasilienne, est *Cay*, et non pas *Saï*, comme l'a cru Buffon. *Cay-Gouazou*, dont Buffon a fait *Sayouassou*, qu'il a contracté en *Sajou*, signifie grand Cay. *Cay-Miri*, dont le même naturaliste a fait *Saïmiri*, et qu'il a appliqué à une espèce plus petite, signifie en effet, petit ou jeune Cay. Il n'y a point de preuve que le *Micou* de la Borde, qui va en troupes de plus de trente, soit le même que le Sajou, ni que le Saï, qui ne vont qu'en famille, selon d'Azzara.

Peint par Maréchal

Gravé par Miger

SIMIA RHESUS LE RHÉSUS.

Moitié de la Grandeur

Peint par Maréchal. *Gravé par Miger.*

LEMUR CATTA Lin. LE MAKI MOCOCO

Tiré de la Grandeur

Peint par Maréchal. Gravé par Miger.

LEMUR FULVUS Geof. LE MAKI BRUN

Tiers de la Grandeur

LE MAKI MOCOCO
ET
LE MAKI BRUN.

LEMUR CATTA. Lin. *LEMUR FULVUS.* Geof.

Par E. GEOFFROY.

Les Makis sont des êtres tout à fait singuliers, à museau de Renard et à pattes de Singe: ils semblent destinés à remplir l'intervalle qu'il y a entre les animaux qu'une ressemblance grossière rapproche de l'Homme, et les véritables quadrupèdes; car ils tiènent des premiers, par les organes du mouvement, et des seconds, par la forme conique et la longueur de la tête. Les dents incisives qui ne peuvent varier, à moins que les organes de la digestion et quelquefois ceux de la préhension ne soient en même temps modifiés, indiquent aussi ces mêmes rapports, puisque les Makis ont quatre incisives à la mâchoire supérieure et six à celle d'en bas, comme les carnivores.

Cependant c'est des Singes qu'ils se rapprochent le plus: ils ont de même deux mamelles placées au devant de la poitrine, les organes de la génération toujours visibles à l'extérieur, l'humérus appuyé sur une clavicule complette, les mouvements de pronation et de supination aussi faciles que dans l'homme, un pouce écarté des autres doigts et susceptible de leur être opposé, les yeux placés au devant de la tête, et surtout la fosse orbitaire distincte de la fosse temporale, caractère d'autant plus important, qu'on ne le retrouve plus dans aucun autre mammifère digité.

Mais avec tous ces caractères communs, les Makis diffèrent assez des Singes pour qu'on ne les ait jamais confondus dans le même genre: une physionomie fine et agréable; une taille svelte et élégante; les jambes de derrière plus longues que celles de devant; un poil doux, soyeux, abondant et d'une extrême propreté; la position des dents incisives, *les supérieures écartées par paire, les inférieures dirigées en avant;* tels sont les traits qui distinguent ces jolis animaux.

Ils ont de plus un caractère qu'on serait tenté de négliger, parce qu'il fait partie des organes les plus sujets à varier; c'est l'ongle du deuxième doigt des pieds de derrière, qui est long, arqué, creusé en gouttière, et terminé en pointe: cet ongle est le seul qui ait cette forme, les autres sont comme dans les quadrumanes, courts droits et applatis. Cette singularité mérite d'autant plus qu'on y fasse attention, qu'elle s'étend non seulement à tous les vrais Makis, mais encore à d'autres petites familles qui en sont voisines, et qui s'en distinguent pourtant par le nombre et la position des incisives, la forme et la longueur respective des organes du mouvement, les proportions du crâne, etc. Ainsi la plupart des organes de quelque valeur varient dans ces animaux qui forment la deuxième division des quadrumanes:

l'ongle du deuxième doigt est le seul qui ne soit pas dans ce cas : c'est le caractère le plus constant, de manière que, si on en jugeait d'après les règles établies pour l'évaluation des caractères, il faudrait admettre que cet ongle est dans une relation nécessaire avec les principaux organes, ce qui n'est nullement vraisemblable.

Je n'insiste pas davantage sur les rapports naturels des Makis ; on peut consulter à cet égard un mémoire que j'ai publié dans le septième volume du *Magasin Encyclopédique*, et dans lequel j'ai fait voir que tous les animaux confondus sous ce nom, devaient être divisés en cinq genres : les *Makis* proprement dits, les *Indris*, les *Loris*, les *Galagos* et les *Tarsiers* : c'est au premier de ces genres qu'appartiènent le Mococo et le Maki brun dont nous avons à traiter ici.

Le *Mococo* se reconnaît à sa belle et grande queue qui est toujours relevée, et sur laquelle on compte jusqu'à trente anneaux alternativement noirs et blancs, tous bien distincts et bien séparés. Le poil de cette belle espèce, toujours propre et lustré, change peu de couleur : celui des parties inférieures du corps est blanc ; il est cendré avec une légère teinte de roussâtre sur le dos. La tête, à laquelle un museau pointu et relevé, un œil vif et animé donnent de la grace, se fait surtout remarquer par l'opposition de ses couleurs : tout le museau, le tour des yeux et l'occiput sont noirs, le front et les oreilles blancs, et les joues cendrées ; le dessus des bras est aussi de cette couleur ; un liseret noir entoure la gorge et se continue sur les épaules.

Le Mococo, dont nous donnons la figure, a vécu dix-neuf ans à notre connaissance : il a d'abord appartenu au marquis de Nesle, et depuis à M. Merlin de Thionville, qui en fit présent à la Ménagerie nationale : on peut juger, d'après le grand âge de ce Maki, qu'il a fort bien supporté la température de notre climat ; cependant il a toujours paru incommodé du froid ; il montrait qu'il y était sensible, en se ramassant en boule, les jambes rapprochées du ventre, et en se couvrant le dos avec sa queue. On le tenait l'hiver à portée d'un foyer au devant duquel il s'asseyait, en étendant les bras pour les approcher plus près du feu : c'était aussi sa manière d'aller se chauffer au soleil. Il aimait le feu, au point de se laisser souvent brûler les moustaches et le visage, avant de se décider à s'éloigner à une distance convenable ; ou bien il se contentait de détourner la tête, tantôt à droite et tantôt à gauche.

Il avait été accoutumé à jouir d'une certaine liberté ; on ne voulut point l'en priver en l'enfermant dans une des loges de la Ménagerie : on le plaça dans le laboratoire où l'on prépare les pièces destinées à enrichir les collections. Il exigeait la plus grande surveillance : inquiet, sans cesse en mouvement, il examinait, touchait et renversait tout ce qui était à sa portée : une planche au-dessus de la porte du laboratoire lui servait de lit : c'était là qu'il se rendait chaque soir, après s'être préparé au sommeil par un très-grand exercice : il n'a peut-être jamais oublié d'employer la dernière demi-heure de chaque journée à sauter en mesure : cette espèce de danse achevée, il se rendait à son gîte où il ne tardait pas à s'endormir.

On le nourrissait de pain, de carottes et de fruits qu'il aimait singulièrement :

il mangeait volontiers des œufs: il avait pris aussi, dans son premier âge, du goût pour la viande cuite et les liqueurs spiritueuses.

C'était d'ailleurs un animal de la plus grande douceur, sensible aux caresses qu'on lui faisait, familier avec tout le monde, un peu taciturne sur ses vieux jours. Il n'affectionna jamais personne en particulier: il allait indifféremment se poser sur les genoux ou grimper sur les épaules de toutes les personnes qui le venaient visiter.

Le Mococo est, de tous les Makis, celui qu'on transporte le plus souvent en Europe: il est étonnant que nous connaissions si peu de chose de ses mœurs à l'état sauvage: Flaccourt nous apprend seulement qu'il vit sur les arbres, et se trouve en troupes de trente à quarante.

Le *Maki brun* est une espèce dont il n'est point fait mention dans le système de la nature: elle n'a encore été décrite que par Buffon, dans le tom. 7 de ses suppl., pag. 110. On ne doit pas la confondre avec le Mongous, *Lemur Mongoz.* Elle est toujours d'un tiers plus grande, sa tête est plus arrondie et son museau plus fin: sa queue, moins touffue et plus laineuse, diminue de grosseur vers son extrémité: elle est aussi d'une autre couleur; brune en dessus et cendrée en dessous. La croupe et les jambes sont lavées d'olivâtre, parce que les poils qui recouvrent ces parties sont roux à leur pointe: les yeux sont d'un jaune-orangé très-vif, la tête entièrement noire.

Le Mococo, le Maki brun, et généralement les espèces de ce petit genre, ont toutes été rapportées de l'île de Madagascar: plusieurs personnes ont écrit qu'il se trouvait aussi des Makis sur la côte occidentale de l'Afrique; mais quand on remonte à la source de ces témoignages, on ne tarde pas à reconnaître qu'on ne peut aucunement s'y fier. Cependant ce fait méritait la peine d'être éclairci. On se rappèle que Buffon a établi une loi de la plus grande importance en zoologie, et même dans l'histoire des révolutions du globe, c'est qu'aucune espèce de mammifère de la zône torride n'est commune aux deux continents. Cette règle que Buffon a souvent, avec succès, étendue à quelques familles, trouve ici une application très-remarquable. Il est en effet très-singulier que, les Singes étant répandus en grand nombre dans tous les pays chauds de l'ancien continent, on n'en connaisse point à Madagascar, et que tous les mammifères de cette île, qui participent aux formes et aux habitudes des Singes, constituent une famille particulière. Cette observation ne tendrait-elle pas à faire croire que l'existence des Singes et des Makis est de beaucoup postérieure à l'époque où l'île de Madagascar fut séparée du continent?

Le Maki brun n'avait encore été figuré que par Buffon, suppl. 7, pl. 33. Le Mococo au contraire l'a été par beaucoup d'auteurs: les meilleures figures connues sont celles d'Edwards, pl. 216; de Buffon, tom. 13, pl. 26, et d'Audebert, *hist. nat. des Singes et des Makis*, pl. 4.

Peint par Maréchal. — Gravé par Miger.

CAVIA AGUTI — L'AGOUTI.

Tiers de la Grandeur.

L'AGOUTI.

ÇAVIA AGUTI. Lin.

Le genre auquel appartient cet animal, est propre au nouveau continent; et quoique toutes les espèces qui le composent ayent bien un certain rapport, il est difficile d'en exprimer d'une manière claire les caractères communs. Elles ont le corps assez gros et les jambes basses, surtout les antérieures; leur queue est courte ou elles en manquent tout à fait; leur museau est épais et renflé comme celui des Porc-Épics, leurs oreilles nues et arrondies, leur poil le plus souvent rare et grossier; elles ont quatre doigts aux pieds de devant, et trois à ceux de derrière; une espèce cependant fait exception à cette règle; elle a de chaque côté du pied un petit doigt qui, avec les trois ordinaires, complette le nombre de cinq; enfin elles manquent de l'os nommé clavicule, qui joint l'omoplate au sternum, et que presque tous les autres rongeurs possèdent.

Les espèces qui n'ont point du tout de queue apparente, se trouvent avoir dans les dents molaires une structure particulière que nous avons crue suffisante pour en faire une petite famille. Ces dents sont composées de lames verticales, tranchantes par leurs bords latéraux, et placées parallèlement les unes aux autres, de manière que la direction de chaque lame est transverse à celle de la mâchoire. Cette section contient deux espèces anciennement connues, le Cabiai (*Çavia capybara*), et le Cochon-d'Inde (*Çavia cobaia*).

La seconde section contient trois espèces; le *Paca*, qui est celle à cinq doigts derrière; *l'Agouti* et *l'Acouchi*, qui n'en ont chacune que trois, et qui ne diffèrent que par la queue, un peu longue dans l'Acouchi, et presque nulle dans l'Agouti. Ces trois espèces ont conservé dans *Linnæus* les mêmes noms que Buffon leur donne d'après les Indiens. Leurs dents ne sont point composées de lames verticales et transversales; mais la couronne présente des compartiments irréguliers d'émail.

D'Azzara fait encore mention de deux autres espèces; l'une qu'il nomme *Couiya*, est semblable au Cabiai, mais sa queue égale la moitié de la longueur du corps; l'autre, qu'il nomme *Lièvre Pampas*, ressemble au Lièvre par ses longues oreilles, mais a les pieds et les dents des Agoutis. Celle-ci avait déjà été indiquée par les voyageurs anglais et par Pennant, sous le nom de *Lièvre des Patagons* : il faut attendre des observations ultérieures pour savoir à laquelle de ces deux sections ces espèces appartiènent, ou si elles en doivent faire de nouvelles. Quant à *l'Aperea* dont Gmelin a fait une sixième espèce, il paraît, selon le même d'Azzara, qu'il n'est que le Cochon-d'Inde sauvage. Enfin, le *Piloris*, ou *Rat musqué des Antilles*, est trop peu connu pour qu'on puisse le placer dans ce genre comme l'a fait Pennant, plutôt que dans tout autre genre de rongeurs.

L'espèce de l'Agouti est à peu près de la grandeur d'un Lièvre; sa tête tient davantage de celle du Cochon-d'Inde, par la grosseur du museau et par l'applatissement du sommet; les oreilles sont larges, courtes, minces et presque nues; le corps est plus gros en arrière qu'en avant; la queue ne forme qu'un petit tubercule conique sans poil; les jambes sont fines et sèches; celles de devant ont quatre doigts bien apparents, et un cinquième dont on ne voit que l'ongle; celles de derrière n'en ont que trois, mais plus gros que les autres, et armés de grands ongles plats et triangulaires; elles sont d'un tiers plus longues que celles de devant; l'animal les tient presque toujours à demi ployées; le poil est de longueur médiocre, roide, lisse, et d'ordinaire serré contre le corps; ceux de la croupe sont un peu plus longs que les autres; la couleur de ces derniers est d'un fauve orangé assez vif; celle du reste du dessus du corps est un mélange de brun fauve et de noirâtre; le dessous est un jaune tirant sur le gris et sur le roux. La partie dorsale est plus noirâtre que le reste; les jambes sont presqu'entièrement noirâtres. Les dents incisives de l'Agouti sont d'un jaune foncé; ses molaires, au nombre de quatre de chaque côté, tant en haut qu'en bas, présentent une couronne parfaitement plate, ovale, échancrée de chaque côté, et creusée de quelques sillons étroits et irréguliers. Il y a douze mamelles; on ne voit point de scrotum; la verge, dans son état tranquille, se dirige en arrière; le gland est armé comme celui des Chats, de papilles aiguës et dures, recourbées en arrière, et il a de plus deux petites lames osseuses en forme d'ailes, dont le bord tranchant est dentelé en scie, et dont les dents sont dirigées en avant. Les viscères n'ont rien de particulier; l'estomac est médiocre et le cœcum grand, sans l'être autant que celui du Lapin.

L'Agouti habite dans la Guyane, le Brésil, le Paraguay et dans quelques-unes des Antilles: d'Azzara dit expressément qu'il n'y en a point à Rio-de-la-Plata, et nous ne voyons pas que ceux qui ont décrit les animaux du Mexique et des autres parties de l'Amérique septentrionale, ayent fait mention de celui-ci. C'est le quadrupède le plus commun à la Guyane, selon Laborde; il a été en grande partie détruit dans celles des Antilles qui sont bien cultivées; on n'en voit plus à la Martinique, mais il y en a encore à Sainte-Lucie; il paraît qu'il n'y en a que fort peu à Saint-Domingue, quoique Buffon dise qu'il y est commun; du moins le citoyen Moreau de Saint-Méry assure-t-il que quelques individus ayant été trouvés par hasard, aucun des anciens habitants de la colonie ne les reconnut. C'est un animal très-vorace; il dévore indifféremment toutes sortes d'aliments, les fruits, les patates, le manioc, les feuilles et les racines de toutes sortes de plantes; sa principale nourriture consiste cependant en noyaux de différents arbres; il ne refuse pas la chair lorsqu'il peut s'en procurer; sa manière de prendre sa nourriture consiste à la saisir et à la soulever avec la bouche, et à la soutenir avec les mains en se tenant assis sur sa croupe. Lorsqu'il trouve plus d'aliments qu'il n'en peut consommer, il les cache dans des trous souterrains, et les y laisse quelquefois plus de six mois sans y toucher. Il ne boit jamais; ses urines sont très-fétides. Sa course est assez rapide, surtout en plaine et lorsque le terrain va en montant. L'Agouti est sujet, comme le Lièvre, à culbuter dans les descentes, et par la même raison, c'est-à-dire à cause de la hauteur de son train de derrière. C'est pendant le jour qu'il prend son mouvement; on en voit souvent à Caïenne, des troupes de vingt et davantage, courir ensemble; dans le repos, il s'assied souvent sur les talons comme l'Écureuil; il a alors l'habitude de se frotter la tête et les oreilles avec les pieds de devant. Il se tient de préférence dans les bois et dans les lieux couverts, et choisit pour sa retraite des troncs d'arbres creux, qu'il achève de s'approprier avec ses dents et ses mains. On les y trouve solitaires, excepté les femelles qui ont des petits, et ils y passent les nuits entières, à moins qu'il ne fasse un beau clair de lune. Les femelles produisent deux ou trois fois par an, et mettent bas indistinctement en toute saison, deux petits selon Buffon et d'Azzara, quatre ou cinq selon Laborde. Elles préparent dans leur trou un lit de feuilles pour les recevoir; ces petits naissent déjà assez avancés, ils ont plus de six pouces de long; leur mère les transporte souvent d'un lieu à un autre comme font nos Chattes; l'allaitement ni l'accroissement total ne sont pas de longue durée.

Il paraît que l'Agouti s'habitue aisément à l'esclavage; mais on se soucie fort peu de l'apprivoiser, à cause de son inquiétude naturelle, et de son penchant à tout ronger et à tout détruire; il coupe en quelques secondes les cordes avec lesquelles on l'attache; il perce les portes et les cloisons des lieux où on le renferme et s'échappe aisément de partout. Lorsqu'on l'appèle ou qu'on l'effraye dans la campagne, il s'arrête pour écouter, et frappe du pied de derrière comme le Lapin et le Porc-Épic; en l'irritant encore davantage, on lui fait rendre un cri qu'on a comparé à celui d'un Cochon de lait; il hérisse aussi son poil, surtout celui de la croupe; d'Azzara assure même que pour peu que sa crainte soit vive, la contraction de sa peau devient si forte que ses poils tombent à poignée; c'est à peu près ce qui a lieu pour les épines du Porc-Épic, lorsqu'il les redresse avec trop de rapidité. Sa vue n'est pas aussi bonne que son ouie; c'est lorsque le jour est dans tout son éclat qu'on le chasse avec plus d'avantage; on le poursuit avec des Chiens, et il n'est pas très-aisé à prendre en plaine; mais s'il vient à se jeter dans quelque champ de cannes à sucre, il s'y embarrasse tellement qu'on peut l'atteindre et le tuer à coups de bâton. On peut encore l'enfumer dans son trou comme nous faisons pour les Renards. Cette chasse est utile dans des pays où il y a peu d'autre gibier; on mange la chair de l'Agouti à Caïenne et aux Antilles, mais non au Paraguay selon d'Azzara. Quoiqu'elle ait un petit goût de sauvage, elle est assez agréable; Laborde assure qu'elle est toujours tendre et jamais grasse, et Moreau de St-Méry dit qu'elle participe un peu du goût de celle du Lièvre et de celle du Lapin; selon Margrave, la chair des sauvages est meilleure que celle des domestiques. La manière ordinaire de l'apprêter est de l'échauder et de le faire rôtir avec sa peau comme un Cochon de lait. Sa peau est encore, selon Laborde, propre à faire des empeignes de souliers.

Cette description et ces observations ont pour objet l'Agouti ordinaire; il n'est pas bien certain que les deux individus que la ménagerie du Muséum a possédés, et dont la femelle est représentée sur la planche relative à cet article, n'appartiènent pas au moins à une race particulière dans l'espèce de l'Agouti. Voici les principales différences qu'ils offraient lorsqu'on les comparait avec les Agoutis ordinaires. Leur poil était, sur tout le corps, de la même couleur, c'est-à-dire noir, avec un ou deux anneaux jaunes vers la pointe, et il n'y avait point ce large espace fauve qu'on voit sur la croupe des Agoutis communs. Ces poils de la croupe étaient encore plus longs à proportion, et il y en avait sur la nuque de très-longs que l'animal relevait lorsqu'il était en colère, et qui lui formaient une crête plus haute que les oreilles. Ces différences observées par le citoyen Geoffroy, lui ont paru assez considérables pour lui faire croire que ces Agoutis de la ménagerie forment une espéce à part.

Ils avaient été achetés à Lorient, d'un capitaine de navire qui venait de Surinam. Ils étaient mâle et femelle. Le mâle ne présentait d'autre différence extérieure qu'une teinte un peu plus foncée sur le dos; ils s'accouplaient très-souvent, à peu près à la manière des Lapins; mais ces unions n'ont rien produit. Leur nourriture ordinaire consistait en carottes, en pommes de terre, en noix et en pain; c'étaient les noix qu'ils aimaient le mieux; ils consommaient environ une livre pesant chacun en vingt-quatre heures; ils soutenaient, en mangeant, leurs aliments avec les pattes; ils ne buvaient jamais; leurs excréments ressemblaient à ceux des Lapins; leur urine était rejetée en arrière; sa couleur était un jaune foncé, et son odeur très-fétide.

Ils n'ont montré aucune docilité; leur inquiétude et leurs mouvements désordonnés ne finisssaient point; ils coupaient les fils de fer de leur cage et en rongeaient sans cesse le bois. Personne ne pouvait les manier; ils se défendaient à coups de dents et jetaient des cris semblables au grognement d'un Cochon. Leur poil se hérissait dans la colère et tombait comme celui de la Mangouste, et comme les piquants du Porc-Épic le font en pareille circonstance. Ils dormaient peu et d'un sommeil très-agité.

Buffon est le seul auteur qui ait donné, à notre connaissance, une bonne figure de l'Agouti. Seba en a représenté un encore humide de l'esprit-de-vin d'où on l'avait tiré, *pl.* 41, *fig.* 2. Les poils de la croupe, rapprochés par l'humidité, forment une espèce de queue qui a porté Brisson à faire, d'après cette mauvaise figure, une espèce que Gmelin a réduite à une variété de l'Agouti; ni l'une ni l'autre opinion ne peut être admise.

Il n'y a nul doute que le prétendu Lièvre de Java, de Catesby, *ap. t.* 18, ne soit aussi un véritable Agouti, sur le climat duquel on aura trompé le duc de Richemont, qui le donna à peindre à ce naturaliste.

VIVERRA ICHNEUMON. L'ICHNEUMON.

Tiers de la Grandeur.

L'ICHNEUMON.

VIVERRA ICHNEUMON.

PAR E. GEOFFROY.

Nous sommes obligés de contredire le sentiment de Buffon sur les Ichneumons ou Mangoustes : il a cru devoir rapporter à une seule espèce toutes les diversités de couleur et de grandeur que la plupart des naturalistes avaient déjà constatées de son temps. Persuadé, d'après un passage équivoque de Prosper Alpin, que ces animaux étaient domestiques en Égypte, il supposa qu'ils pouvaient y avoir dégénéré et subi quelque variété ; mais nous avons eu occasion de vérifier sur les lieux mêmes que nulle part on n'y souffre de Mangoustes beaucoup trop voraces, et conséquemment beaucoup trop infidèles pour qu'on les élève jamais habituellement dans les maisons, et nous nous sommes assurés en outre que leur taille et leur pelage n'y éprouvent aucune altération. Nous avons donc tout lieu de croire, comme l'avait déjà soupçonné Edwards, qu'il y a plusieurs espèces de Mangoustes : nous en avons en effet reconnu trois qui nous paraissent différer autant par leur grandeur respective, les couleurs de leur pelage, que par le lieu de leur origine.

La première espèce est la Mangouste de Buffon, ou la Mangouste des Indes orientales : elle atteint rarement au-delà de 25 centimètres ; sa queue, toujours moins longue, finit en pointe ; son pelage est orné de bandes transversales alternativement rousses et noirâtres, au nombre de 26 à 30 ; le dessous de la mâchoire inférieure est fauve, le bas des jambes noir. Elle est connue aux Indes sous les noms de *Mungo* et de *Mangutia*, d'où Buffon a dérivé celui de Mangouste. C'est de cette espèce en particulier qu'il est question dans les aménités de Kœmpfer, (pag. 574), dans les voyages du P. Vincent-Marie, dans les actes de la société des curieux de la nature (pag. 211), et dans Linnæus, sous le nom de *Viverra Mungo*. La fig. de Buffon, (tom. 13, pl. 19) est exacte ; j'ai été à portée de la comparer à un individu vivant que possède le conseiller-d'état Regnault de St-Jean d'Angéli.

La deuxième espèce se trouve au Cap de Bonne-Espérance : on en connaît trois bonnes figures originales ; celles de Vosmaër, d'Edwards, (pl. 199) et de Buffon, (sup. vol. 3, pl. 27.) Cette Mangouste est d'un cinquième plus grande que la précédente : sa queue se termine de même en pointe ; son pelage est plus clair, d'une couleur uniforme, tant sur le dos que sur les pattes ; une teinte jaunâtre, obscurcie par de petits traits bruns, en est la couleur dominante. Daubenton l'a connue ; c'est à cette espèce qu'appartient la première partie de sa description de la Mangouste, tandis que la seconde se rapporte à la figure de Buffon, (vol. 13) ou à la Mangouste des Indes.

Enfin, la troisième espèce est celle qui fait le sujet de cet article. Je ne sache pas qu'on l'ait encore trouvée autre part qu'en Égypte : elle est devenue trop célèbre sous le nom d'*Ichneumon* pour qu'on ne doive pas lui laisser cette dénomination. C'est la plus grande des trois, ayant jusqu'à 50 centimètres de long, sans compter la queue qui est de la même longueur. Son poil est à peu près annelé comme dans l'espèce précédente; mais les anneaux bruns y sont plus larges; les pattes sont noires ainsi que le museau; mais c'est surtout à une touffe de longs poils noirs qui terminent sa queue et qui se rayonnent de haut en bas en éventail, que se reconnaît l'Ichneumon.

D'ailleurs, ces trois espèces se ressemblent si parfaitement pour les proportions des parties, qu'il n'est pas étonnant qu'on les ait souvent confondues ensemble. Leur tête est courte, un peu aplatie sur le front, et à cela près exactement conique; la lèvre supérieure est un peu plus avancée que l'inférieure. Des six incisives, il y en a deux, à la mâchoire du dessous, les secondes dents de chaque côté, qui sont plus étroites, et qui sont forcées de rentrer un peu en dedans par le défaut d'espace. Le poil est ras sur la tête et les pattes; il est long et rude sur tout le corps. La brièveté des pattes donne aux Mangoustes le port des Furets et des Fouines: jusqu'ici on ne savait pas si ce petit genre appartenait plutôt à l'ordre des plantigrades qu'à celui des digitigrades; on était porté à croire, d'après la longueur des tarses, que les Mangoustes marchaient sur les doigts, et d'après la nudité de ces parties, qu'elles appuyaient au contraire sur toute la plante du pied. Ce qu'il y a de certain à cet égard, et ce que nous avons vérifié sur les deux espèces que nous avons vues vivantes, c'est qu'elles marchent habituellement sur les doigts, et qu'elles ne posent sur leurs talons que pendant leur repos, ou lorsqu'elles s'élèvent sur les deux pieds de derrière pour examiner ce qui se passe autour d'elles.

Toutefois ces traits de la description des Mangoustes ne nous permettraient pas de les distinguer des Fouines, des Martes et de toutes les espèces du genre *Viverra*; mais il est deux autres caractères d'une assez grande influence qui séparent très-exactement ce petit genre de tous les animaux qui vivent de proie. Les Mangoustes ont une langue presque aussi rude et presque aussi papilleuse que celle des Chats, et en outre une poche au devant de l'anus. On se rappèle que c'est toujours au-dessous de cette ouverture qu'on trouve des poches dans les Civettes et les animaux qui en sont pourvus; mais dans les Mangoustes, c'est au-delà du sphincter de l'anus que les téguments communs alongés et repliés sur eux-mêmes, forment un sac que l'animal ouvre et ferme à son gré. Il faut qu'il trouve une grande jouissance à rafraîchir le fond de cette poche, car il la met en contact avec tous les corps froids et un peu élevés qu'il apperçoit. L'Ichneumon de la ménagerie n'est visité de personne qu'il n'aille se poser sur les souliers de tous les curieux. Ces observations n'avaient point échappé à Belon: il parle « d'un grand pertuis tout » entouré de poils, au-delà de l'anus, lequel conduit l'Ichneumon ouvre, quand il a » grand chaud. »

Il paraît que les anciens ont eu aussi connaissance de cette poche: c'est sans doute ce qui les a mis dans le cas d'attribuer à l'Ichneumon la plupart des contes ridicules qu'ils ont faits sur l'Hyène: Élien dit que les Ichneumons sont hermaphrodites; qu'à la saison d'amour ils se battent à outrance, et que les vainqueurs se réservant les droits et les jouissances des mâles, soumettent les vaincus à la condition des femelles.

L'Ichneumon, quoiqu'assez commun en Égypte, m'a peu fourni l'occasion de l'y observer. Il est très-difficile de l'approcher; je ne connais point d'animal plus craintif et plus défiant; il n'ose se hasarder de courir en rase campagne; mais il suit toujours, ou plutôt il se glisse dans les petits canaux ou les sillons qui servent à l'irrigation des terres : il ne s'y avance jamais qu'avec beaucoup de réserve ; il ne lui suffit pas d'appercevoir qu'il n'y a rien devant lui dans le cas de lui porter ombrage ; il ne s'en rapporte point à sa vue, il n'est tranquille, il ne continue sa route que quand il l'a éclairée par le sens de l'odorat : telle est sans doute la cause de ses mouvements ondoyants, et de l'allure incertaine et oblique qu'il conserve toujours dans la domesticité. Quoiqu'assuré de la protection de son maître, il n'entre jamais dans un lieu qu'il n'a pas encore pratiqué, sans témoigner de fortes appréhensions : son premier soin est de l'étudier en détail, et d'en aller en quelque sorte tâter toutes les surfaces au moyen de l'odorat.

Cependant on dirait qu'il a quelque peine à percevoir les émanations odorantes des corps ; ses efforts pour y réussir sont rendus sensibles par un mouvement continuel de ses naseaux, et par un petit bruit qui imite assez bien le souffle d'un animal haletant et fatigué d'une longue course. Il faut que ce soit pour suppléer à la faiblesse de sa vue qu'il fasse un si grand usage du sens de l'odorat ; et comme alors il n'acquiert de notions distinctes des corps que lorsqu'il en est à portée, on ne doit pas s'étonner qu'il vive dans une défiance perpétuelle de tout ce qui l'entoure.

Pour connaître jusqu'où il porte cette défiance, il faut le voir au sortir d'un sillon lorsqu'il se propose d'aller boire dans le Nil. Combien de fois il lui arrive de regarder autour de lui avant de se découvrir ! Il rampe alors sur le ventre ; il n'a pas fait un pas que, saisi d'effroi, il fuit en marchant à reculons ; ce n'est qu'après avoir beaucoup hésité et flairé tous les corps environnants qu'il se décide, et fait un bond ou pour aller boire ou pour se jeter sur sa proie.

Un animal d'un caractère aussi timide devait être susceptible d'éducation, et en effet on l'apprivoise très-facilement : il est doux et caressant ; il distingue la voix de son maître et le suit presque aussi exactement qu'un Chien : on peut l'employer à nettoyer une maison de Souris et de Rats, et on peut être assuré qu'il y aura réussi en bien peu de temps. Il n'est jamais en repos, furète sans cesse partout, et s'il a flairé quelque proie au fond d'un trou, il ne quitte point la partie qu'il n'ait fait tous ses efforts pour s'en saisir : il tue sans nécessité ; il se contente alors de sucer le sang et le cerveau des animaux qu'il a mis à mort ; et quoiqu'une proie aussi abondante lui soit inutile, il ne souffre pas qu'on la lui retire ; il a coutume de se cacher pour prendre ses repas ; il s'enfuit, avec ce qu'on lui donne, dans l'endroit le plus retiré et le plus sombre de l'appartement où on le tient ; il ne faut pas alors l'approcher, il défend sa proie en grognant et même en mordant.

Ces habitudes lui sont communes avec les grandes espèces carnivores, le Lion, le Tigre etc. ; il en a d'autres par lesquelles il ressemble davantage au Chien, comme de lapper en buvant, et de pisser en levant une de ses jambes de derrière ; quand il a bu, il renverse son vase de manière à se verser sur le ventre toute l'eau qui y était contenue.

L'Ichneumon se nourrit en Égypte de Rats, de Serpents, d'oiseaux et d'œufs. L'inondation l'obligeant d'abandonner les campagnes, il se réfugie aux environs des villages auxquels il fait un grand tort en se jetant sur les poules et les pigeons : cependant les Égyptiens ne s'effrayent pas beaucoup de ses dévastations ; ils se reposent du soin de le détruire sur le Renard et le Chacal que les grandes eaux font aussi déserter les plaines : les Ichneumons jetés au milieu d'ennemis aussi rusés et réunis sur un terrain fort étroit leur échappent assez difficilement. A ces causes qui s'opposent à leur multiplication, s'en joint une de plus à l'égard de l'Égypte supérieure : ils trouvent, à Girgé et au dessus, dans le Tupinambis, un ennemi acharné à leur destruction. C'est un grand Lézard qui vit des mêmes proies, qui use des mêmes artifices pour se les procurer, et qui, furetant de même dans les profonds sillons des campagnes, se trouve sans cesse sur leur chemin; il n'est guère plus grand que l'Ichneumon; mais comme il est beaucoup plus courageux et surtout plus agile, il en vient facilement à bout.

L'Ichneumon de son côté s'oppose à la trop grande multiplication des Crocodiles, en en détruisant les œufs partout où il en rencontre. Ce n'a jamais pu être que pour ce service qu'il a été en vénération dans l'antique Égypte; car il est faux qu'il attaque les Crocodiles de vive force : une telle résolution n'est point compatible avec le caractère timide de l'Ichneumon. Ce n'est pas non plus par antipathie qu'il se jète avec tant d'ardeur sur les œufs de ces grands reptiles; mais parce que les œufs de tous les animaux indistinctement sont la nourriture qu'il recherche de préférence.

Les anciens ont publié sur ses mœurs quelques détails que nous n'avons pas été à portée de vérifier: Pline dit qu'il ne vit pas au-delà de six ans: nous savons qu'il en met deux à prendre son entier accroissement. Strabon et Aristote prétendent qu'on ne le trouve qu'en Égypte: ce dernier parle de sa timidité si grande, qu'il ne combattait jamais de grands Serpents qu'en appelant ses congénères à son secours. Aussi, au dire d'Horus-Apollo, sa figure, dans le langage hiéroglyphique, servait-elle à exprimer un homme faible qui ne peut se passer du secours de ses semblables. Élien dit pourtant que l'Ichneumon se livrait seul à la chasse des Serpents; mais c'était en usant de toute sorte d'artifices et de précautions. Il se roulait dans la vase qu'il séchait ensuite au soleil, et dans cet équipage de guerre et sous la protection de cette espèce de cuirasse, ainsi que l'appèle Plutarque, il se jète sur les plus grands Serpents, en ayant soin toutefois de préserver son museau par sa queue qu'il repliait tout autour.

L'Ichneumon porte en Égypte le nom de *Nems*; ce nom n'y a aucune signification, et il pourrait appartenir à l'ancienne langue des Égyptiens, comme celui de *Temsaah* pour le Crocodile, et alors celui des Grecs, *Ichneumon*, qui exprime un animal sans cesse occupé de la découverte de sa proie, pourrait bien n'en être que la traduction. Quant à la dénomination de *Rat de Pharaon*, sous laquelle l'Ichneumon a été aussi connu, il paraît qu'elle lui a été donnée par les européens établis au Caire.

L'Ichneumon a été figuré par un assez grand nombre de voyageurs ou de naturalistes; mais les seules figures originales que je connaisse, qui sont assez exactes, se réduisent à celle de Schreber, tab. 45 B, et à celle que Buffon a publiée sous le nom de grande Mangouste, suppl. 3, tab. 26.

Maréchal del. — Miger Sc.

STRUTHIO CAMELUS. Lin. — L'AUTRUCHE (Mâle) sixième de la Grandeur.

Dedié au Citoyen Cuvier, Membre de l'Institut National, Professeur d'histoire Naturelle au College de France et à l'Ecole Centrale du Panthéon, par le Citoyen Miger.

Peint par Maréchal. *Gravé par Miger.*

STRUTHIO CAMELUS (*Femina*) L'AUTRUCHE FEMELLE.

Sixième de la Grandeur

L'AUTRUCHE.

STRUTHIO-CAMELUS.

L'Autruche est le plus grand de tous les oiseaux. Elle atteint jusqu'à sept ou huit pieds de hauteur. Son cou long et mince n'est revêtu que d'une espèce de duvet. Sa tête est fort petite à proportion de son corps; mais ses yeux sont grands et vifs; son bec est court, mousse et applati horizontalement. Les plumes de son corps n'ont point de fermeté; les tiges en sont flexibles, et les barbes ne s'accrochent point les unes aux autres, comme dans les autres oiseaux. C'est ce qui rend ces plumes flottantes et propres à servir d'ornements. Les ailes de l'Autruche sont hors de toute proportion avec son corps, et n'ont aussi que des plumes flexibles et ondoyantes. Ses cuisses et ses jambes sont d'une force extraordinaire; les cuisses sont dénuées de plumes; ses pieds n'ont que deux doigts, dont l'externe est beaucoup plus court que l'autre, et n'a point d'ongle.

Le mâle est ordinairement d'un brun noir mêlé de plumes blanches; la femelle est toute entière d'un gris brun uniforme. Dans le temps du rut, la peau du cou et des cuisses du mâle est très-rouge, et paraît telle au travers du duvet gris qui la recouvre.

D'après la hauteur de ses jambes et la nudité de ses cuisses, l'Autruche appartiendrait aux *échassiers;* mais la forme de son bec, sa pesanteur et son séjour dans les terrains les plus secs, la rapprochent des *gallinacés.*

L'intérieur de l'Autruche présente quelques particularités curieuses. Sa langue est très-courte, en forme de fer-à-cheval, et fait en arrière une saillie que quelques auteurs ont prise pour une épiglotte.

Les cloisons membraneuses qui séparent ses poumons de son abdomen, sont revêtues de muscles qui les rendent un peu analogues au diaphragme des quadrupèdes.

Son rectum se dilate subitement en un très-grand cloaque, que quelques anatomistes ont pris pour une véritable vessie. En effet, l'urine s'y rassemble; et l'Autruche est le seul oiseau qui rende de l'urine séparément des excréments solides.

Entre son jabot et son gésier est une dilatation beaucoup plus grande que l'un et que l'autre, qu'on peut aussi regarder comme un estomac particulier; en sorte que l'Autruche en a trois.

Le membre du mâle est fort grand, d'une substance ligamenteuse, attaché à la partie inférieure du sphincter de l'anus. Il n'a point de canal, mais un simple sillon creusé à la face supérieure par lequel s'écoule la semence. Ce membre sort chaque fois que l'animal urine. Harvey assure que dans l'érection il ressemble à une langue de bœuf.

Le squelette de l'Autruche diffère à quelques égards de celui des autres oiseaux. Son sternum n'a point cette proéminence en forme de quille de navire, mais il représente une espèce de bouclier. Ses doigts, quoique très-inégaux en longueur, ont chacun trois phalanges; égalité de nombre qui ne se retrouve que dans le Casoar. Les os de ses ailes, quoique très-raccourcis, ont cependant le même nombre et à-peu-près les mêmes formes que ceux des autres oiseaux.

L'Autruche a l'œil bon et la vue forte; elle entend très-bien, quoi qu'en ait dit Léon l'Africain: mais son goût et son odorat sont très-faibles. Elle avale pêle-mêle avec ses aliments des pierres, des morceaux de métal et d'autres corps nuisibles ou au moins inutiles à sa nourriture. L'individu représenté dans la planche, avait près d'une livre pesant de pierres, de morceaux de fer ou de cuivre, et de pièces de monnaie à demi usées. Cette habitude de l'Autruche a fait croire à quelques auteurs qu'elle digérait le fer. Il y a du moins cela de vrai dans cette opinion, que les morceaux qu'on a trouvés dans son estomac, n'étaient pas seulement usés comme ils auraient pu l'être par la trituration avec d'autres corps durs; mais qu'ils avaient été évidemment rongés par quelque suc, ce que l'on voyait sur-tout par l'inégalité des gerçures que ce suc avait produites. Nous nous en sommes assurés sur l'individu que la planche représente. Les fragments des clous qu'il avait avalés présentaient toutes les marques d'une vraie corrosion.

L'Autruche souffre souvent de ce peu de discernement qu'elle met dans le choix de ce qu'elle avale. La trop grande quantité de cuivre l'empoisonne quelquefois; des clous et d'autres corps durs et pointus peuvent percer les membranes de son estomac. Nous avons trouvé, dans l'épaisseur du mésentère de celle que nous représentons, deux clous de fer qui ne pouvaient y être arrivés qu'en traversant les parois de l'estomac; ils avaient provoqué une concrétion verdâtre très-dure, qui les encroûtait entièrement.

L'Autruche est d'ailleurs extrêmement vorace; et, quoique le grain et l'herbe fassent la base de sa nourriture, elle dévore indistinctement toute espèce de substance végétale ou animale. L'orge paraît être l'aliment qui lui convient le mieux. Celle qui est encore à la ménagerie en mange chaque jour quatre livres accompagnées d'une livre de pain et d'environ dix têtes de laitue. Elle boit en été quatre pintes d'eau par jour: en hiver, où l'on est obligé de la tenir renfermée, elle en boit plus de six; ce qui réfute le récit des Arabes, adopté par Buffon, que l'Autruche ne boit point. Elle s'arrose très-souvent avec son eau, et se roule ensuite sur la terre; ce qui annonce un grand besoin de se baigner.

Ses excréments sont secs et noirs, et par petites boules, comme ceux des moutons. Ils sont enduits d'une matière blanche, comme ceux des autres oiseaux. Leur réjection est toujours précédée de celle de l'urine.

L'Autruche peut devenir excessivement grasse. Celle que nous avons disséquée avait deux ou trois doigts de graisse sur toutes les parties de son corps.

Cet oiseau est pourvu d'une très-grande force musculaire, sur-tout dans les jambes; il peut lancer derrière lui des pierres tres-lourdes à une distance considérable.

La rapidité de sa course surpasse celle de tous les animaux connus; elle est telle que ceux qui la montent sans en avoir pris petit-à-petit l'habitude, sont bientôt suffoqués, faute de pouvoir reprendre leur haleine. Les ailes lui servent à accélérer cette course en frappant l'air; mais elles ne sont pas à beaucoup près assez grandes pour élever la masse de son corps au-dessus du sol.

L'Autruche a du reste très-peu d'instinct, et ne montre aucune intelligence: les peuples des pays qu'elle habite s'accordent à en faire un emblême de stupidité; ils vont jusqu'à prétendre que lorsqu'elle a caché sa tête derrière un arbre et qu'elle ne voit plus le chasseur, elle se croit elle-même à l'abri de ses regards et de sa poursuite.

Son cri est faible et rare; il ressemble presque à celui d'un pigeon. La voix du mâle ne diffère de celle de la femelle que parce qu'elle est un peu plus forte. Lorsqu'on les tourmente, ils menacent en soufflant à peu près comme les oies. Ils témoignent encore leur colère en élevant les ailes et la queue, et en les secouant. Le mâle frappait du pied contre les planches de l'enceinte où il était retenu, avec autant de force qu'on aurait pu le faire avec un marteau. Ce sont sur-tout les chiens dont la présence paraissait leur être le plus désagréable.

Buffon dit que les Autruches sont très-lascives et s'accouplent souvent. Thevenot assure qu'elles s'assortissent par paires, et que le mâle n'a qu'une femelle, qu'il conserve toujours.

On les a vus s'accoupler à la ménagerie. La femelle s'accroupissait; le mâle avait beaucoup de peine à s'arranger : il prenait les plumes du dos de sa femelle dans son bec, et en arrachait presque toujours quelques-unes.

La femelle a pondu cette année six œufs dans l'espace de deux mois : il y en a eu trois sans coque. Un de ceux qui étaient parfaits, et qui était aussi grand que les œufs d'Autruche qu'on apporte de leur pays natal, ayant été pesé immédiatement après avoir été pondu, s'est trouvé de deux livres quatorze onces; ce qui est bien au-dessous des rapports exagérés de quelques naturalistes, qui les font aller à quinze livres. On a préparé deux de ces œufs, et on leur a trouvé un goût préférable à celui des œufs de poule.

On a essayé d'en faire éclore, mais sans succès : peut-être n'étaient-ils pas fécondés, le mâle étant déjà mort lorsqu'ils ont été pondus.

Dans l'état sauvage l'Autruche pond, selon Aristote, vingt-cinq œufs; selon Willughby, jusqu'à cinquante, et jusqu'à quatre-vingts, selon Élien; mais douze à quinze seulement par couvée, selon Buffon, et elle fait deux ou trois couvées par an. La coque de ses œufs est fort épaisse, et on la sculpte pour en faire des vases à boire ou des ornements.

Dans la zone torride, l'Autruche se borne à placer ses œufs dans le sable, au soleil, qui les fait éclore sans incubation; mais en deçà et au-delà des tropiques, elle les couve avec soin, et par-tout elle les garde et les défend avec courage. Elle ne fait point de nid. On ignore le temps nécessaire pour faire éclore les petits : ceux-ci peuvent marcher et courir en sortant de l'œuf.

Nous avons examiné un fétus tout prêt à sortir de l'œuf. Il était recouvert par-tout de plumes, même aux endroits qui doivent être nuds par la suite. La couleur de son plumage est d'un gris roussâtre tacheté de noir. Il y a trois lignes longitudinales noires sur la tête et sur le derrière du cou.

L'Autruche habite toute l'Afrique, depuis la Barbarie jusqu'au cap de Bonne-Espérance; elle se plaît sur-tout dans les déserts sablonneux. Elle est aussi très-commune en Arabie, et il paraît qu'autrefois on en trouvait plus avant en Asie, mais qu'il n'y en a plus aujourd'hui.

Ces oiseaux se réunissent en grandes troupes pour traverser les déserts. Les Arabes leur donnent la chasse à cheval, en les inquiétant sans cesse, en ayant l'air de les observer, mais non de les poursuivre; ils les empêchent de manger, les fatiguent, et finissent par fondre sur elles et les assommer à coup de bâtons. On peut aussi les poursuivre avec des chiens, et les prendre aux filets ou dans d'autres piéges. Celles que l'on prend vivantes s'apprivoisent aisément, se laissent parquer et mettre en troupeaux; elles souffrent même que les hommes les montent; mais on n'est point encore parvenu à les diriger à volonté, comme le cheval.

La chair des vieilles est dure et de mauvais goût; celle des jeunes, lorsqu'elles sont grasses, peut se manger. Un des peuples de l'Abyssinie portait, chez les anciens, le nom de *Struthophages*, parce que cet oiseau faisait sa principale nourriture.

La peau de l'Autruche, encore garnie de ses plumes, sert de cuirasse aux Arabes. Quant aux grandes plumes des ailes et de la queue, tout le monde sait l'usage qu'on en fait dans toute l'Europe pour les coiffures des femmes, des militaires, et pour l'ornement des lits, des dais, etc. Ces usages remontent à la plus haute antiquité. Les soldats romains portaient de ces plumes sur leurs casques.

Les Arabes regardent le sang de l'Autruche mêlé avec sa graisse et figé, comme un aliment agréable.

L'Autruche, habitant naturellement un des pays les plus anciennement peuplés, a aussi été un des animaux les plus anciennement connus. Il en est fait mention plusieurs fois dans l'ancien Testament: le livre de Job sur-tout en parle avec assez d'exactitude. Hérodote est le premier des Grecs qui en ait eu connaissance; mais les auteurs qui l'ont suivi n'ont presque rien laissé à desirer sur son histoire, à laquelle les modernes ont eu très-peu à ajouter. Les Romains virent souvent dans leurs jeux l'Autruche, ainsi que les autres animaux singuliers de l'Afrique; on en mangea même assez communément sous les empereurs, et l'on raconte d'Héliogabale qu'il en faisait servir des cervelles par centaines sur sa table.

Quoiqu'il existe déja un grand nombre de gravures de l'Autruche, il n'y en a point de bonne.

Celles d'*Aldrovande*, de *Gesner*, de *Jonston*, ne rendent point les vraies proportions, et pèchent toutes en ce qu'elles font les doigts égaux et qu'elles donnent un ongle au petit doigt.

Celles de *Buffon* ne donnent point l'idée de la vraie disposition des plumes; l'enluminée sur-tout, n° 457, est très-mauvaise à cet égard. Celle de *Brisson*, faite d'après le même individu, participe aux mêmes défauts.

Celles de *Willughby* et de *Brown* ont la tête trop grande, probablement parce qu'elles ont été faites d'après des individus trop jeunes; la seconde rend mal les couleurs du cou et des jambes.

Celle de *Latham* rend mal les plumes des ailes et donne un ongle au petit doigt.

Dessiné par Maréchal. — Gravé par Miger.

STRUTHIO CASUARIUS. Lin. — LE CASOAR. (Sixième de la Grandeur)

Dédié au Citoyen Lacepède, Membre du Senat Conservateur de la République, et de l'Institut National, Professeur au Muséum d'histoire Naturelle, par le Citoyen Miger.

LE CASOAR.

STRUTHIO CASUARIUS.

Le Casoar approche de l'Autruche pour la taille, et est encore moins volatile qu'elle, s'il est possible, puisque ses ailes n'ont pas même de plumes; cependant il en diffère assez à d'autres égards pour faire un genre particulier.

Son bec est applati par les côtés, et un peu arqué: la substance en est fort dure; la pointe de chaque mandibule est échancrée latéralement. Une proéminence osseuse, recouverte d'une corne mince, forme sur sa tête une espèce de casque comprimé par les côtés et coupé en demi-ovale.

Sa tête et le haut de son cou sont absolument dénués de poils et de plumes; la peau en est teinte d'un bleu céleste très-vif et d'une belle couleur de feu. Le bleu occupe le haut, et le rouge le bas, dont la surface est inégale et présente des espèces de verrues ou des tubercules arrondis. Devant le cou, pend de chaque côté une longue caroncule mince, dont la partie inférieure grossit un peu.

Tout le corps est recouvert de plumes noires uniformes, qui de loin ressemblent à du crin, parce que les tiges en sont garnies de barbes courtes, roides, écartées, et qui ne portent point elles-mêmes de barbes plus petites. Celles du bas du dos et du croupion s'alongent et masquent entièrement la queue.

L'aile est encore de moitié plus courte que dans l'autruche; ses pennes, au nombre de cinq, sont grosses et roides; et n'ont point de barbes du tout; de façon qu'elles représentent cinq piquants, et qu'elles servent en effet à l'animal d'armes offensives.

Les pieds du Casoar sont plus gros et plus courts à proportion que ceux de l'Autruche. Ils sont terminés par trois doigts, dirigés tous les trois en avant. L'ongle du doigt interne est du double plus long que les autres.

L'individu représenté sur cette planche a quatre pieds et demi de haut: c'est une femelle. Elle est noire comme les mâles, quoique Willughbi ait dit que les femelles sont olivâtres.

Le squelette du Casoar a beaucoup de rapport avec celui de l'Autruche. Il a cependant des caractères particuliers, dont le principal consiste en ce que les os pubis et ischion ne sont point soudés ensemble par derrière.

Ses parties molles présentent aussi quelques dispositions curieuses; entre autres celle que ses intestins sont extrêmement courts à proportion de sa taille, et que ses cœcum sont fort petits, si on les compare à ceux de l'Autruche. Il n'a pas comme celle-ci un estomac intermédiaire entre le jabot et le gésier; son cloaque n'est pas plus grand que dans les autres oiseaux; mais les muscles pulmonaires sont comme dans l'Autruche.

Le Casoar ne paraît pas surpasser l'Autruche en délicatesse de goût et d'odorat: il avale, comme elle, tout ce qui se présente. Plusieurs auteurs, et Harvey lui-même, vont jusqu'à assurer qu'il avale quelquefois des charbons ardents. Mais il rend ce qu'il a pris beaucoup plus promptement que l'Autruche, et sur-tout lorsqu'il est poursuivi. Il mange de tout : il aime beaucoup les pommes; mais il est aussi très-friand d'œufs de poule, et il les avale et les rend quelquefois sans les briser. Il ne peut pas manger de grain, parce que sa langue n'est pas disposée de manière à ce qu'il puisse l'avaler.

Celui de la ménagerie consomme par jour trois livres et demie de pain, six ou sept pommes et une botte de carottes. Il boit environ quatre pintes d'eau en été, et un peu plus en hiver. Il avale tout sans mâcher, et il rend quelquefois les pommes et les carottes entières. Ses excréments sont presque liquides; il ne rend point d'urine séparément.

Ceux qu'on élève aux Indes préfèrent le pain de sagou à toute autre nourriture; mais ils mangent aussi du riz cuit et du pisang. Les sauvages vivent des fruits tombés des arbres. Dans les basses-cours, les petits poulets et les canards ne sont pas toujours en sûreté devant le Casoar; il les avale quelquefois en passant; mais lorsque ces oiseaux se débattent un peu, le Casoar est obligé de les abandonner.

Le cri ordinaire de celui de la ménagerie est *houhou*, prononcé faiblement et comme de la gorge. Il gonfle quelquefois sa gorge et produit un bourdonnement semblable au bruit d'une voiture ou au tonnerre entendu de loin. Pour produire ce son-là il baisse la tête, appuie son casque contre la cloison, et tremble de tout son corps; il rend aussi quelquefois un grognement semblable à celui du cochon, sur-tout lorsqu'il est contrarié.

Valentyn compare la voix du Casoar à celle d'un poussin; mais il dit qu'on ne l'entend guère que lorsqu'on le chasse. Les adultes ont, dit-il, un soufflement et un ronflement semblable à celui du lapin, qu'ils font entendre sur-tout lorsqu'ils veulent se battre contre les boucs ou les autres animaux domestiques.

Le Casoar court presque aussi vîte que l'Autruche, lorsqu'il est poursuivi. Selon Clusius, il rejète à chaque pas ses pieds en arrière, comme s'il ruait. Dans sa loge il marche posément, en écartant les jambes et en se tenant très-droit. De temps en temps il court en faisant des bonds, mais lourdement et avec beaucoup de bruit. Valentyn dit que lorsqu'il court très-vite, il a l'air en partie de danser et en partie de voler. Il est très-vigoureux. Son bec étant plus fort que celui de l'Autruche, il s'en sert avec avantage pour se défendre, pour arracher et pour briser différents corps. Il frappe dangereusement de son pied, tant en avant qu'en arrière.

Celui de la ménagerie est quelquefois méchant. Les gens mal habillés et les habits rouges l'irritent : il cherche à frapper avec les pieds en avant. Il a sauté par-dessus son parc, et a déchiré les jambes d'un homme avec ses ongles. Il a, une autre fois, faussé la boîte de montre de son gardien, d'un coup de pied.

Les Indiens regardent le Casoar comme très-stupide; ils ont remarqué sur-tout qu'il a très-peu de mémoire, qu'il oublie même les coups et les autres mauvais traitements, et qu'il ne témoigne aucun ressentiment contre ceux qui l'ont battu.

Il s'apprivoise très-vîte lorsqu'on le prend jeune; mais ceux qui sont devenus plus grands que la cigogne, ne se laissent pas prendre aisément. Cependant les Indiens Afœreges les prènent à la course, ce que des chiens ne pourraient pas faire, selon

Valentyn. Sa chair est, au rapport du citoyen Labillardière, noire, dure et peu succulente.

Les œufs du Casoar sont verdâtres ou grisâtres, agréablement tachetés de vert d'herbe; le fond en est aussi marqué de blanc. Il y en a d'unis, et d'autres dont toutes les teintes sont pâles. Valentyn en a vu un couleur de foie et sans tache. Ils sont plus petits et d'une forme plus alongée que ceux de l'Autruche.

Celui que nous représentons n'en a encore pondu que de hardés, c'est-à-dire dont la coquille était trop mince: elle s'est brisée au passage. Dans l'état sauvage il n'en pond que trois ou quatre, qu'il place dans le sable ou qu'il couvre de différentes choses, et qu'il abandonne à la chaleur naturelle du climat. Il faut cependant que dans certaines circonstances il en prène plus de soin, car Valentyn rapporte que ses gens trouvèrent en 1660 un Casoar couché sur trois œufs, mais qu'ils ne purent savoir depuis combien de temps il y était.

Le jeune Casoar diffère assez de l'adulte. Sa tête est entièrement couverte de cette peau nue et bleuâtre; la proéminence revêtue de corne ne lui vient que petit-à-petit. Tant qu'il a moins de trois pieds de haut, son plumage est d'un roux clair mêlé de gris.

Le Casoar ne se trouve que dans la partie la plus orientale de l'Asie méridionale, c'est-à-dire dans la presqu'île de l'Inde au-delà du Gange, et dans les îles de l'Archipel indien. Il n'est nulle part bien nombreux.

Ce sont sur-tout les profondes forêts de l'île de Céram, le long de ses côtes méridionales, depuis Élipapoeth jusqu'à Kélémori, qui recèlent beaucoup de ces oiseaux. On en trouve aussi à Bouton et dans les îles d'Aroé; mais ils y diffèrent un peu des autres, sur-tout par leurs œufs, qui sont moins beaux, et dont les taches sont plus longues et plus brouillées. Quoique cet oiseau soit domestique à Amboine, il n'en est pas naturel; on l'y a porté, selon Labillardière, des îles situées plus à l'Est. Les naturalistes de l'expédition d'Entrecasteaux en apperçurent quelques-uns sur les côtes Sud-Est de la Nouvelle-Hollande; mais ils étaient probablement d'une autre espèce, décrite par le capitaine Philip, dans son *Voyage à Botany-Bay.*

Le Casoar a été apporté en Europe par les Hollandais qui firent la première navigation aux Indes. Cet oiseau, venu de Banda, avait été donné au maître d'un de leurs vaisseaux, Scellinger, par le roi de Cidaio, dans l'île de Java. Après qu'on l'eut montré pendant quelque temps à Amsterdam pour de l'argent, on le vendit au comte de Solms, qui le donna par la suite à l'électeur de Cologne, et celui-ci à l'empereur Rodolphe II.

Depuis lors on en a presque toujours eu quelques-uns en Europe. Oléarius dit qu'il y en avait de son temps un chez le duc de Gottorp. L'Académie de Paris en avait eu quatre à sa disposition. Willughby en a vu quatre à Londres, en différents temps, et la ménagerie de Versailles en a eu assez souvent.

Le nom de Casoar est une contraction de celui de Cassuwaris que cet oiseau porte en Malai. Celui d'*émeu* ou d'*éma* lui avait été donné par les Portugais.

Des différents auteurs qui en ont parlé, Clusius et Valentyn sont les seuls qui soient entrés dans quelques détails sur ses mœurs; les autres naturalistes ont emprunté de Clusius tout ce qu'ils ont dit à ce sujet : mais ils n'ont point fait usage de l'ouvrage de Valentyn, qui est en général peu connu, et dont nous avons tiré une partie des détails que nous venons de donner.

Le Casoar n'a pas été jusqu'ici plus fidèlement représenté que l'Autruche.

La figure de *Clusius*, copiée dans Jonston, dans Oléarius et ailleurs, ne rend bien ni les ailes, ni le casque, ni le bec. Elle avait été faite d'après un tableau à l'huile du Casoar du comte de Solms.

La figure d'*Aldrovande* est faite d'après le même individu dans sa jeunesse. Elle a été prise du journal de la navigation qui l'apporta en Europe : ainsi c'est bien mal à propos qu'on l'a depuis rapportée au Touyou; elle ne montre point encore de casque, mais seulement un disque plat et arrondi.

La figure de *Willughby* est peut-être la meilleure; seulement les piquants sont trop grêles, les doigts trop égaux et le plumage trop doux.

Celles d'*Albin*, tome II, planche 60, et de *Frisch*, tome II, planche 105, pèchent entièrement dans les proportions, et ne donnent point l'idée de la nature des plumes.

La planche enluminée de *Buffon*, numéro 313, faite d'après un individu mal desséché, rend très-mal la partie nue du cou.

Celle de *Brisson* ne représente point les rides de cette partie nue; les caroncules en sont presque réduites à rien; le plumage est trop lisse.

Celle de *Latham* est grossière.

Peint par Maréchal. *Gravé par Miger.*

ANAS ÆGYPTIACA L'OIE D'ÉGYPTE.

Tiers de la Grandeur.

L'OIE D'ÉGYPTE.

ANAS ÆGYPTIACA.

Par É. GEOFFROY. (1)

L'Oie d'Égypte n'appartient pas exclusivement à la contrée dont elle porte le nom : on la trouve aussi en Espagne, en France et même en Angleterre : il y a lieu de croire qu'elle est généralement répandue dans toute l'Afrique ; différents voyageurs l'ont vue sur la côte orientale de cette grande péninsule, et Sonnerat l'a rapportée du cap de Bonne-Espérance.

Cet oiseau n'est pas tellement bien connu que sa détermination ne soit susceptible de quelque correction. Buffon, après l'avoir décrit et figuré sous le nom d'*Oie d'Égypte*, (pl. enlu. N. 379) en donne en outre deux autres figures sous la dénomination d'*Oie armée*, (pl. enlu. N. 982 et 983) ; mais il suffit de jeter un coup-d'œil sur ces trois figures pour se convaincre qu'elles appartiennent à la même espèce. Ce n'est pas qu'il faille rayer l'Oie armée de la liste des oiseaux nageurs ; la description qu'en donne Buffon se rapporte réellement à une espèce distincte : cette description est empruntée de Willughby, et a pour objet un oiseau de Gambie, remarquable par un long éperon à l'extrémité de l'aile, une petite caroncule au sommet du bec et un plumage d'un pourpre obscur : ainsi il n'y a que les deux figures dont cette description est accompagnée qu'il convient de rapporter à l'Oie d'Égypte.

Ce qui a pu occasionner la méprise échappée à Buffon, est un trait d'organisation commun à ces deux espèces. L'Oie d'Égypte, sans posséder un véritable éperon aussi allongé que dans l'Oie de Gambie, jouit pourtant d'une armure analogue ; c'est une tubérosité osseuse, arrondie et assez saillante pour que l'oiseau s'en serve avec beaucoup d'avantage, soit qu'il attaque ou qu'il se défende.

Il est moins grand que l'Oie sauvage, plus svelte et surtout plus haut monté sur ses jambes. Son plumage est richement et agréablement varié ; le dos est finement rayé, sur un fond roussâtre, de petits zigzags d'un brun noir ; la poitrine et les flancs offrent le même dessin sur un fond d'un blanc mat ; la poitrine est d'ailleurs terminée un peu plus bas par une large tache d'un roux marron ; le tour des yeux et un petit collier sont de cette même couleur qui teint aussi, mais faiblement, le dessus du cou ; la gorge est blanche, ainsi que les joues, le haut de la tête, le ventre et les couvertures des ailes ; celles-ci sont traversées à l'extrémité d'un ruban noir étroit ; il n'y a que les douze grandes pennes qui soient entièrement noires ; les douze moyennes sont d'un vert bronzé changeant en violet ; les dernières, voisines du corps, ont leurs barbes externes, les seules visibles par la superposition des plumes, d'un roux extrêmement vif et extrêmement éclatant ; la queue est d'un brun changeant en violet, ainsi que ses couvertures supé-

(1) Les articles sans nom d'auteur sont tous du citoyen Cuvier.

rieures; les inférieures sont jaune citron. Les pattes sont rouges; le bec rose; le sommet, le bout et les bords des mandibules noirs.

L'Oie d'Égypte, quoiqu'originaire des pays chauds, s'habitue aisément à la température de nos climats; on en élève beaucoup en Angleterre et en France, et elle réussit au point de faire espérer qu'elle y sera un jour naturalisée. Elle fait deux pontes par an; la première en ventôse (mars), et la seconde en fructidor (septembre). La femelle se livre seule aux travaux de l'incubation; le mâle qui en tout temps ne la quitte jamais, redouble alors de soins et de vigilance; il reste constamment auprès d'elle, et donne une très-grande attention à ce qu'aucun animal ne passe dans son voisinage; dans ces moments d'inquiétude il paraît d'un naturel sauvage et même farouche; l'Homme lui-même n'est plus un ennemi qu'il redoute; s'il le voit avancer vers sa compagne, il cherche d'abord à l'intimider par ses cris, et s'il n'a pu y réussir, il le combat de l'aile et du bec avec une opiniâtreté qui le fait ordinairement sortir victorieux de cette petite lutte. L'incubation dure vingt-six jours; les petits naissent d'une couleur grisâtre uniforme; la mère ne tarde pas à quitter son nid et à les inviter à se jeter à l'eau; ils y entrent sans beaucoup hésiter, et paraissent s'y plaire et y jouir de plus de sûreté; car à terre ils n'osent perdre leur mère de vue, tandis que dans l'eau ils s'en éloignent et se dispersent volontiers; mais le mâle qui partage avec sa femelle tout le soin de leur éducation, s'occupe bientôt de les rassembler; s'ils sont trop écartés, pour qu'il puisse les ramener à leur mère, il se décide à gagner la terre, et à ce signal toute la famille se réunit autour de lui: adultes au contraire, ces oiseaux nagent rarement; et où l'on voit qu'ils participent un peu des habitudes des oiseaux de rivage, c'est qu'ils préfèrent fuir en courant ou en voltigeant, plutôt que d'aller au milieu des eaux chercher un abri contre les tracasseries des curieux; ce n'est presque toujours qu'à la dernière extrémité qu'ils ont recours à cet expédient.

Le mâle seul a un cri qu'il répète fréquemment, en tendant le cou et la tête, ou qu'il ne fait entendre que de temps à autre en fermant le bec; la femelle fait les mêmes efforts; mais le son qu'elle rend est tout au plus comparable au sifflement grave d'un gros Serpent.

Il y a depuis sept ans des Oies d'Égypte à la ménagerie du Muséum d'histoire naturelle; on les conserve avec un grand nombre d'autres oiseaux d'eau, dans un grand bassin fermé par des grilles; mais loin de se mêler avec ces oiseaux, elles leur font perpétuellement la guerre; on voit assez souvent le mâle se jeter brusquement sur l'oiseau le plus à sa portée, et d'un coup d'aile l'éloigner de sa femelle ou l'écarter de la nourriture préparée pour tous.

En Égypte sa patrie, j'ai eu peu d'occasions de voir cette espèce; je sais seulement qu'on la trouve plus fréquemment aux environs du Nil que sur le bord des lacs; elle s'éloigne des habitations; cependant on l'a tuée sur la montagne qui domine le Caire, et sur laquelle est bâtie la citadelle.

Il paraît certain que les anciens Égyptiens l'ont parfaitement connue; car je ne puis douter que ce ne soit à elle que se rapporte un passage d'Hérodote sur le *Chenalopex*. Ce nom (Oie-Renard), a beaucoup exercé la critique des modernes; Belon l'appliqua d'abord au Harle, puis au Cravant; et un anglais nommé Turner crut qu'il désignait le

Tadorne, d'après cette remarque que c'est le seul oiseau palmipède qui ait avec le Renard ce rapport unique et singulier de gîter comme lui dans un terrier. Les érudits, le citoyen Larcher entr'autres, suivirent le sentiment de Belon, et les naturalistes adoptèrent la conjecture de Turner.

De nouvelles recherches m'ont décidé à n'admettre aucune de ces déterminations. Les temples de l'Égypte supérieure, dont tous les murs se trouvent ornés de tableaux et recouverts d'inscriptions hiéroglyphiques, sont de véritables manuscrits que j'ai cru devoir consulter à l'occasion du Chenalopex.

En lisant dans Hérodote que les anciens avaient mis cet oiseau au nombre des animaux sacrés, et dans Horus-Apollo, qu'ils le figuraient dans les hiéroglyphes, pour signifier la tendresse reconnaissante des enfants, il était tout naturel de s'attendre à en voir la figure souvent répétée dans les diverses scènes qui décorent les monuments égyptiens; mon attente ne fut pas trompée; je remarquai un oiseau palmipède entouré de tous les attributs de la divinité, et le plus souvent dans les mêmes tableaux que l'Ibis: nul doute alors que j'avais sous les yeux le véritable Chenalopex; j'en reconnus l'espèce avec d'autant plus de facilité, qu'il était quelquefois, principalement dans un petit temple de Thèbes, sculpté et en même temps colorié: c'était l'Oie d'Égypte. Cette détermination est d'ailleurs la seule qui conviène aux renseignements fournis par Élien. Cet ancien, en parlant du Chenalopex, nous apprend qu'il était ainsi nommé à cause de sa parfaite ressemblance avec l'Oie, et de son naturel rusé et méchant comme celui des Renards. Ce n'est donc pas d'un Canard, encore moins d'un oiseau qui niche sous terre qu'il est ici question; Élien n'eût pas manqué de rapporter cette dernière circonstance, si elle eût été connue de son temps; il donne en outre au Chenalopex une taille supérieure à celle du Tadorne, et il ajoute que quoiqu'un peu moins grand que l'Oie sauvage, cet oiseau est beaucoup plus courageux; qu'il ne redoute ni l'Aigle ni le Chat; qu'il les combat et réussit à les éloigner de son nid.

Les anciens Égyptiens lui rendirent de grands hommages; une ville de l'Égypte supérieure, Chenoboscion, lui était dédiée et en portait le nom. On le proposait pour modèle aux parents dont on voulait exalter l'amour et le dévouement pour leurs enfants, parce qu'on avait observé qu'il vient, comme la Perdrix, s'offrir et se livrer sous les pas du chasseur pour sauver ses petits.

Le citoyen Delaunay, bibliothécaire du Muséum, eut un jour occasion de vérifier ce fait: il se promenait dans le bassin des oiseaux d'eau, avec un de ses amis qui se dirigea, sans le savoir, vers une Oie d'Égypte qui couvait; le mâle, que le besoin de nourriture avait conduit à l'autre bord de la pièce d'eau, ne s'en fut pas plutôt apperçu, qu'il vint à tire-d'aile fondre sur la personne qui lui avait donné de l'inquiétude; après quelques efforts il s'abattit aux pieds de son ennemi et paraissait encore vouloir lui fermer passage.

L'Oie d'Égypte, dans le systême théogonique des anciens Égyptiens, servait encore, au dire d'Horus-Apollo, à exprimer la piété filiale, sans doute parce que les jeunes, devenus adultes, continuent de vivre sous l'autorité de leurs parents.

L'Oie d'Égypte n'avait encore été figurée que par Brisson et par Buffon; ce dernier en a publié quatre figures en comptant celle en noir qui accompagne son texte; elles sont toutes assez exactes, si l'on en excepte le N. 379 des planches enluminées, qui paraît avoir été dessiné d'après un individu mal préparé.

Le citoyen Maréchal, qui a toujours l'attention d'indiquer par quelques attributs caractéristiques dont il orne le fond de ses tableaux, le climat de chaque animal, s'est de plus proposé de donner ici, d'après des dessins originaux, une esquisse de la manière dont figure l'Oie Sacrée dans les scènes religieuses des monuments égyptiens.

Peint par Maréchal.　　　　Gravé par Miger.

DELPHINUS PHOCÆNA　　　　LE MARSOUIN

5me de la Grandeur.

LE MARSOUIN.

DELPHINUS PHOCÆNA.

CET animal n'a point été vivant dans la Ménagerie; mais comme on y en a apporté à plusieurs époques, qui étaient parfaitement conservés, le Cit. Maréchal a cru devoir en faire une figure que l'on donne ici, d'une part pour compléter l'Œuvre de ce peintre habile, de l'autre pour avoir une occasion de publier quelques remarques intéressantes sur cette singulière espèce d'animal.

L'ordre des Cétacés, auquel le Marsouin appartient, habite dans les eaux de la mer, et ressemble à la plupart des poissons par la forme extérieure; leur tête en effet est grosse, et n'est pas séparée du corps par un col rétréci; les vertèbres du col sont même en grande partie soudées ensemble. La queue est tout d'une venue avec le corps; les bras sont raccourcis, applatis, et toutes leurs articulations sont renfermées sous la peau, de manière à présenter l'apparence extérieure d'une simple nageoire. Il n'y a point de pieds de derrière, et le bassin est réduit à deux petits osselêts comme perdus dans les chairs. Cependant il y a aussi des caractères extérieurs et apparents, propres à distinguer les Cétacés des Poissons. La nageoire qui termine leur queue est horizontale, et non verticale comme dans les Poissons; aussi se meuvent-ils en frappant l'eau avec leur queue de bas en haut et de haut en bas, et non de côté. Ils produisent des petits vivants, et les allaitent au moyen de deux mamelles situées aux côtés de l'anus, et dont le mamelon se retire ordinairement dans une petite cavité de la peau. L'oreille a une ouverture extérieure très-petite, située derrière l'œil; les narines percent le crâne et conduisent dans l'arrière-bouche; la langue est molle et non soutenue par des os; enfin, les Cétacés respirent l'air par le moyen d'un larynx et d'une trachée-artère qui conduit ce fluide dans un poumon tout pareil à celui des Quadrupèdes. On voit que ces différents caractères rapprochent les Cétacés de la classe que nous venons de nommer. Toute leur organisation intérieure les en rapproche également; ils ont un cœur à deux ventricules et à deux oreillettes, un diaphragme musculeux, un poumon entièrement renfermé dans la plèvre, un foie, un pancréas, plusieurs estomacs, plusieurs rates, une vessie, une matrice dans la femelle, un cerveau composé des mêmes parties qui entrent dans celui des Quadrupèdes.

Cependant ces divers organes éprouvent dans les Cétacés des modifications relatives au séjour que ces animaux habitent constamment. Comme ils sont obligés de plonger souvent et long-temps, leur sang étant moins exposé à l'action de l'air, dans la respiration, est plus noir que celui des Quadrupèdes, quoiqu'il soit à peu près aussi chaud. Quelques Auteurs ont cru que le cœur des Cétacés conservait pendant toute leur vie le trou ovale que l'on remarque dans les fœtus, et qui permet au sang du cœur de retourner dans les parties sans passer par le poumon;

ils voulaient expliquer par là la durée de leur démersion : cette conjecture est fausse; et le trou ovale se ferme après la naissance, comme dans les autres animaux à sang chaud.

Les Cétacés auraient été obligés, pour respirer, de faire sortir leur museau de l'eau, et, par conséquent, de redresser leur tête d'une façon très-incommode, si leurs narines eussent été placées comme celles des Quadrupèdes; au lieu de cela, elles sont percées à quelque endroit de la face supérieure de la tête, et même presque à son sommet dans certaines espèces; il en résulte que l'animal n'a besoin que de toucher, pour ainsi dire, la surface de l'eau pour pouvoir respirer l'air, d'autant plus que son larynx n'est pas simplement une fente percée sur le plancher du gosier; mais qu'il s'élève comme une pyramide, et qu'il pénètre assez haut dans les arrière-narines; il y est embrassé par le voile du palais qui, dans les Cétacés, est absolument circulaire, et pourvu d'un sphincter qui serre étroitement le larynx, de manière que l'air communique librement depuis les narines percées au sommet de la tête jusque dans le fond du poumon, et que, dans le même temps, l'animal peut ouvrir sa bouche et y laisser entrer l'eau et les aliments sans craindre qu'il en pénètre aucune parcelle dans sa trachée-artère.

Comme les Cétacés, ainsi que les Poissons, prènent leur proie dans l'eau, ils avalent chaque fois une grande quantité de ce liquide. Les Poissons ont dans les ouies un moyen naturel de se débarrasser du superflu; les Cétacés, qui ne respirent pas par des ouies, avaient besoin d'un autre moyen; c'est par leurs narines qu'ils rejètent cette eau inutile, et ils le font avec tant de force, qu'ils produisent souvent des jets très-élevés qui leur ont valu, de la part des Marins, le nom générique de *Souffleurs*. Le mécanisme de ces jets d'eau est assez curieux pour mériter une exposition un peu détaillée. Entre les narines osseuses et la peau extérieure, est une poche membraneuse, susceptible d'une dilatation considérable; l'animal y pousse, par ses arrière-narines, l'eau qu'il a de trop dans sa bouche; et comme il y a dans les narines une valvule charnue qui cède bien à l'eau ascendante poussée par l'effort de la langue et du pharynx, mais qui ne la laisse pas retomber, l'eau s'accumule petit à petit dans cette poche. Celle-ci est pressée de toute part par des muscles puissants, et lorsqu'ils se contractent, l'eau, qui ne peut redescendre, toujours à cause de cette valvule, est obligée de sortir par l'ouverture extérieure des narines, qui étant fort étroite par rapport à la quantité d'eau, la fait s'élancer en jets plus ou moins élevés.

Ce passage continuel d'eau salée empêche que le canal ordinaire des narines ne puisse servir de siège à l'odorat; cette eau aurait affecté douloureusement une membrane pituitaire assez sensible pour percevoir des odeurs. Les narines des Cétacés ne sont donc revêtues que d'une peau sèche et lisse, et la plupart de leurs espèces manquent même absolument de la première paire de nerfs, qui, dans tous les animaux vertébrés, est affectée au sens de l'odorat.

On ne doit pas en conclure cependant qu'ils sont tous absolument dépourvus de la faculté de percevoir les odeurs; on trouve, par exemple, dans le Marsouin, deux grandes cavités situées dans l'épaisseur des joues, revêtues intérieurement d'une membrane humide, très-semblable à la pituitaire, animées par des nerfs qui dérivent de la cinquième paire, et communiquent par une petite ouverture avec le grand canal des narines; il est difficile d'attribuer à ces cavités d'autres fonctions que celles d'être le siège de l'odorat; leur ouverture, dans le canal, est dirigée vers le haut, et son bord est disposé en valvule, de manière que l'eau des jets ne peut y pénétrer; mais l'air et les vapeurs que l'eau elle-même laisse après son passage, y ont une entrée libre, et l'animal peut sentir ainsi les odeurs répandues tant dans l'air que dans l'eau. Suivant Hunter et M. Albers, le genre des Baleines est pourvu d'un nerf olfactif, et possède, dans une partie reculée de ses racines, un labyrinthe de feuillets osseux, pareil à celui qu'on trouve dans les narines des Quadrupèdes ordinaires.

Cette manière de prendre sa nourriture simplement en l'avalant, commune aux Cétacés et à la plupart des Poissons, a rendu chez eux les dents beaucoup moins importantes que dans les Quadrupèdes, attendu qu'elles ne servent presque point à mâcher, mais seulement à retenir la proie. Aussi ne trouve-t-on point chez eux cette différence si notable entre les incisives, les canines et les molaires; mais lorsqu'ils ont des dents, elles sont toutes semblables, et plusieurs manquent absolument de dents, soit à l'une des mâchoires, soit à toutes les deux.

C'est à ce peu d'action des dents qu'est due sans doute la complication de l'estomac; car, pour l'ordinaire, l'imperfection de l'organe masticatoire est suppléée par plus de force dans l'organe digestif. Il y a des Cétacés qui ont l'estomac composé de cinq, de six, ou même de sept poches différentes, selon la manière de compter de différents Anatomistes, manière qui peut varier, par des raisons que nous verrons plus bas.

Le genre des Dauphins, auquel le Marsouin appartient, se distingue des autres genres de Cétacés, parce qu'il est le seul qui ait tout le pourtour de ses deux mâchoires également rempli de dents; mais elles n'ont pas la même forme dans toutes les espèces du genre. Celles de l'Épaulard sont grosses et coniques; celles du Dauphin aigües et crochues; celles du Marsouin applaties et paraboliques. Le nombre de celles-ci est de 24 à 25 de chaque côté.

Le Marsouin diffère encore du Dauphin par la forme de sa tête. Le museau du premier est arrondi de toute part comme un demi-élipsoïde; dans le second, il y a en avant de la partie arrondie une pointe applatie horizontalement, qui représente une espèce de bec, et qui a fait nommer le Dauphin *Oie de Mer* par les Pêcheurs.

Le nom de Marsouin est une corruption de celui de *Méer-schwein*, par lequel on désigne ce même animal dans les langues du Nord, et qui signifie Cochon de mer. Cette dénomination vient du lard épais de plus d'un pouce qui enveloppe tout le corps du Marsouin, immédiatement sous la peau. Il est d'une grande blancheur, et lorsqu'on le pressure, ou qu'on le fait chauffer, il se résout presque entièrement en une huile semblable à celle de Baleine. Toute la chair est tellement imprégnée de l'odeur de cette huile, qu'elle n'est pas mangeable.

Le Marsouin est absolument dépourvu de poil; il n'a pas même de cils aux paupières. Sa peau est parfaitement lisse, et son épiderme, très-doux au toucher, se détache facilement. Il n'y a point de lèvres proprement dites; mais la peau, toujours lisse et noire, se renfonce seulement un peu pour s'unir aux gencives. L'œil est petit, fendu longitudinalement, et situé presque dans l'alignement de l'ouverture de la bouche. Les paupières sont molles et ont peu de jeu; leur face interne est enduite d'une espèce de mucus; mais il ne paraît point que ces animaux répandent de larmes, et ils n'ont pas de points lacrymaux. L'iris de l'œil est jaunâtre, et la pupille a la forme du V renversé. L'ouverture de l'oreille n'est pas plus grosse qu'une piqûre d'épingle; celle des narines est placée sur le sommet de la tête, précisément entre les yeux, et ressemble à un croissant dont la concavité serait dirigée en avant.

La nageoire dorsale et celle de la queue n'ont point de parties osseuses dans leur intérieur, et ne sont pas susceptibles de mouvements particuliers; leur substance est un mélange de cartilages et de fibres ligamenteuses croisées en différents sens. Celle du dos est presque toute composée de graisse.

La taille du Marsouin varie de trois à quatre, jusques à six, et, selon quelques Auteurs, jusques à huit pieds. Son poids dépend de sa taille. Cardan prétend en avoir vu à St.-Vallery un qui pesait mille livres; ils restent d'ordinaire beaucoup au-dessous de ce poids.

La couleur est, en dessus, un beau noir luisant; en dessous, un blanc un peu bleuâtre.

Le mâle et la femelle ne diffèrent que très-peu à l'extérieur, même par les organes du sexe; la verge rentre entièrement sous la peau, et l'on n'en apperçoit d'ordinaire en dehors que l'extrémité du gland. Celle du Marsouin d'abord cilindrique, après avoir fait un coude, se termine en cône assez aigu; celle du Dauphin ressemble plutôt à une langue applatie. Les testicules sont cachés en dedans, et portés par un ligament membraneux fourni par le péritoine, dans l'épaisseur duquel l'artère spermatique forme un plexus comme la veine. Le canal déférent, comme celui de l'Éléphant, est replié sur lui-même jusqu'à son entrée dans l'urèthre. Il n'y a ni vésicule séminale ni glande de Cowper, mais la prostate est énorme. La première moitié de l'urèthre fait, avec celle contenue dans la verge, un angle de 40 degrés: les corps caverneux et leurs muscles s'attachent aux petits osselets qui tiènent lieu de tout bassin. La femelle n'a point de nymphes, mais un clitoris assez notable. Son vagin est garni de rides transversales, presque semblables à des valvules. Sa matrice est partagée très-près de son orifice.

Nous ne comptons que quatre estomacs, tant dans le Dauphin que dans le Marsouin; nous concevons cependant qu'on peut en compter six, mais nous ne voyons pas comment J. Hunter a pu en trouver un septième dans le Dauphin. Voici une description sommaire de ces viscères.

L'œsophage conduit d'abord directement dans le premier estomac, le plus volumineux de tous, en forme de poche ovale; le passage du premier au second est près de l'entrée de l'œsophage; et comme il y a deux étranglements, ce petit passage pourrait passer lui-même pour un estomac. Le second estomac est de forme ronde, et presque aussi grand que le premier; sa sortie est opposée à son entrée. Entre lui et le troisième, est encore un petit passage, étranglé aux deux bouts, mais qu'on ne voit point en dehors. Le troisième estomac, selon notre manière de compter, est fait comme un simple boyau courbé en *S* italique, et le quatrième est tout à fait arrondi; les parois du premier sont fort ridées en dedans et revêtues d'une veloutée assez épaisse. Son pylore est garni de rides tellement fortes et saillantes, qu'aucun corps un peu gros ne pourrait le traverser. Les parois du second estomac sont très-épaisses et creusées de rides longitudinales qui en ont de côté et d'autre d'obliques, comme des feuilles pennées. La substance des parois est une sorte de pulpe assez homogène, et la veloutée fine et lisse. Les deux passages tiènent assez de la nature de ce second estomac. Le troisième est simplement membraneux; sa veloutée est marquée d'une infinité de petits pores. Enfin, le quatrième est presque ridé comme le premier.

Malgré leurs quatre estomacs, ni le Marsouin, ni le Dauphin, ne doivent ruminer: leur œsophage ne conduit que dans le premier estomac, et ils ne sont pas maîtres de faire revenir les aliments à la bouche en passant par le second estomac, comme le font les véritables ruminants. Les rides du premier pylore sont même disposées de manière à empêcher le retour des aliments dans l'œsophage et à les forcer d'entrer dans le deuxième estomac. L'œsophage et tout le canal intestinal ont en dedans des plis longitudinaux très-profonds. Le canal va en diminuant de diamètre jusqu'à l'anus, et l'on n'y voit ni gros intestins ni cœcums. Le rectum est d'une minceur extraordinaire, à proportion de l'animal.

Le canal hépatique et le pancréatique entrent dans le dernier estomac. Le foie n'a que deux lobes, encore moins divisés que dans l'homme, sans vésicule du fiel. Il y a sept rates, dont la première est de la grosseur d'une châtaigne, et les autres vont en diminuant jusqu'à celle d'un pois. Cette observation, déjà faite par Daniel Major, a été négligée par J. Hunter.

La langue est molle, large, plate, et dentelée en scie sur ses bords.

Les reins sont, comme dans les Ours, divisés en beaucoup de lobes distincts et dépourvus de bassinet.

La pyramide du larynx est formée par l'épiglotte et les cartilages arythénoïdes joints ensemble par la membrane commune; de sorte qu'il ne reste qu'une petite ouverture vers le haut en forme de bec de tanche. Il n'y a rien dans l'intérieur de cette pyramide ni dans le reste du larynx, qui ressemble à une glotte, et ces animaux n'ont et ne peuvent avoir d'autre voix qu'un frémissement ou autre bruit sourd produit par l'air chassé violemment au travers de la petite ouverture du sommet de la pyramide.

L'oreille interne du Marsouin, comme celles des autres Cétacés, est creusée dans un os particulier, qui ne fait point partie du crâne comme dans les mammifères, mais qui n'y tient que par des ligaments. La trompe d'Eustache va s'ouvrir assez haut dans le nez; et c'est sans doute par-là que l'animal entend ce qui résonne dans l'air. C'est avec elle que communiquent les cavités auxquelles nous attribuons le siège de l'odorat, de sorte qu'on pourrait prétendre jusqu'à un certain point que le Marsouin entend par le nez et sent par l'oreille.

Sauf l'absence des nerfs olfactifs, le cerveau du Marsouin ressemble plus au cerveau de l'homme que celui d'aucun quadrupède, les singes exceptés. Sa largeur, sa convexité, le nombre et la profondeur de ses circonvolutions, et surtout cette circonstance que le cerveau recouvre le cervelet en arrière, sont autant de rapports très-particuliers. Il n'est pas impossible que les anciens ayent eu égard à ces traits de ressemblance, lorsqu'ils ont attribué tant d'instinct au Dauphin.

On trouve le Marsouin en abondance dans toutes les mers. Des troupes considérables se montrent dans les beaux temps, jouant de mille manières à la surface de l'eau. Ses mouvements sont très-rapides; il passe, ainsi que le Dauphin, pour l'un des meilleurs nageurs parmi les habitants de la mer; il est très-vorace, et engloutit indistinctement toute espèce de poisson. Il est très-ardent en amour, et les femelles se voyent poursuivies avec une sorte de fureur par de grandes troupes de mâles, qui, dans ces moments-là, s'élancent quelquefois sur les vaisseaux, ou sur le rivage.

Les Islandais croyent qu'alors il devient aveugle, tant il se laisse prendre aisément. C'est au mois de Juin que cèla arrive en Islande, selon *Anderson*, et au mois d'Août dans nos mers, selon d'autres Auteurs. *Aristote* dit que la gestation du Dauphin dure dix mois. *Anderson* n'en accorde que six au Marsouin. Selon *Klein*, le petit a vingt pouces de long à sa naissance; il suit continuellement sa mère pendant un an selon *Othon Fabricius;* le même Auteur assure que c'est principalement en Été qu'il est abondant sur les côtes du Groënland. Belon dit, au contraire, que c'est en Hiver, et surtout au Printemps, qu'il est commun sur nos côtes, et qu'il y en a fort peu en Été. Les Anglais envoyent, chaque année, un assez grand nombre de vaisseaux dans les Isles du Nord-Ouest de l'Écosse pour la pêche du Marsouin.

Les habitants de ces Isles font leur principale nourriture de la chair de ce Cétacé : ceux du Groënland la mangent aussi; mais les autres nations ne le recherchent que pour son huile.

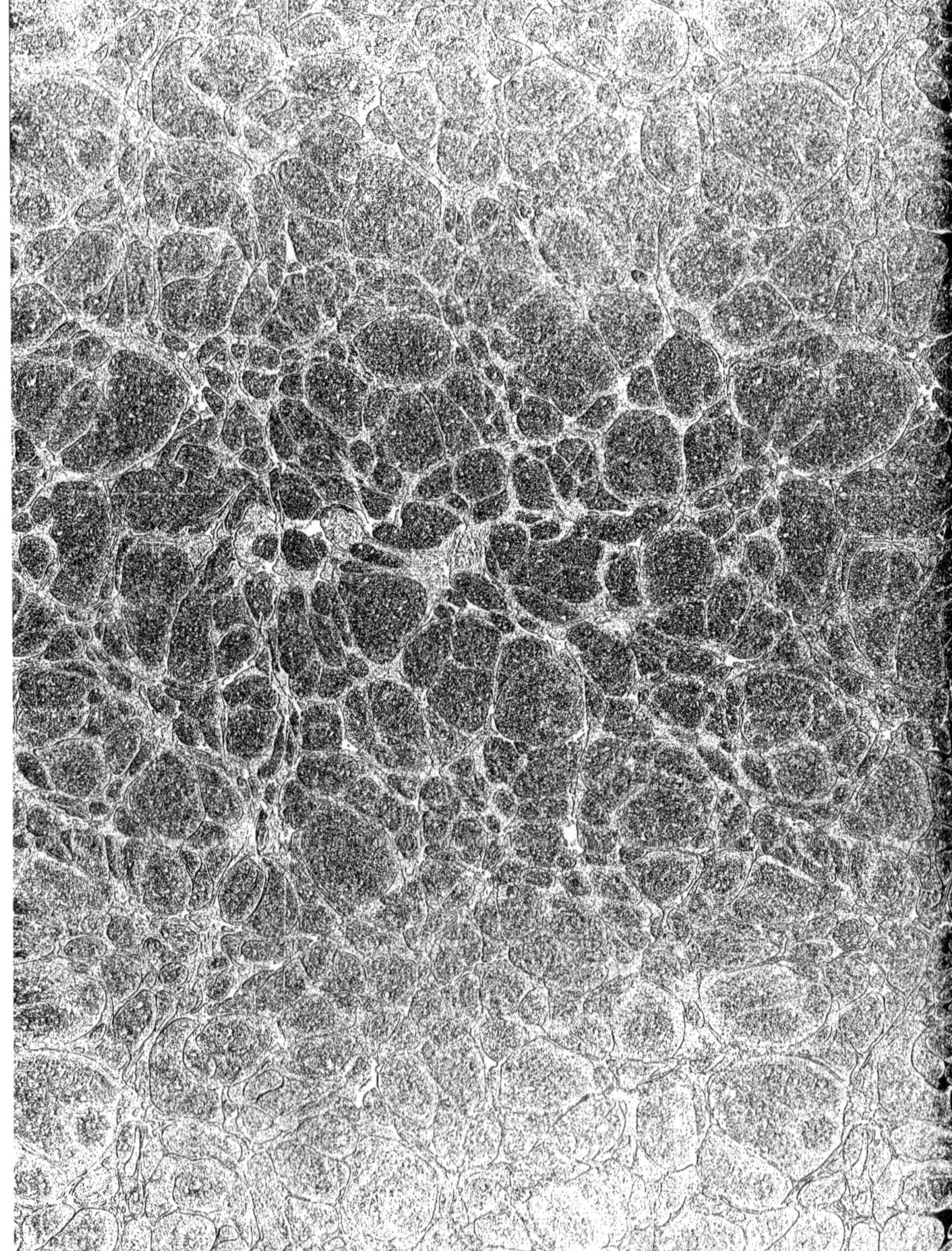